中国农业标准经典收藏系列

中国农业行业标准汇编

（2022）

水产分册

标准质量出版分社　编

中国农业出版社

农村读物出版社

北　京

主　　编：刘　伟

副 主 编：冀　刚

编写人员（按姓氏笔画排序）：

冯英华　刘　伟　李　辉

杨桂华　胡烨芳　廖　宁

冀　刚

出 版 说 明

　　近年来，我们陆续出版了多版《中国农业标准经典收藏系列》标准汇编，已将 2004—2019 年由我社出版的 4 600 多项标准单行本汇编成册，得到了广大读者的一致好评。无论从阅读方式还是从参考使用上，都给读者带来了很大方便。

　　为了加大农业标准的宣贯力度，扩大标准汇编本的影响，满足和方便读者的需要，我们在总结以往出版经验的基础上策划了《中国农业行业标准汇编（2022）》。本次汇编对 2020 年出版的 462 项农业标准进行了专业细分与组合，根据专业不同分为种植业、畜牧兽医、植保、农机、综合和水产 6 个分册。

　　本书收录了配合饲料、稻渔综合种养技术规范、水产新品种生长性能测试、水产养殖技术规范、渔具通用技术要求、鱼病诊断规程、水生生物增殖放流技术规范等方面的农业标准 47 项，并在书后附有 2020 年发布的 8 个标准公告供参考。

　　特别声明：

　　1. 汇编本着尊重原著的原则，除明显差错外，对标准中所涉及的有关量、符号、单位和编写体例均未做统一改动。

　　2. 从印制工艺的角度考虑，原标准中的彩色部分在此只给出黑白图片。

　　3. 本辑所收录的个别标准，由于专业交叉特性，故同时归于不同分册当中。

　　本书可供农业生产人员、标准管理干部和科研人员使用，也可供有关农业院校师生参考。

标准质量出版分社

2021 年 8 月

目　　录

出版说明

附录

ICS 65.120
B 46

中华人民共和国农业行业标准

NY/T 3654—2020

鲟鱼配合饲料

Formula feed for sturgeons

2020-07-27 发布　　　　　　　　　　　2020-11-01 实施

中华人民共和国农业农村部 发布

前　言

本标准按照 GB/T 1.1—2009 给出的规则起草。

请注意本文件的某些内容可能涉及专利。本文件的发布机构不承担识别这些专利的责任。

本标准由农业农村部畜牧兽医局提出。

本标准由全国饲料工业标准化技术委员会(SAC/TC 76)归口。

本标准起草单位:福建天马科技集团股份有限公司、厦门大学。

本标准主要起草人:艾春香、张蕉南、陈庆堂、陈加成、胡兵、李惠、张蕉霖、杨欢、蔡旺进。

鲟鱼配合饲料

1 范围

本标准规定了鲟属(*Acipenser*)鱼类及其杂交品种配合饲料的术语和定义、产品分类、要求、取样、试验方法、检验规则,以及标签、包装、运输、储存和保质期。

本标准适用于鲟属鱼类及其杂交品种配合饲料。

2 规范性引用文件

下列文件对于本文件的应用是必不可少的。凡是注日期的引用文件,仅注日期的版本适用于本文件。凡是不注日期的引用文件,其最新版本(包括所有的修改单)适用于本文件。

GB 5009.168 食品安全国家标准 食品中脂肪酸的测定

GB/T 5918 饲料产品混合均匀度的测定

GB/T 6432 饲料中粗蛋白的测定 凯氏定氮法

GB/T 6433—2006 饲料中粗脂肪的测定

GB/T 6434 饲料中粗纤维的含量测定 过滤法

GB/T 6435 饲料中水分的测定

GB/T 6437 饲料中总磷的测定 分光光度法

GB/T 6438 饲料中粗灰分的测定

GB/T 8170 数值修约规则与极限数值的表示和判定

GB/T 10647 饲料工业术语

GB 10648 饲料标签

GB 13078 饲料卫生标准

GB/T 14699.1 饲料 采样

GB/T 18246 饲料中氨基酸的测定

GB/T 18823 饲料检测结果判定的允许误差

SC/T 1077—2004 渔用配合饲料通用技术要求

3 术语和定义

GB/T 10647 界定的以及下列术语和定义适用于本文件。

3.1

亲鱼 broodstock

发育到性成熟,可用于繁殖的雄鱼或雌鱼。

4 产品分类

按鲟鱼的生长阶段和生理特点分为稚鱼配合饲料、幼鱼配合饲料、成鱼配合饲料和亲鱼配合饲料。产品分类与饲喂阶段见表1。

表 1 产品分类与饲喂阶段

产品分类	稚鱼配合饲料	幼鱼配合饲料	成鱼配合饲料	亲鱼配合饲料
饲喂阶段(适宜喂养对象的体质量),g/尾	2.0~15.0	>15.0~1 000.0	>1 000.0	—

5 要求

5.1 外观与性状

色泽一致、颗粒大小均匀,无发霉、变质、结块、异味、异嗅和虫类滋生。

5.2 加工质量

应符合表2的要求。

表2 加工质量

单位为百分号

项目	稚鱼配合饲料	幼鱼配合饲料	成鱼配合饲料	亲鱼配合饲料
混合均匀度变异系数(CV)	≤7.0			
溶失率(浸泡20 min)	≤10.0			
水分	≤11.0			

5.3 营养成分指标

应符合表3的要求。

表3 营养成分指标

单位为百分号

项目	稚鱼配合饲料	幼鱼配合饲料	成鱼配合饲料	亲鱼配合饲料
粗蛋白质	40.0～50.0	36.0～46.0	34.0～44.0	38.0～48.0
粗脂肪	≥8.0	≥9.0	≥10.0	≥11.0
EPA+DHA	—			≥2.0
粗纤维	≤5.0		≤8.0	
总磷	1.0～2.0	0.8～1.8		
粗灰分	≤16.0	≤15.0	≤13.0	
赖氨酸	≥2.5	≥2.3	≥2.2	≥2.3
赖氨酸/粗蛋白质	≥5.0			

5.4 卫生指标

应符合GB 13078的规定。

6 取样

按GB/T 14699.1的规定执行。

7 试验方法

7.1 感官检验

取适量样品置于清洁、干燥的白瓷盘中,在正常光照、通风良好、无异味的环境下,通过感官进行评定。

7.2 混合均匀度变异系数

按GB/T 5918的规定执行。

7.3 水中稳定性(溶失率)

按SC/T 1077—2004中附录A的规定执行。

7.4 水分

按GB/T 6435的规定执行。

7.5 粗蛋白质

按GB/T 6432的规定执行。

7.6 粗脂肪

先用石油醚预提,后用酸水解法测定,具体操作按 GB/T 6433—2006 第 9 章中 9.5 的规定执行。

7.7 EPA＋DHA

按 GB 5009.168 的规定执行。

7.8 粗纤维

按 GB/T 6434 的规定执行。

7.9 总磷

按 GB/T 6437 的规定执行。

7.10 粗灰分

按 GB/T 6438 的规定执行。

7.11 赖氨酸

按 GB/T 18246 的规定执行。

8 检验规则

8.1 组批

以相同的原料、相同的生产配方和相同的生产工艺,连续生产或同一班次生产的同一规格的产品为一批,每批产品不超过 100 t。

8.2 出厂检验

出厂检验项目为外观与性状、水分和粗蛋白质。

8.3 型式检验

型式检验项目为第 5 章规定的所有项目;在正常生产情况下,每年至少进行一次型式检验。在有下列情况之一时,亦应进行型式检验:

 a) 产品定型投产时;

 b) 生产工艺、配方或主要原料来源有较大改变,可能影响产品质量时;

 c) 停产 3 个月或以上,重新恢复生产时;

 d) 出厂检验结果与上次型式检验结果有较大差异时;

 e) 饲料行政管理部门提出检验要求时。

8.4 判定规则

8.4.1 所检项目全部合格,判定为该批次产品合格。

8.4.2 检验项目中有任何指标不符合本标准规定时,可自同批产品中重新加倍取样进行复检。复检结果即使仅有一项指标不符合本标准规定,也判定该批产品为不合格。微生物指标不得复检。

8.4.3 各项目指标的极限数值判定按 GB/T 8170 中的全数值比较法执行。

8.4.4 水分和营养成分指标检验结果判定的允许误差按 GB/T 18823 的规定执行。

9 标签、包装、运输、储存和保质期

9.1 标签

产品标签按 GB 10648 的规定执行。

9.2 包装

包装材料应无毒、无害、防潮。

9.3 运输

运输工具应清洁、干燥,不得与有毒有害物品混装混运。运输过程中应注意防潮、防日晒雨淋。

9.4 储存

产品应储存在通风、干燥处,防止日晒、雨淋、鼠害、虫蛀,不得与有毒有害物品混储。

9.5 保质期

未开启包装的产品,符合上述规定的包装、运输、储存条件下,产品保质期与标签中标明的保质期一致。

———————————

ICS 65.150
CCS B 52

中华人民共和国水产行业标准

SC/T 1135.4—2020

稻渔综合种养技术规范
第4部分：稻虾（克氏原螯虾）

Technical specification for integrated farming of rice and aquaculture animal—
Part 4: Rice and red swamp crayfish

2020-08-26 发布   2021-01-01 实施

中华人民共和国农业农村部 发布

前　言

本文件按照 GB/T 1.1—2020《标准化工作导则　第 1 部分:标准化文件的结构和起草规则》的规定起草。

本文件是 SC/T 1135《稻渔综合种养技术规范》的第 4 部分。SC/T 1135 已经发布了以下部分:

——第 1 部分:通则。

请注意本文件的某些内容可能涉及专利。本文件的发布机构不承担识别这些专利的责任。

本文件由农业农村部渔业渔政管理局提出。

本文件由全国水产标准化技术委员会淡水养殖分技术委员会(SAC/TC 156/SC 1)归口。

本文件起草单位:全国水产技术推广总站、湖北省水产技术推广总站、安徽省水产技术推广总站、江西省水产技术推广站。

本文件主要起草人:汤亚斌、易翀、于秀娟、郝向举、李巍、奚业文、王祖峰、程咸立、赵文武、丁仁祥、胡火根、李东萍、胡忠军、李苗、刘晓军、张堂林。

引　言

　　稻渔综合种养是一种典型的生态循环农业模式，稳粮、增效、环境友好，已发展成为我国实施乡村振兴战略和农业精准扶贫的重要产业之一。在生产实践中，各地因地制宜，在稻田养殖鲤鱼之外，引入中华绒螯蟹、克氏原螯虾、中华鳖、泥鳅等特种经济水产动物，集成创新发展了稻鲤、稻蟹、稻虾（克氏原螯虾）、稻鳖、稻鳅等多种种养模式，形成了各自相对成熟的生产技术体系。但由于各地发展水平不均衡，对稻渔综合种养的认识有差异，不同种养模式之间的关键技术指标和要求不统一，有可能影响水稻生产、破坏稻田生态环境、危及产品质量安全。通过制定稻渔综合种养技术规范，统一关键技术指标和要求，并对各种养模式提供标准化、规范化的技术指导，有利于发挥稻渔综合种养"以渔促稻、稳粮增效、生态环保"的作用，促进产业的健康和可持续发展。

　　SC/T 1135 拟由六个部分构成。

　　——第 1 部分：通则。

　　——第 2 部分：稻鲤。

　　——第 3 部分：稻蟹。

　　——第 4 部分：稻虾（克氏原螯虾）。

　　——第 5 部分：稻鳖。

　　——第 6 部分：稻鳅。

　　第 1 部分的目的在于规范稻渔综合种养的术语和定义，明确技术指标和技术集成要求，建立综合效益评价方法，为起草不同技术模式的标准提供需要遵守的基本原则和技术要求。第 2 部分到第 6 部分是在第 1 部分的基础上，针对各种养模式，明确具体的技术要求。其中，第 4 部分是针对稻田养殖克氏原螯虾，明确环境条件、田间工程、水稻种植、克氏原螯虾养殖等方面的技术要求，提供关键技术指导，便于稻虾（克氏原螯虾）综合种养经营主体在生产实践中使用，从而稳定水稻产量，提高克氏原螯虾的产量和质量，保护稻田生态环境，提高稻田综合效益。

稻渔综合种养技术规范
第4部分:稻虾(克氏原螯虾)

1 范围

本文件规定了稻田养殖克氏原螯虾[*Procambarus clarkii*(Girard,1852)]的环境条件、田间工程、水稻种植和克氏原螯虾养殖等技术要求。

本文件适用于长江中下游水稻主产区稻田养殖克氏原螯虾,其他地区稻田养殖克氏原螯虾可参照执行。

2 规范性引用文件

下列文件中的内容通过文中的规范性引用而构成本文件必不可少的条款。其中,注日期的引用文件,仅该日期对应的版本适用于本文件;不注日期的引用文件,其最新版本(包括所有的修改单)适用于本文件。

GB 11607 渔业水质标准

GB 13078 饲料卫生标准

GB 15618 土壤环境质量农用地土壤污染风险管控标准(试行)

GB/T 22213 水产养殖术语

NY/T 496 肥料合理使用准则 通则

NY/T 847 水稻产地环境技术条件

NY/T 1276 农药安全使用规范 总则

NY 5072 无公害食品 渔用配合饲料安全限量

NY/T 5117 无公害食品 水稻生产技术规程

NY/T 5361 无公害食品 淡水养殖产地环境条件

SC/T 1132 渔药使用规范

SC/T 1135.1 稻渔综合种养技术规范 第1部分:通则

3 术语和定义

GB/T 22213、SC/T 1135.1界定的术语和定义适用于本文件。

4 环境条件

4.1 稻田选择

地势平坦,排灌方便,土质以壤土、黏土为宜,环境和底质应符合GB 15618、NY/T 847和NY/T 5361的规定。

4.2 水源水质

水源充足,水质应符合GB 11607和NY/T 5361的规定。

5 田间工程

5.1 稻田面积

单一田块面积5×667 m²以上,以30×667 m²～50×667 m²一个生产单元为宜。生产单元平面图见图1,生产单元剖面图见图2。

5.2 边沟

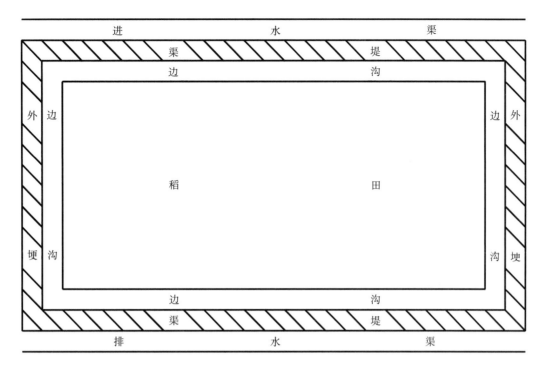

图1 生产单元平面图

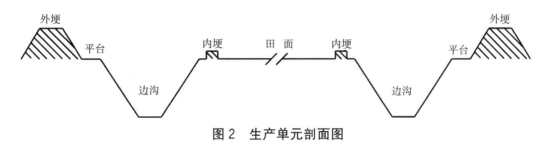

图2 生产单元剖面图

距离稻田外埂内侧1 m~2 m处开挖边沟,边沟结合稻田形状和大小,可挖成环形、U形、L形、I形等形状。沟深0.8 m~1.5 m,宽2 m~4 m,坡比1:1,边沟面积占比应符合SC/T 1135.1的要求。在交通便利的一侧留宽4 m左右的机械作业通道。

5.3 田埂

5.3.1 外埂

利用开挖边沟的泥土加宽、加高外埂。外埂加高加宽时,宜逐层打紧夯实,堤埂不应开裂、渗漏。改造后的外埂,高度宜高出田面80 cm,使稻田最高水位能达到50 cm~60 cm。埂面宽不少于150 cm,坡比以1:(1~1.5)为宜。

5.3.2 内埂

在靠近边沟的田面筑好高20 cm、宽30 cm的内埂,将田面和边沟隔开。

5.4 进、排水设施

具备相对独立的进、排水设施。进水口建在田埂上,比田面高50 cm左右;排水口建在边沟最低处。进水口和排水口呈对角设置且均安装双层防逃网。防逃网宜用孔径0.25 mm(60目)的网片做成长150 cm,直径30 cm的网袋。

5.5 防逃设施

用厚塑料薄膜或钙塑板沿外埂四周围成封闭防逃墙,防逃墙埋入地下10 cm~20 cm,高出地面40 cm~50 cm,四角转弯处呈弧形。

5.6 稻田消毒

稻田改造完成后,加水至比田面高 10 cm 左右,用生石灰 100 kg/667 m² 带水进行消毒。

5.7 水草种植

5.7.1 田面种植

田面宜种植伊乐藻,种植时间为前一年 11 月至第二年 2 月。在稻田消毒 7 d～10 d 后,提高水位至田面上 20 cm 左右,开始种植伊乐藻。要求行距 8 m 左右,株距 4 m～5 m,伊乐藻草团直径 30 cm 左右。

5.7.2 边沟种植

边沟内选种伊乐藻、轮叶黑藻、空心莲子草(水花生)等水草,种植面积占边沟面积的 30% 左右。伊乐藻种植时间与田面上种植伊乐藻时间相同,轮叶黑藻种植时间宜在 3 月,空心莲子草宜在春季水温高于 15℃时种植。

6 水稻种植

6.1 品种选用

水稻品种选用参照 SC/T 1135.1 的规定执行。

6.2 田面整理

5 月底至 6 月初整田,以达到机械插秧或人工插秧的要求。

6.3 秧苗栽插

6 月中旬前完成栽插,可机械插秧或人工插秧,结合边行密植确保水稻栽插密度达到 1.2 万穴/667 m²～1.4 万穴/667 m²,每穴秧苗 2 株～3 株。

6.4 晒田

参照 NY/T 5117 的规定执行,宜采取 2 次轻晒,每次晒田时间 3 d～5 d,轻晒至田块中间不陷脚即可。第一次晒田后复水至 3 cm～5 cm 深,5 d 后即可进行第二次晒田。晒田时,边沟中水位低于田面 30 cm 左右。

6.5 施肥

肥料施用应符合 NY/T 496 的要求。施肥时施足基肥,水稻栽插后根据水稻长势施用分蘖肥和穗肥,方法参照 NY/T 5117 的规定执行。不应使用对克氏原螯虾有害的氨水、碳酸氢铵等化肥。

6.6 水分管理

水稻种植期的水分管理情况见表 1。

表 1 水稻种植期的水分管理情况

时期	水位
整田至 7 月	高于田面 5 cm 左右
7 月～9 月	高于田面 20 cm 左右
晒田期	低于田面 30 cm 左右
水稻收割前 7 d 至水稻收割	低于田面 20 cm～30 cm

6.7 病虫害防治

农药使用应符合 NY/T 5117、NY/T 1276 的要求,不应使用对克氏原螯虾有害的药物。宜采用灯诱、化诱等物理、化学方法杀灭害虫。

6.8 收割与秸秆还田

用于繁育克氏原螯虾苗种的稻田在 10 月上旬左右进行水稻收割,留茬 40 cm 左右并将田面散落的稻草集中堆成小草堆;其他稻田的水稻正常收割。

6.9 水稻生产指标

水稻产量、质量、经济效益和生态效益应符合 SC/T 1135.1 的要求。

7 克氏原螯虾养殖

7.1 种苗来源

优先选择本地具有水产苗种生产经营许可证的企业生产的种苗,并经检疫合格。种苗运输时间不宜超过 2 h。

7.2 养殖模式

7.2.1 幼虾投放

7.2.1.1 投放时间

宜在 3 月中旬至 4 月中旬投放第一批幼虾;在秧苗返青后,根据稻田存留幼虾情况,补充投放第二批幼虾。

7.2.1.2 幼虾质量

幼虾质量宜符合以下要求:

a) 规格整齐;
b) 体色为青褐色最佳,淡红色次之;
c) 附肢齐全、体表光滑;
d) 反应敏捷,活动能力强。

7.2.1.3 规格及投放量

投放第一批幼虾时,规格 3 cm~4 cm 的幼虾,投放量宜为 6 000 只/667 m²~8 000 只/667 m²;规格 4 cm~5 cm 的幼虾,投放量宜为 5 000 只/667 m²~6 000 只/667 m²。投放第二批幼虾时,规格 5 cm 左右的幼虾,投放量宜为 2 000 只/667 m²~4 000 只/667 m²。

7.2.2 亲虾投放

7.2.2.1 投放时间

宜在 8 月~10 月投放。

7.2.2.2 亲虾质量

亲虾质量宜符合以下要求:

a) 附肢齐全、无损伤,体格健壮、活动能力强;
b) 体色暗红或深红色,有光泽,体表光滑无附着物;
c) 规格不低于 35 g/只;
d) 雌、雄亲虾来自于不同养殖场所。

7.2.2.3 投放量

投放量以 15 kg/667 m²~30 kg/667 m² 为宜。

7.3 种苗运输与投放

种苗一般采用塑料框铺水草保湿运输。如离水时间较短,直接将虾分开轻放到浅水区或水草较多的地方,使其自行进入水中;如离水时间较长,放养前应进行如下操作:先将虾在稻田水中浸泡 1 min 左右,提起搁置 2 min~3 min,再浸泡 1 min,再搁置 2 min~3 min,如此反复 2 次~3 次,使虾体表和鳃腔吸足水分,再将虾分开轻放到浅水区或水草较多的地方,使其自行进入水中。

7.4 投喂

7.4.1 饲料种类

饲料种类包括植物性饲料、动物性饲料和克氏原螯虾专用配合饲料。提倡使用克氏原螯虾专用配合饲料,配合饲料应符合 GB 13078 和 NY 5072 的要求。

7.4.2 投喂方法

饲料宜早晚投喂,以傍晚为主。饲料投喂时宜均匀投在无草区,日投饵量为稻田内虾总重的 2%~6%,以 2 h 吃完为宜,具体投喂量根据天气和虾的摄食情况进行调整。

7.5 养殖管理

7.5.1 水位控制

克氏原螯虾养殖期的水位控制情况见表 2。

表 2　克氏原螯虾养殖期的水位控制情况

时期	水位
1月～2月	高于田面50 cm左右
3月	高于田面30 cm左右
4月	高于田面40 cm左右
5月至整田前	高于田面50 cm左右
整田至水稻收割	见表1
水稻收割后至11月	高于田面30 cm左右
11月～12月	高于田面40 cm～50 cm

7.5.2　水质调节

在苗种培育期,宜施发酵腐熟的有机肥,施用量为100 kg/667 m²～150 kg/667 m²,再结合补肥、加水、换水等措施使整个养殖期间水体透明度控制在25 cm～35 cm。其他时间根据水色、天气和虾的活动情况,采取补肥、加水、换水等方法调节水质,使水体透明度控制在35 cm～45 cm。

7.5.3　水草管理

水稻种植之前,水草面积控制在田面面积的30%～50%,水草过多时及时割除,水草不足时及时补充。高温季节宜对伊乐藻、轮叶黑藻进行割茬处理,防止高温烂草。经常检查水草生长情况,水草根部发黄或白根较少时及时施肥。在水草虫害高发季节,每天检查水草有无异常,发现虫害,及时进行处理。

7.5.4　巡田

每日早晚巡田,观察稻田的水质变化以及虾的吃食、蜕壳生长、活动、有无病害等情况,及时调整投饲量;定期检查、维修防逃设施,发现问题及时处理。

7.6　病害防控

发生病害时,应准确诊断、对症治疗,治疗用药应符合 SC/T 1132 的规定。平时宜采取以下措施预防病害:

　　a)　苗种放养前,边沟内泼洒生石灰消毒;

　　b)　运输和投放苗种时,避免造成虾体损伤;

　　c)　加强水草的养护管理;

　　d)　定期改良底质,调节水质;

　　e)　适时捕大留小,降低养殖密度。

7.7　捕捞

7.7.1　捕捞时间

投放幼虾时,第一批成虾捕捞时间为4月下旬至6月上旬;第二批成虾捕捞时间为8月上旬至9月底。投放亲虾时,幼虾捕捞时间为3月中旬至4月中旬;成虾捕捞时间和投放幼虾时相同。

7.7.2　捕捞工具

捕捞工具以地笼为主。幼虾捕捞地笼网眼规格以1.6 cm为宜;成虾捕捞地笼网眼规格以2.5 cm～3.0 cm为宜。

7.7.3　捕捞方法

捕捞初期,将地笼放在田面上及边沟内,隔3 d～5 d转换一个地方。当捕获量渐少时,降低稻田水位,使虾落入边沟内,再集中在边沟内放地笼。用于繁育克氏原螯虾苗种的稻田,在秋季进行成虾捕捞时,当日捕捞量低于0.5 kg/667 m²时停止捕捞,剩余的虾用来培育亲虾。

ICS 65.150
CCS B 52

中华人民共和国水产行业标准

SC/T 1135.5—2020

稻渔综合种养技术规范
第5部分：稻鳖

Technical specification for integrated farming of rice and aquaculture animal—
Part 5: Rice and Chinese soft-shelled turtle

2020-08-26 发布

2021-01-01 实施

中华人民共和国农业农村部 发布

前　言

本文件按照 GB/T 1.1—2020《标准化工作导则　第 1 部分：标准化文件的结构和起草规则》的规定起草。

本文件是 SC/T 1135《稻渔综合种养技术规范》的第 5 部分。SC/T 1135 已经发布了以下部分：

——第 1 部分：通则。

请注意本文件的某些内容可能涉及专利。本文件的发布机构不承担识别这些专利的责任。

本文件由农业农村部渔业渔政管理局提出。

本文件由全国水产标准化技术委员会淡水养殖分技术委员会（SAC/TC 156/SC 1）归口。

本文件起草单位：全国水产技术推广总站、浙江省水产技术推广总站、浙江清溪鳖业股份有限公司。

本文件主要起草人：马文君、贝亦江、郝向举、王祖峰、刘忠松、周凡、赵文武、王根连、线婷、李巍、李东萍、刘晓军、郭聪颖、冯启超。

引　言

　　稻渔综合种养是一种典型的生态循环农业模式,稳粮、增效、环境友好,已发展成为我国实施乡村振兴战略和农业精准扶贫的重要产业之一。在生产实践中,各地因地制宜,在稻田养殖鲤鱼之外,引入中华绒螯蟹、克氏原螯虾、中华鳖、泥鳅等特种经济水产动物,集成创新发展了稻鲤、稻蟹、稻虾(克氏原螯虾)、稻鳖、稻鳅等多种种养模式,形成了各自相对成熟的生产技术体系。但由于各地发展水平不均衡,对稻渔综合种养的认识有差异,不同种养模式之间的关键技术指标和要求不统一,有可能影响水稻生产、破坏稻田生态环境、危及产品质量安全。通过制定稻渔综合种养技术规范,统一关键技术指标和要求,并对各种养模式提供标准化、规范化的技术指导,有利于发挥稻渔综合种养"以渔促稻、稳粮增效、生态环保"的作用,促进产业的健康和可持续发展。

　　SC/T 1135 拟由六个部分构成。

　　——第 1 部分:通则。

　　——第 2 部分:稻鲤。

　　——第 3 部分:稻蟹。

　　——第 4 部分:稻虾(克氏原螯虾)。

　　——第 5 部分:稻鳖。

　　——第 6 部分:稻鳅。

　　第 1 部分的目的在于规范稻渔综合种养的术语和定义,明确技术指标和技术集成要求,建立综合效益评价方法,为起草不同技术模式的标准提供需要遵守的基本原则和技术要求。第 2 部分到第 6 部分是在第 1 部分的基础上,针对各种养模式,明确具体的技术要求。其中第 5 部分是针对稻鳖共作,明确环境条件、田间工程、水稻种植、中华鳖养殖等方面的技术要求,提供关键技术指导,便于稻鳖共作经营主体在生产实践中使用,从而稳定水稻产量,提高中华鳖的产量和质量,保护稻田生态环境,提高稻田综合效益。

稻渔综合种养技术规范 第5部分：稻鳖

1 范围

本文件规定了稻田养殖中华鳖[*Pelodiscus Sinensis*（Wiegmann）]的环境条件、田间工程、水稻种植、中华鳖养殖等技术要求。

本文件适用于长江流域水稻主产区稻鳖共作，其他地区稻鳖共作可参照执行。

2 规范性引用文件

下列文件中的内容通过文中的规范性引用而构成本文件必不可少的条款。其中，注日期的引用文件，仅该日期对应的版本适用于本文件；不注日期的引用文件，其最新版本（包括所有的修改单）适用于本文件。

GB 11607　渔业水质标准

GB 15618　土壤环境质量　农用地土壤污染风险管控标准（试行）

GB/T 22213　水产养殖术语

GB/T 26876　中华鳖池塘养殖技术规范

GB/T 32140　中华鳖配合饲料

NY/T 847　水稻产地环境技术条件

NY/T 5117　无公害食品　水稻生产技术规程

NY/T 5361　无公害农产品　淡水养殖产地环境条件

SC/T 1009　稻田养鱼技术规范

SC/T 1107　中华鳖　亲鳖和苗种

SC/T 1135.1　稻渔综合种养技术规范　第1部分：通则

3 术语和定义

GB/T 22213 和 SC/T 1135.1 界定的术语和定义适用于本文件。

4 环境条件

4.1 稻田选择

土质保水性好，以壤土、黏土为宜。环境和底质应符合 GB 15618、NY/T 847 和 NY/T 5361 的规定。

4.2 水源水质

水源充足，水质应符合 GB 11607 和 NY/T 5361 的要求。

5 田间工程

5.1 稻田面积

平原地区田块面积以 5×667 m²～50×667 m²为宜，山区以 1×667 m²以上为宜。

5.2 沟坑

沟坑占比应符合 SC/T 1135.1 的要求，宜按下列要求开挖边沟或坑：

a) 边沟沿田埂内侧 50 cm～60 cm 处开挖，宽 3 m～5 m，深 1 m～1.5 m。稻田机械作业的，留出 3 m～5 m 宽的农机通道。

b) 坑位紧靠进水口的田角处或一侧，形状呈矩形，深度 1 m～1.2 m，四周用密网或聚氯乙烯板围栏，围栏向坑内侧倾斜 10°～15°，坑埂高出稻田平面 10 cm～20 cm。

5.3 田埂

堤埂改造按照 SC/T 1009 的规定执行,利用挖沟坑的泥土加宽、加高、加固田埂。

5.4 进、排水设施

进、排水设施独立设置,进、排水口呈对角设置,并用密网包裹。排水口建在排水沟渠最低处。

5.5 食台设置

宜在沟坑边侧设置食台,设置方法参照 GB/T 26876 的规定执行。

5.6 防逃设施

参照 GB/T 26876 的规定执行。

5.7 监测监控系统

宜在田块四周、沟坑上方安装实时监控系统,在整个养殖区域进、排水处安装水质监测系统。

6 水稻种植

6.1 品种选用

水稻品种选用参照 SC/T 1135.1 的规定执行。

6.2 田面整理

插秧前应整田,以达到机械插秧或人工插秧的要求。

6.3 秧苗栽插

采取机械插秧或人工插秧的方式插秧,宜采用大垄双行栽种模式,水稻栽插密度应达到 1.2 万穴/667 ㎡～1.4 万穴/667 ㎡,每穴秧苗 2 株～3 株。

6.4 晒田

参照 NY/T 5117 的规定执行。晒田时,应缓慢排水,促使鳖进入沟坑。

6.5 施肥

根据稻田的肥力施足基肥,后期根据需要合理施用分蘖肥、穗肥,以有机肥为主。以鳖池为基底的稻鳖共作,一般无需施肥。

6.6 水分管理

插秧后前期以浅水勤灌为主,田间水层不宜超过 4 cm;孕穗阶段保持 10 cm～20 cm 水层,同时采用灌水、排水相间的方法控制水位。

6.7 病虫害防治

按照 NY/T 5117 的规定执行,宜采用物诱、化诱等物理、化学方法生态防治。

6.8 收割

水稻成熟后,应及时收割,秸秆还田。

7 中华鳖养殖

7.1 品种选用

优先选用经全国水产原种和良种审定委员会审定的品种,来自具有水产苗种生产经营许可证的企业生产的苗种,检疫合格,或选用自繁自育适合本地区养殖的品种。质量应符合 SC/T 1107 的要求。

7.2 放养

7.2.1 消毒

按照 GB/T 26876 的规定执行。

7.2.2 放养时间及方式

参照 GB/T 26876 的规定执行。先鳖后稻宜在插秧前半个月至 1 个月放养中华鳖,先将鳖限制在沟坑内养殖,待水稻插秧后 1 个月放鳖进入稻田;先稻后鳖宜在水稻生长 2 个月左右放养中华鳖。放养应选择在水温 20℃以上的连续晴天进行,放养温差不超过 2℃。

7.2.3 规格与数量

中华鳖宜放养规格与密度见表1。

表1 放养规格与密度

个体规格 g	密度 只/667 m²
150～250	250～350
250～350	180～250
350～500	120～180
500～750	100～120

7.3 养殖管理

7.3.1 投喂

投喂中华鳖人工配合饲料,饲料质量应符合 GB/T 32140 的要求,投饲管理参照 GB/T 26876 的规定执行。

7.3.2 水质调节

根据水质变化情况适时调控,水质应符合 GB 11607 和 NY/T 5361 的要求。

7.3.3 巡查

及时清除危害中华鳖的敌害生物,及时检查是否漏水、防逃设施是否损坏。

7.4 疾病防治

疾病防治参照 GB/T 26876 的规定执行。

7.5 捕捞

可采用地笼、清底翻挖等方式捕获。

7.6 越冬

水稻收割后,沟坑内应及时注入新水,水位保持在 50 cm 以上为宜。中华鳖冬眠期间不宜注水和排水;冰封时,应及时在冰面上破洞。

ICS 65.150
CCS B 52

中华人民共和国水产行业标准

SC/T 1135.6—2020

稻渔综合种养技术规范
第6部分：稻鳅

Technical specification for integrated farming of rice and aquaculture animal—
Part 6: Rice and loach

2020-08-26 发布　　　　　　　　　　　　　　2021-01-01 实施

中华人民共和国农业农村部 发布

前　言

本文件按照 GB/T 1.1—2020《标准化工作导则　第 1 部分：标准化文件的结构和起草规则》的规定起草。

本文件是 SC/T 1135《稻渔综合种养技术规范》的第 6 部分。SC/T 1135 已经发布了以下部分：

——第 1 部分：通则。

请注意本文件的某些内容可能涉及专利。本文件的发布机构不承担识别这些专利的责任。

本文件由农业农村部渔业渔政管理局提出。

本文件由全国水产标准化技术委员会淡水养殖分技术委员会（SAC/TC 156/SC 1）归口。

本文件起草单位：全国水产技术推广总站、安徽省水产技术推广总站、湖北省水产技术推广总站、辽宁省水产技术推广总站、浙江省水产技术推广总站、安徽淮王渔业科技有限公司、宣城市念念虾稻轮作专业合作社。

本文件主要起草人：奚业文、蒋军、李巍、于秀娟、郝向举、李东萍、汤亚斌、赵文武、马文君、徐志南、王祖峰、胡忠军、刘学光、苏鹏飞、于航盛、罗念念、李苗、鲍鸣、吴敏、刘传涛。

引　言

　　稻渔综合种养是一种典型的生态循环农业模式,稳粮增效、环境友好,已发展成为我国实施乡村振兴战略和农业精准扶贫的重要产业之一。在生产实践中,各地因地制宜,在稻田养殖鲤鱼之外,引入中华绒螯蟹、克氏原螯虾、中华鳖、泥鳅等特种经济水产动物,集成创新发展了稻鲤、稻蟹、稻虾(克氏原螯虾)、稻鳖、稻鳅等多种种养模式,形成了各自相对成熟的生产技术体系。但由于各地发展水平不均衡,对稻渔综合种养的认识有差异,不同种养模式之间的关键技术指标和要求不统一,有可能影响水稻生产、破坏稻田生态环境、危及产品质量安全。通过制定稻渔综合种养技术规范,统一关键技术指标和要求,并对各种养模式提供标准化、规范化的技术指导,有利于发挥稻渔综合种养"以渔促稻、稳粮增效、生态环保"的作用,促进产业的健康和可持续发展。

　　SC/T 1135 拟由六个部分构成。

　　——第 1 部分:通则。

　　——第 2 部分:稻鲤。

　　——第 3 部分:稻蟹。

　　——第 4 部分:稻虾(克氏原螯虾)。

　　——第 5 部分:稻鳖。

　　——第 6 部分:稻鳅。

　　第 1 部分的目的在于规范稻渔综合种养的术语和定义,明确技术指标和技术集成要求,建立综合效益评价方法,为起草不同技术模式的标准提供需要遵守的基本原则和技术要求。第 2 部分到第 6 部分是在第 1 部分的基础上,针对各种养模式,明确具体的技术要求。其中第 6 部分是针对稻鳅共作,明确环境条件、田间工程、水稻种植、泥鳅养殖等方面技术要求,提供关键技术指导,便于稻鳅共作经营主体在生产实践中使用,从而稳定水稻产量,提高泥鳅的产量和质量,保护稻田生态环境,提高稻田综合效益。

稻渔综合种养技术规范 第6部分:稻鳅

1 范围

本文件规定了稻田养殖泥鳅[*Misgurnus anguillicaudatus*（Cantor）]、大鳞副泥鳅[*Paramisgurnus dabryanus*（Sauvage）]的环境条件、田间工程、水稻种植、泥鳅养殖等技术要求。

本文件适用于长江流域水稻主产区稻鳅共作,其他地区稻鳅共作可参照执行。

2 规范性引用文件

下列文件中的内容通过文中的规范性引用而构成本文件必不可少的条款。其中,注日期的引用文件,仅该日期对应的版本适用于本文件;不注日期的引用文件,其最新版本（包括所有的修改单）适用于本文件。

GB 11607 渔业水质标准

GB 13078 饲料卫生标准

GB 15618 土壤环境质量 农用地土壤污染风险管控标准（试行）

GB/T 22213 水产养殖术语

NY/T 496 肥料合理使用准则 通则

NY/T 847 水稻产地环境技术条件

NY/T 1276 农药安全使用规范 总则

NY 5072 无公害食品 渔用配合饲料安全限量

NY/T 5117 无公害食品 水稻生产技术规程

NY/T 5361 无公害农产品 淡水养殖产地环境条件

SC/T 1125 泥鳅亲鱼和苗种

SC/T 1132 渔药使用规范

SC/T 1135.1 稻渔综合种养技术规范 第1部分:通则

3 术语和定义

GB/T 22213 和 SC/T 1135.1 界定的术语和定义适用于本文件。

4 环境条件

4.1 稻田选择

稻田排灌方便,土质保水性好,以壤土、黏土为宜。环境和底质应符合 GB 15618、NY/T 847 和 NY/T 5361 的规定。

4.2 水源水质

水源充足,水质应符合 GB 11607 和 NY/T 5361 的规定。

5 田间工程

5.1 稻田面积

平原地区以 10×667 m²～15×667 m² 为宜;山区和丘陵地区以 1×667 m²～5×667 m² 为宜。

5.2 边沟、田间沟和暂养坑

5.2.1 面积占比

边沟、田间沟和暂养坑的面积占比应符合 SC/T 1135.1 的要求。

5.2.2 边沟

根据田块地形和大小，因地制宜，宜在距离田埂内侧 1 m 处开挖边沟，可挖成口形、U 形、L 形、I 形等形状，沟宽 1 m～2 m，深 0.5 m～1 m，坡比为 1∶1；在交通便利的一侧留宽 4 m 左右的机械作业通道。

5.2.3 田间沟

根据田块大小，宜选择在稻田中央挖"十"字形或"井"字形田间沟，宽 30 cm～40 cm，深 30 cm～40 cm，与边沟相通。

5.2.4 暂养坑

在进水口和边沟交汇的地方开挖暂养坑，占稻田面积的 0.5%～1%，长宽比以 3∶2 为宜，深 1 m～1.5 m。在暂养坑底铺一层厚 0.1 mm～0.2 mm 的塑料膜，然后在塑料膜上平压一层 10 cm～15 cm 厚的泥土；在暂养坑上方设置遮阳网，遮阳网的面积应达到暂养坑面积的 80%。

5.3 田埂

加高、加宽、加固田埂，田埂比田面高 60 cm～80 cm，底宽 120 cm，顶宽 80 cm，田埂应夯实，不漏水。

5.4 进、排水设施

具备相对独立的进、排水设施。进水口建在田埂上，离田面 50 cm 高；排水口建在边沟最低处；稻田进、排水口呈对角位置，进、排水口安装双层防逃网，进水口宜用长 1.5 m，直径 0.3 mm（50 目）网袋；排水口外层宜用 0.4 mm（40 目）孔径聚乙烯网，内层宜用 0.4 mm（40 目）孔径铁丝网做成拦鱼栅。

5.5 防逃设施

在田埂四周内侧埋设防逃设施，宜采用 0.4 mm～0.6 mm（30 目～40 目）孔径的聚乙烯网片，高出田埂和进水口 20 cm～30 cm，用木杆或小竹竿或其他材料固定，并埋入土下 40 cm～50 cm，四角呈圆弧形。

6 水稻种植

6.1 品种选用

参照 SC/T 1135.1 的规定执行。

6.2 田面整理

插秧前应整田，以达到机械插秧或人工插秧的要求。

6.3 秧苗栽插

5 月～6 月，或根据当地农时确定水稻插秧时间，采取机械插秧或人工插秧的方式插秧；结合边行密植确保水稻栽插密度达到 1.2 万穴/667 m²～1.4 万穴/667 m²，每穴秧苗 2 株～3 株。

6.4 晒田

参照 NY/T 5117 的规定执行。宜轻晒，以田块中间不陷脚、田面表土无裂缝和发白、水稻浮根泛白为宜、晒田结束后及时复水。

6.5 施肥

肥料施用应符合 NY/T 496 的要求。以有机肥为主，第一年宜施经发酵的有机肥 500 kg/667 m²～600 kg/667 m²，后期根据水稻长势施用分蘖肥和穗肥各 1 次～2 次。第二年起逐渐减少化肥施用量。肥料施用时应一次施半块田，间隔 1 d 后施另外一半田。不应将肥料撒入边沟、田间沟和暂养坑内。不应使用对泥鳅有害的氨水、碳酸氢铵等化肥。

6.6 水分管理

水稻生长初期，田面水深应保持在 5 cm 左右。随水稻生长，可加深至 15 cm 左右。水稻收割后，气候寒冷地区，稻田不再灌水，保持边沟最大水深。

6.7 病虫害防治

农药使用应符合 NY/T 5117、NY/T 1276 的要求，不应使用对泥鳅有害的药物。宜采用灯诱、化诱等物理、化学方法杀灭害虫。

6.8 收割

水稻收割前应排水。排水时,先将稻田水位快速下降至田面上 5 cm～10 cm,后缓慢排水,边沟内水位保持在 50 cm～70 cm。待田面晾干后收割稻谷。

6.9 水稻生产指标

水稻产量、质量、经济效益和生态效益应符合 SC/T 1135.1 的要求。

7 泥鳅养殖

7.1 鳅种来源

鳅种应来自具有水产苗种生产经营许可证的企业,并经检疫合格。鳅种质量符合 SC/T 1125 的规定。

7.2 运输

鳅种运输前,宜用 3%～4% 的食盐小苏打合剂(1∶1)消毒,浸洗 5 min～10 min。宜采取氧气袋充氧运输,每袋装水 3 kg,3 cm～4 cm 规格鳅种 800 尾～1 000 尾。运输时间以不超过 6 h 为宜。

7.3 鳅种放养

秧苗移栽 10 d～20 d 后,放养鳅种。放养鳅种要求体质健壮、体表光滑、无病无伤、活动力强。投放时应进行温差调整,可将氧气袋放入拟投放的水体 30 min 左右,使氧气袋内外水温温差≤2℃,再打开氧气袋,让鳅种游入水体。我国中部和南方地区,宜放养 3 cm/尾～4 cm/尾规格的鳅种 1 万尾/667 m²～1.5 万尾/667 m²;北方地区,宜放养 7 cm/尾～8 cm/尾规格的鳅种 0.5 万尾/667 m²～0.8 万尾/667 m²。

7.4 投喂

7.4.1 饵料培养

鳅种放养前 10 d 左右,按照沟坑面积施经发酵的有机肥 200 kg/667 m²～250 kg/667 m²,主要施入沟坑内。

7.4.2 饲料选用

粉料投喂 10 d～15 d,破碎料投喂 20 d～30 d,之后调整为颗粒饲料继续投喂,蛋白质含量以 25%～30% 为宜。饲料质量应符合 GB 13078 和 NY 5072 的规定。

7.4.3 投饲量

利用稻田饵料资源,减量投喂,日投饲量以泥鳅体重的 1%～3% 为宜。阴天和气压低的天气应减少投饲量。每次投喂的饲料量,以 1 h～2 h 吃完为宜。水温高于 30℃ 或低于 10℃ 时不投喂。

7.4.4 投喂方法

投喂地点选在边沟和暂养坑内,每天宜在 9:00 和 17:00 各投喂一次。投喂应定时、定位、定质、定量。

7.5 病害防控

发生病害时,应准确诊断、对症治疗,治疗用药应符合 SC/T 1132 的规定。平时宜通过以下措施进行病害预防:6 月～10 月,每月在边沟和暂养坑泼洒 1 次生石灰进行消毒,按照沟坑面积计算用量,以 5 kg/667 m² 为宜;定期加注新水,调节水质。

7.6 日常管理

7.6.1 水质调节

6 月～10 月,每月宜按沟坑面积追施经发酵的有机肥 50 kg/667 m²,并添加 0.5 kg 过磷酸钙,透明度控制在 20 cm～25 cm。每隔 1 个月宜在沟坑遍洒 1 次漂白粉,用量按产品使用说明书使用。水温超过 30℃ 时,每 15 d 宜换 10% 清水,并增加田面水深至 30 cm。

7.6.2 巡田

早晚巡田,检查田埂有无漏洞,检查进排水口及防逃设施有无损坏。降雨量大时,将稻田内过量的水及时排出,防止泥鳅逃逸。

7.6.3 防敌害

及时清除、驱除稻田中的敌害生物。

7.7 捕捞

水稻收割前排水,将泥鳅聚集到边沟和暂养坑中,用抄网捕获。对抄网未能捕获的泥鳅可采用诱饵笼捕法捕获。

――――――――――

ICS 65.150
B 50

中华人民共和国水产行业标准

SC/T 1138—2020

水产新品种生长性能测试 虾类

Growth trait inspection of aquatic new varieties—Shrimp

2020-08-26 发布
2021-01-01 实施

中华人民共和国农业农村部 发布

前　言

本标准按照 GB/T 1.1—2009 给出的规则起草。

请注意本标准的某些内容可能涉及专利。本标准的发布机构不承担识别这些专利的责任。

本标准由农业农村部渔业渔政管理局提出。

本标准由全国水产标准化技术委员会淡水养殖分技术委员会(SAC/TC 156/SC 1)归口。

本标准起草单位:中国水产科学研究院黄海水产研究所。

本标准主要起草人:孟宪红、孔杰、曹宝祥、隋娟、罗坤、栾生、陈宝龙、代平。

水产新品种生长性能测试　虾类

1　范围

本标准规定了虾类新品种生长性能测定与评价中的术语和定义、测量器材、测试品种的要求、测试方法、计算方法和结果描述等。

本标准适用于虾类新品种体长和体重等生长性能的测试和评价,其他养殖虾类生长性能测试和评价可参照执行。

2　规范性引用文件

下列文件对于本文件的应用是必不可少的。凡是注日期的引用文件,仅注日期的版本适用于本文件。凡是不注日期的引用文件,其最新版本(包括所有的修改单)适用于本文件。

SC/T 1102　虾类性状测定
SC/T 1116　水产新品种审定技术规范

3　术语和定义

下列术语和定义适用于本文件。

3.1

体长绝对生长率　absolute growth rate of length,AGRL
一定时间内个体体长的绝对增加量。

3.2

体重绝对生长率　absolute growth rate of weight,AGRW
一定时间内个体体重的绝对增加量。

3.3

体重生长率　growth rate of weight,GRW
一定时间内体重自然对数之差。

3.4

特定生长率　specific growth rate,*SGR*
体重生长率与生长天数的比值。

3.5

体长增长率　length gain rate,*LGR*
经过一定时间生长,终末体长比初始体长增加的百分比。

3.6

体重增长率　weight gain rate,*WGR*
经过一定时间生长,终末体重比初始体重增加的百分比。

3.7

生长一致性　growth uniformity,*GU*
同一群体在体长、体重性能上的一致性表现,分别用体长变异系数和体重变异系数来表示。

3.8

体长变异系数　coefficient of variation of length,*CVL*
体长标准差与体长平均值的比。

3.9

体重变异系数　coefficient of variation of weight,*CVW*

体重标准差与体重平均值的比。

4　测量器材

4.1　直尺

精度 1 mm。

4.2　游标卡尺

精度 0.1 mm。

4.3　电子天平

精度 0.01 g。

5　测试品种的要求

5.1　数量

测试品种和对照品种个体数量分别不应少于 1 000 尾。

5.2　规格与质量

对照品种群体应符合相应种(品系)的苗种或亲本种质标准中生长特性和质量要求;测试品种与对照品种中所有个体的规格大小无显著差异。

6　测试方法

6.1　测试周期

根据测试品种的适宜生长期和委托单位的要求确定,一般不少于 60 d。

6.2　测试条件

委托单位提供测试品种和对照品种的养殖技术规范,包括测试品种的场地要求、环境要求、养殖方式、养殖密度、饲料(饵料)种类及投喂方式等,与第三方测试机构共同确定测试条件与过程要求。

6.3　测试方法

6.3.1　标记测试法

测试前,对测试品种群体和对照品种群体暂养至标记规格(30 mm 以上)后分别进行标记,可视嵌入性硅胶(visible implant elastomer,VIE)标记方法参见附录 A,其他类型标记由委托单位提供。

标记后继续暂养至少 3 d 至群体状态稳定后开始测试。

6.3.2　平行测试法

不适用标记测试法的种类采用平行测试法。

6.4　初始数据采集

对测试品种和对照品种分别随机抽取不少于 30 尾个体进行初始数据采集,并参见附录 B 中 B.1 表格记录。测量方法按照 SC/T 1102 的规定执行。

6.5　分组

随机分 3 个平行测试组,每组的测试品种和对照品种数量相同,且分别不少于 150 尾。

6.6　测试期管理

按照委托单位提供的养殖技术规程进行管理,并参见 B.3 和 B.4 做好相应记录。

6.7　最终数据采集

测试结束时,对所有个体逐尾进行标记辨别。对每组的测试品种和对照品种分别随机抽取 30 尾进行最终数据采集,测量方法按照 SC/T 1102 的规定执行,并参照 B.2 表格记录。对测试品种和对照品种分别进行生长率、生长一致性和存活率的计算。

7 计算方法

7.1 生长率的计算

7.1.1 体长绝对生长率

体长绝对生长率按式(1)计算。

$$AGRL = (\bar{l}_2 - \bar{l}_1)/\Delta t \quad \cdots\cdots (1)$$

式中：

$AGRL$——体长绝对生长率，单位为毫米每天(mm/d)；

$\bar{l}_2$——测试前初始平均体长，单位为毫米(mm)；

$\bar{l}_1$——测试结束时平均体长，单位为毫米(mm)；

Δt——测试所用时间，单位为天(d)。

7.1.2 体重绝对生长率

体重绝对生长率按式(2)计算。

$$AGRW = (\overline{w}_2 - \overline{w}_1)/\Delta t \quad \cdots\cdots (2)$$

式中：

$AGRW$——体重绝对生长率，单位为克每天(g/d)；

$\overline{w}_1$——测试前初始平均体重，单位为克(g)；

$\overline{w}_2$——测试结束时平均体重，单位为克(g)。

7.1.3 特定生长率

特定生长率按式(3)计算。

$$SGR = [(\ln\overline{w}_2 - \ln\overline{w}_1)/\Delta t] \times 100 \quad \cdots\cdots (3)$$

式中：

SGR——特定生长率，单位为百分号每天(%/d)。

7.1.4 体长增长率

体长增长率按式(4)计算。

$$LGR = (\bar{l}_2 - \bar{l}_1)/\bar{l}_1 \times 100 \quad \cdots\cdots (4)$$

式中：

LGR——体长增长率，单位为百分号(%)。

7.1.5 体重增长率

体重增长率按式(5)计算。

$$WGR = (\overline{w}_2 - \overline{w}_1)/\overline{w}_1 \times 100 \quad \cdots\cdots (5)$$

式中：

WGR——体重增长率，单位为百分号(%)。

7.2 生长一致性

7.2.1 标准差

标准差按式(6)计算。

$$\sigma = \sqrt{\frac{\sum(x_i - \mu)^2}{n-1}} \quad \cdots\cdots (6)$$

式中：

σ——标准差，单位为毫米(mm)或克(g)；

x_i——某个体体长或体重实测值，单位为毫米(mm)或克(g)；

μ——待测群体实测样本的体长或体重平均值，单位为毫米(mm)或克(g)；

n——待测群体实测样本的总个体数，单位为尾(ind)。

7.2.2 体长变异系数

体长变异系数按式(7)计算。

$$CVL = \frac{\sigma_l}{\bar{l}} \times 100 \quad\text{(7)}$$

式中：

CVL ——体长变异系数，单位为百分号(%)；

σ_l ——体长标准差，单位为毫米(mm)；

$\bar{l}$ ——体长平均值，单位为毫米(mm)。

7.2.3 体重变异系数

体重变异系数按式(8)计算。

$$CVW = \frac{\sigma_w}{\bar{w}} \times 100 \quad\text{(8)}$$

式中：

CVW ——体重变异系数，单位为百分号(%)；

σ_w ——体重标准差，单位为克(g)；

$\bar{w}$ ——体重平均值，单位为克(g)。

7.3 存活率的计算

存活率按式(9)计算。

$$SR = \frac{a}{A} \times 100 \quad\text{(9)}$$

式中：

SR ——存活率，单位为百分号(%)；

a ——存活的个体数，单位为尾(ind)；

A ——初始个体总数，单位为尾(ind)。

8 结果描述

依据 SC/T 1116 的规定,记录测试品种和对照品种的生长率、生长一致性及存活率等生长性能计算结果(参见 B.5),并进行描述。

附　录　A
（资料性附录）
虾类荧光标记方法

A.1　标记物的准备

将可视嵌入性硅胶（visible implant elastomer，VIE）荧光染料与凝固剂按说明书混合均匀后，取适量装入 0.3 mL 的小型注射针管中（针头外径 0.3 mm，内径 0.15 mm），并将针管置于助推器内，4℃保存备用。混合均匀的染料在常温下 2 h 内使用。

根据组别需要，使用红、橙、黄、绿、粉、蓝等不同颜色组合，或同时结合不同标记部位（虾第六腹节的背部、背部左侧和背部右侧）进行标记以区分不同类别的个体或群体。

A.2　标记方法

虾在标记前先放入加冰袋预冷以及加入维生素 C（抗应激作用）的养殖用水中以减弱虾的活动力，将虾除第五、六腹节外部分用湿纱布包裹。

采用助推器将荧光染料注射至选定标记部位的皮层与肌肉部分的结合处，注射的荧光染料长度为 5 mm 左右；注射后荧光染料的线条位置介于上部肠道和下部腹神经的中间部位，注射的荧光染料应粗细均匀且连续。

将标记后的虾迅速放入池中，虾离水时间控制在 1 min 以内。

附　录　B

（资料性附录）

虾类生长性能测试记录表

B.1　测试前初始数据采集表

见表B.1。

表 B.1　测试前初始信息采集表

委托单位						
品种名称（中文，英文/拉丁文）						
养殖单元编号						
群体类别（测试品种/对照品种）						
序号	日龄,d	标记种类	体长,mm	体重,g	其他性状（　）	备注

测量人：　　　　　　　　　　记录人：　　　　　　　　　　审核人：

时间：　年　月　日　　　　　时间：　年　月　日　　　　　时间：　年　月　日

B.2　测试结束后生长性状数据采集表

见表B.2。

表 B.2　测试结束后信息采集表

委托单位						
品种名称（中文，英文/拉丁文）						
测试单元编号						
群体类别（测试品种/对照品种）		测试周期,d				
序号	日龄,d	标记种类	体长,mm	体重,g	其他性状（　）	备注

测量人：　　　　　　　　　　记录人：　　　　　　　　　　审核人：

时间：　年　月　日　　　　　时间：　年　月　日　　　　　时间：　年　月　日

B.3　日常管理记录表

见表B.3。

表 B.3　日常管理记录表

委托单位							
品种名称（中文，英文/拉丁文）							
养殖密度,ind/m³			测试单元编号				
日期	饵料种类	投喂量,g	换水量,m³	死亡数量,ind	用药情况	记录人	审核人

B.4 水质监测记录表

见表 B.4。

表 B.4 水质监测记录表

	委托单位									
	品种名称(中文,英文/拉丁文)									
	养殖密度,ind/m³				测试单元编号					
日期	盐度	溶解氧,mg/L	pH	水温,℃	总碱度,mg/L	氨氮,mg/L	亚硝酸盐,mg/L	测量人	记录人	审核人
	1次/周	1次/d	上午/下午	上午/下午	1次/周	2次/周	2次/周			

B.5 生长性能测试结果统计表

见表 B.5。

表 B.5 生长性能测试结果统计表

	委托单位			
	品种名称(中文,英文/拉丁文)			
	测试周期,d	年 月 日— 年 月 日,共计 d		
	参数种类	测试品种(尾)	对照品种 (尾)	测试品种比对照品种 提高百分比,%
生长率	体长绝对生长率,mm/d			
	体重绝对生长率,g/d			
	体重特定生长率,%/d			
	体长增长率,%			
	体重增长率,%			
生长一致性	体长变异系数,%			
	体重变异系数,%			
	存活率,%			
	备 注			

测量人： 计算人： 审核人：
时间： 年 月 日 时间： 年 月 日 时间： 年 月 日

ICS 65.150
B 52

中华人民共和国水产行业标准

SC/T 1144—2020

克氏原螯虾

Red swamp crayfish

2020-08-26 发布　　　　　　　　　　　　　　　2021-01-01 实施

中华人民共和国农业农村部 发布

前　言

本标准按照 GB/T 1.1—2009 给出的规则起草。

请注意本文件的某些内容可能涉及专利。本文件的发布机构不承担识别这些专利的责任。

本标准由农业农村部渔业渔政管理局提出。

本标准由全国水产标准化技术委员会淡水养殖分技术委员会(SAC/TC 156/SC 1)归口。

本标准起草单位:浙江省淡水水产研究所、江苏省淡水水产研究所。

本标准主要起草人:顾志敏、刘金殿、李喜莲、唐建清、郭建林、陆冬法、李飞、郝雅宾。

克 氏 原 螯 虾

1 范围

本标准给出了克氏原螯虾[*Procambarus clarkii* (Girard，1852)]的学名与分类、主要形态结构特征、生长与繁殖特性、遗传学特性、检测方法及判定规则。

本标准适用于克氏原螯虾的种质检测和鉴定。

2 规范性引用文件

下列文件对于本文件的应用是必不可少的。凡是注日期的引用文件,仅注日期的版本适用于本文件。凡是不注日期的引用文件,其最新版本(包括所有的修改单)适用于本文件。

GB/T 18654.2 养殖鱼类种质检验 第2部分:抽样方法

GB/T 18654.12 养殖鱼类种质检验 第12部分:染色体组型分析

GB/T 18654.15 养殖鱼类种质检验 第15部分:RAPD分析

SC/T 1102 虾类性状测定

3 学名与分类

3.1 学名

克氏原螯虾[*Procambarus clarkii* (Girard，1852)]。

3.2 分类地位

节肢动物门(Arthropoda)、甲壳纲(Crustacea)、十足目(Decapoda)、爬行亚目(Reptantia)、螯虾科(Astacidae)、原螯虾属(*Procambarus*)。

4 主要形态结构特征

4.1 外部形态

4.1.1 外形

体分头胸部与腹部。头胸甲圆筒形,高度略大于宽度,表面中部较光滑,两侧具粗糙颗粒。颈沟很深。额角呈锐角三角形,表面中部凹陷,两侧隆脊形,末端近锐刺状,近末端两侧各有1齿形缺刻。第二触角柄约抵额角末端。腹节侧板末缘略呈圆钝三角形。尾节长方形,稍长于尾肢内肢,侧缘近中部具缺刻,末缘中部稍凹。螯足粗大,长节背腹缘均具颗粒状锐刺,背面及内侧面均具短锐刺,掌节背缘具刺状突起,内、外侧具扁平的突起,两指略长于掌部,内缘具不规则齿。

外形见图1~图4。

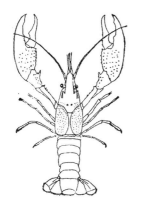

图1 雄虾背面的外形图

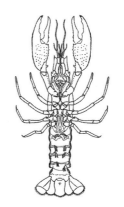

图2 雄虾腹面的外形图

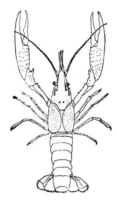

图3　雌虾背面的外形图

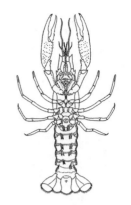

图4　雌虾腹面的外形图

4.1.2　雄性交接器

成熟雄虾前两对腹肢演变成钙质管状交接器。第一对腹肢末端内侧呈锐齿状,外侧具一叶状及齿状突出;第二腹肢内肢粗壮,内侧末端卷叶状,外侧鞭形。

雄虾的钙质管状交接器见图5。

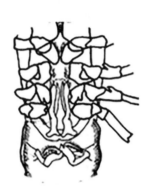

图5　雄虾交接器

4.1.3　雌性纳精囊孔

雌虾第一对腹肢退化,很细;第三对步足基部内侧各有一个小孔,为纳精囊孔。

雌虾的纳精囊孔见图6。

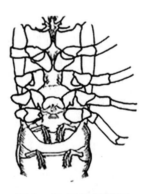

图6　雌虾纳精囊孔

4.2　体色

体色随月龄与环境的变化而不同。幼虾颜色较浅,为淡褐色、黄褐色、深黄色等;成虾颜色较深,为深红色。

4.3　可数性状

4.3.1　体节

虾体分为头胸部和腹部,腹部7节。

4.3.2 附肢

附肢共有 19 对:头部 5 对,胸部 8 对,腹部 6 对。

4.4 可量性状

主要可量性状比值范围见表1。

表 1　克氏原螯虾主要可量性状比值范围

项目	雄性	雌性
体长/额角长	3.49~4.87	3.57~5.33
体长/头胸甲长	1.57~1.96	1.53~2.01
体长/第2步足长	1.62~2.58	1.63~2.98
体长/第5步足基部间距	11.57~22.09	10.74~19.42
额角长/头胸甲长	0.35~0.48	0.33~0.49

5　生长与繁殖特性

5.1　生长

体长与体重实测值见表2,体长与体重关系式参见附录A。

表 2　体长与体重实测值

组别	体长,cm		体重,g	
	范围	平均值±标准差	范围	平均值±标准差
1	4.64~5.00	4.85±0.15	3.77~5.00	4.29±0.46
2	5.01~6.00	5.73±0.24	4.00~12.10	7.81±1.74
3	6.01~7.00	6.59±0.28	7.06~19.85	12.04±2.36
4	7.01~8.00	7.47±0.28	10.45~34.42	17.93±3.49
5	8.01~9.00	8.44±0.29	15.13~49.60	26.78±5.06
6	9.01~10.00	9.49±0.29	21.02~70.80	40.00±8.76
7	10.01~11.00	10.41±0.26	35.51~76.80	53.46±7.92
8	11.01~11.52	11.37±0.16	54.55~73.80	66.88±10.71

5.2　繁殖

5.2.1　性成熟月龄

9 月龄~12 月龄达性成熟。性成熟的个体体重一般在 30 g 以上,体长一般在 6 cm 以上。在养殖环境中,6 月龄~7 月龄可达性成熟。

5.2.2　繁殖期

一次性产卵,存在春、夏季和秋、冬季产卵群体,但以秋、冬季产卵群体为主。

5.2.3　抱卵量

个体抱卵量为 77 粒~1 500 粒,相对抱卵量为每克体重 3.04 粒~19.83 粒。

6　遗传学特性

6.1　细胞遗传学特性

精母细胞染色体数:$2n=188$。

精母细胞染色体中期分裂相见图7。

6.2　分子遗传学特性

线粒体 16S rRNA 基因电泳图谱(Marker 为 DL 2 000)见图8。

SC/T 1144—2020

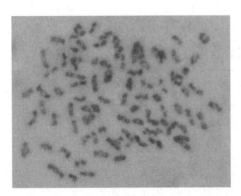

图7 精母细胞染色体中期分裂相

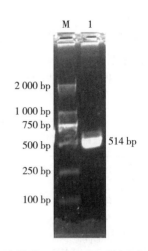

图8 线粒体16S rRNA基因电泳图谱

线粒体16S rRNA基因标准序列参见附录B。

7 检测方法

7.1 抽样

按GB/T 18654.2的规定执行。

7.2 性状测定

按SC/T 1102的规定执行。

7.3 繁殖力

计数10尾雌虾的抱卵数目。

7.4 染色体检测

注射秋水仙素:秋水仙素浓度为4 mg/mL,于第2体节腹部进行肌肉注射,处理时间4 h～5 h。

低渗:剪碎精巢组织,置于浓度为0.075 mol/L的KCl溶液,常温放置40 min～50 min。

固定:取精巢组织,放入研磨器中,加固定液($V_{甲醇}$:$V_{乙酸}$＝3:1,现用现配)1 mL。研磨后用100目纱布过滤,吸取精巢细胞悬浮液,加固定液至4 mL,固定20 min后,1 200 r/min离心8 min～12 min,去固定液,小心细胞沉淀浮起,浮起就停止吸取。再次加固定液,吹打细胞,固定20 min后,离心,去固定液。重复固定2次～3次。

滴片:将最后一次离心的细胞沉淀加入3 mL左右的固定液,吹打细胞,吸取细胞悬浮液,滴在预冷的载玻片上,滴3滴～4滴细胞悬浮液(细胞浓度低时,多滴几滴),在酒精灯上烘烤干燥。

其他步骤按GB/T 18654.12的规定执行。

7.5 分子遗传学特性

7.5.1 样品制备、基因组DNA提取和PCR扩增

线粒体16S rRNA基因引物序列为16S F:CGCCTGTTTATCAAAAACAT;16S R:CCGGTCT-GAACTCAGATCACGT。PCR扩增条件为:94℃,2 min;94℃,30 s;52℃,40 s;72℃,1 min,共35个循环;72℃延伸10 min。

其他步骤按GB/T 18654.15的规定执行。

7.5.2 PCR产物纯化和回收

取5 μL扩增产物上样到1.0%的琼脂糖凝胶进行电泳分离,然后割胶,用凝胶抽提试剂盒进行PCR产物纯化、回收。

7.5.3 测序

纯化产物用于测序分析,正反双向测序。

7.5.4 线粒体16S rRNA基因序列检测

44

样本扩增片段测序后与克氏原螯虾 16S rRNA 基因标准序列进行同源比对,同源性应不小于 98%。

8 判定规则

检验结果符合第 4 章、第 6 章,为合格;否则,为不合格。

线粒体 16S rRNA 基因扩增片段序列与标准序列的同源性高于 98%的,为合格;否则,为不合格。

附 录 A
（资料性附录）
克氏原螯虾体长与体重关系式

体长与体重生长关系式见式(A.1)和式(A.2)。

$$雌性：W = 0.023L^{3.259} \qquad\qquad (A.1)$$

$$雄性：W = 0.021L^{3.380} \qquad\qquad (A.2)$$

式中：

L ——体长，单位为厘米(cm)；

W ——体重，单位为克(g)。

附　录　B

（资料性附录）
克氏原螯虾线粒体 16S rRNA 基因标准序列

克氏原螯虾线粒体 16S rRNA 基因标准序列：

ATTATGAATAGTTGTTTAGTGTAGTTAATATGAAAAAGATTTTTTAAATATAGTAAATTTAATTGAATAA
TATTAAAGACTTAGTATAAAATACTGTAAAGGAAATTTGAAATAATTTAAGATTTAATAATAAAAAAGTA
ATATTAAAGTTATGTATCTTGTGTATAATAGATGTTTAAATTAATATAATTCGGTTATGTATCTCGAAAA
GGAAATAGCTAAATTAAAAGGTAAGTTTTTGTAGCAGAAAAATTTATAATTTTATTTTAGAAGTGAAATA
TTAATCGGGTTTCTTAATATCTAGTTTTTTAAGAAGTGAATTTAAATTAGCATTTTTATATATTTATAAA
AATAGTTAAAATAAGGGGGATTAGCTCTTTATTATTTAATATTATAAAAAAATATTTTTAAAGGATTTAA
CTAGGCTTAAAATTAGCCAGGTTTATAGGGTGTTATAAGTAAAATTTAGGTTAATAATATTTATATGTTT
TTTAATTGTTTATTAAAAATTATTTAGAAATAGTGTTGAAATAGGTATAATGAGTATATTAGTATATAAT
TGTGTTTGAATTTAATTTAAATTATTAAATTATTTTTATGTATTTAAATATTTCTTTAAGGAATTCGGCA
AAAATTATTTCTGCCTGTTTAACAAAAACATGTCTTTATGGAGGTTTATAAAGTCTAACCTGCCCATTGG
GAACTAAAAGGCCGCGGTATTATGACCGTGCAAAGGTAGCATAATCATTAGTTTTTTAATTGAAGGCTAG
AATGAATGGTTGAACAAGAAATAATCTGTCTTAAATTAATATATTGAATTTAACTTTTAAGTGAAAAGGC
TTAAATAATCTGGAGGGACGATAAGACCCTATAAAACTTTATATTTATAATATAGTAGTTAGTTTTATTT
AAGGGTATTATTTTAGAGTATTTGGTTGGGGTGACAAGGATAAAATATTAAATAACTGTCTTTTTTTTTT
ACAGTGATGTTTGGTTTAATGATCCTAAAAGGGATTAAAGATTAAGTTACTTTAGGGATAACAGCGTAAT
TTTCTTTAAGAGTTCTTATCGACAAGAAAGTTTGCGACCTCGATGTTGAATTAAAAGTTCTTTATAGAGT
AGAGACTATAATAGAAGGTCTGTTCGACCTTTAAAAATTTTACATGATTTGAGTTCAGACCGGTGTAAGCC
AGGTTGGTTTCTATCTTTCAGGATTAATTGTAGTTATTTTAGTACGAAAGGATTAAATAACTAAAAAATT
TT

ICS 65.150
B 52

中华人民共和国水产行业标准

SC/T 1145—2020

赤 眼 鳟

Barbel chub

2020-08-26 发布
2021-01-01 实施

中华人民共和国农业农村部 发布

前　　言

本标准按照 GB/T 1.1—2009 给出的规则起草。

请注意本文件的某些内容可能涉及专利。本文件的发布机构不承担识别这些专利的责任。

本标准由农业农村部渔业渔政管理局提出。

本标准由全国水产标准化技术委员会淡水养殖分技术委员会(SAC/TC 156/SC 1)归口。

本标准起草单位:浙江省淡水水产研究所。

本标准主要起草人:顾志敏、刘金殿、李喜莲、郭建林、陆冬法、郝雅宾、于喆。

赤　眼　鳟

1　范围

本标准给出了赤眼鳟[*Squaliobarbus Curriculus*（Richardson，1846）]的学名与分类、主要形态结构特征、生长与繁殖特性、遗传学特征、检测方法及判定规则。

本标准适用于赤眼鳟的种质检测和鉴定。

2　规范性引用文件

下列文件对于本文件的应用是必不可少的。凡是注日期的引用文件，仅注日期的版本适用于本文件。凡是不注日期的引用文件，其最新版本（包括所有的修改单）适用于本文件。

GB/T 18654.1　养殖鱼类种质检验　第1部分:检验规则

GB/T 18654.2　养殖鱼类种质检验　第2部分:抽样方法

GB/T 18654.3　养殖鱼类种质检验　第3部分:性状测定

GB/T 18654.4　养殖鱼类种质检验　第4部分:年龄与生长的测定

GB/T 18654.6　养殖鱼类种质检验　第6部分:繁殖性能的测定

GB/T 18654.12　养殖鱼类种质检验　第12部分:染色体组型分析

GB/T 18654.13　养殖鱼类种质检验　第13部分:同工酶电泳分析

3　学名与分类

3.1　学名

赤眼鳟[*Squaliobarbus curriculus*（Richardson，1846）]。

3.2　分类地位

脊索动物门（Chordata）、硬骨鱼纲（Osteichthyes）、鲤形目（Cypriniformes）、鲤科（Cyprinidae）、雅罗鱼亚科（Leuciscinae）、赤眼鳟属（*Squaliobarbus*）。

4　主要形态结构特征

4.1　主要外部形态特征

4.1.1　形态特征

体纺锤形，向后逐渐侧扁。头呈圆锥形，吻钝。口端位，口裂宽，呈弧形。上下颌较厚，上颌须2对，短小，1对位于口角，1对位于吻的边缘。眼大，位于头侧，距吻端较距鳃盖后缘近。鳞较大，圆形。侧线完全。背鳍无硬刺，起点与腹鳍相对或略前于腹鳍，距吻端较距尾鳍基部近。胸鳍三角形，不达腹鳍。腹鳍不达臀鳍。臀鳍短，位于背鳍后下方。臀鳍起点至腹鳍基的距离较至尾鳍基的距离长。尾鳍深叉形。肛门紧靠臀鳍起点。背部灰黄带青绿色，体侧稍带银白色。侧线以上鳞片基部有黑色斑块，组成体侧的纵列条纹。腹部白色，背鳍和尾鳍灰黑色，尾鳍边缘呈黑色，其他各鳍灰白色。眼的上缘具一块红斑。

赤眼鳟外形见图1。

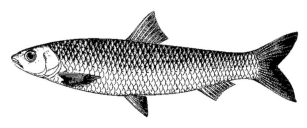

图1　赤眼鳟外形

4.1.2 可数性状

4.1.2.1 鳍式

背鳍鳍式:D．ⅲ—7～8。

臀鳍鳍式:A．ⅲ—7～9。

4.1.2.2 侧线鳞鳞式

侧线鳞鳞式:$41\frac{6～8}{3～5-V}50$。

4.1.3 可量性状

主要可量性状比值范围见表1。

表 1　赤眼鳟主要可量性状比值范围

项目	体长/头长	体长/体高	体长/尾柄长	体长/尾柄高	头长/吻长	头长/眼径	头长/眼间距	尾柄长/尾柄高
比值	3.80～5.70	3.80～5.80	4.06～6.15	8.30～13.33	2.50～4.25	3.40～6.89	1.82～3.20	1.00～2.44

4.2 内部构造

4.2.1 下咽齿

齿式:(1～2)・(3～4)・(4～5)/(4～5)・(3～4)・(1～2),齿端呈钩状。

4.2.2 左侧第一鳃弓外侧鳃耙数

10枚～17枚。

4.2.3 鳔

鳔2室,前室大,后室较长末端尖。

4.2.4 脊椎骨

36枚～45枚。

4.2.5 腹膜

黑色。

5　生长与繁殖特性

5.1　生长

不同年龄赤眼鳟体长和体重范围见表2,体长与体重关系式参见附录A。

表 2　不同年龄赤眼鳟体长和体重范围

年龄	1+	2+	3+	4+	5+	6+
体长范围,cm	4.6～18.6	11.2～25.6	15.3～30.3	13.8～306.0	31.1～43.0	32.6～43.4
体重范围,g	19.0～113.0	88.5～241.6	175.5～482.4	335.7～919.4	518.2～1 216.7	592.0～1 585.5

5.2　繁殖

5.2.1　性成熟年龄

雌、雄鱼初次性成熟多为2龄,少数3龄。

5.2.2　繁殖期

4月～9月,5月～7月为产卵盛期。

5.2.3　产卵类型

一次性产卵。

5.2.4　怀卵量

绝对怀卵量为1.64万粒～43.02万粒,相对怀卵量为每克体重159.30粒～402.00粒。

6 遗传学特性

6.1 细胞遗传学特性

体细胞染色体数:$2n=48$。核型公式:$16m+28sm+4st$,染色体总臂数(NF)为92。

体细胞染色体组型见图2。

体细胞染色体中期分裂相见图3。

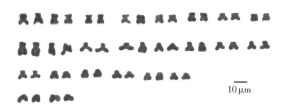

10 μm

图2 赤眼鳟体细胞染色体组型

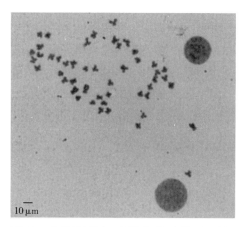

10 μm

图3 赤眼鳟体细胞染色体中期分裂相

6.2 生化遗传学特性

心肌组织酯酶(EST)同工酶为2条酶带。

心肌组织酯酶(EST)同工酶电泳图谱见图4。

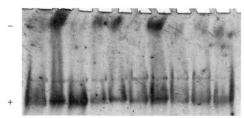

EST2
EST1

图4 赤眼鳟心肌组织酯酶(EST)同工酶电泳图谱

7 检测方法

7.1 抽样

按 GB/T 18654.2 的规定执行。

7.2 性状测定

按 GB/T 18654.3 的规定执行。

7.3 年龄测定

采样鳞片作为年龄鉴定材料,鉴定方法按 GB/T 18654.4 的规定执行。

7.4 繁殖特性

按 GB/T 18654.6 的规定执行。

7.5 染色体核型分析

按 GB/T 18654.12 的规定执行。

7.6 同工酶电泳分析

按 GB/T 18654.13 的规定执行。

8 判定规则

按 GB/T 18654.1 的规定执行。

附　录　A

（资料性附录）

赤眼鳟体长与体重关系式

体长与体重生长关系式见式(A.1)。

$$W=0.018L^{2.954}(R^2=0.98,n=378)　　　　　　　　　　　　　　　　　　　(A.1)$$

式中：

L——赤眼鳟的体长，单位为厘米(cm)；

W——赤眼鳟的体重，单位为克(g)。

ICS 65.150
B 52

中华人民共和国水产行业标准

SC/T 1146—2020

江　　鳕

Burbot

2020-08-26 发布

2021-01-01 实施

中华人民共和国农业农村部 发布

前　言

本标准按照 GB/T 1.1—2009 给出的规则起草。

请注意本文件的某些内容可能涉及专利。本文件的发布机构不承担识别这些专利的责任。

本标准由农业农村部渔业渔政管理局提出。

本标准由全国水产标准化技术委员会淡水养殖分技术委员会(SAC/TC 156/SC 1)归口。

本标准起草单位:浙江海洋大学。

本标准主要起草人:杨天燕、高天翔、孟玮、宋娜、刘璐。

江　　鳕

1　范围

本标准给出了江鳕[*Lota lota*(Linnaeus,1758)]的学名与分类、主要形态构造特征、生长与繁殖特性、遗传学特性、检测方法及判定规则。

本标准适用于江鳕的种质检测与鉴定。

2　规范性引用文件

下列文件对于本文件的应用是必不可少的。凡是注日期的引用文件,仅注日期的版本适用于本文件。凡是不注日期的引用文件,其最新版本(包括所有的修改单)适用于本文件。

GB/T 18654.1　养殖鱼类种质检验　第1部分:检验规则

GB/T 18654.2　养殖鱼类种质检验　第2部分:抽样方法

GB/T 18654.3　养殖鱼类种质检验　第3部分:性状测定

GB/T 18654.4　养殖鱼类种质检验　第4部分:年龄与生长的测定

GB/T 18654.6　养殖鱼类种质检验　第6部分:繁殖性能的测定

GB/T 18654.12　养殖鱼类种质检验　第12部分:染色体组型分析

GB/T 18654.13　养殖鱼类种质检验　第13部分:同工酶电泳分析

3　学名与分类

3.1　学名

江鳕[*Lota lota*(Linnaeus,1758)]。

3.2　分类地位

脊索动物门(Chordata)、脊椎动物亚门(Craniata)、硬骨鱼纲(Osteichthyes)、鳕形目(Gadiformes)、鳕科(Gadidae)、江鳕属(*Lota*)。

4　主要形态构造特征

4.1　外部形态特征

体圆筒状,后部侧扁。头稍扁平。体背部及体侧上部灰褐色,腹部灰白色,体侧与鳍条上散布不规则的黄白色斑点。吻钝,口端位。下颌略长于上颌。眼小,眼间距平宽。颏部正中具颏须1枚,两鼻孔分离,前鼻管突出,具鼻须1对。鳃盖膜分离,不与峡部相连。体被小圆鳞。侧线前部较高,后部侧中位,且常不完全。背鳍2个,前背鳍短小,后背鳍基长近与尾鳍相接。胸鳍扇形。腹鳍喉位,第1和第2鳍条略延长呈丝状。臀鳍基起点稍后于背鳍,后端与尾鳍相接或稍分离。尾鳍椭圆形。

江鳕外部形态见图1。

图1　江鳕外部形态

4.2　可数性状

4.2.1　鳍式

4.2.1.1 背鳍

D. ⅰ～ⅲ—10～13，ⅰ～ⅱ—64～92。

4.2.1.2 臀鳍

A. 64～84。

4.2.2 左侧第一鳃弓外侧鳃耙数

8 枚～12 枚。

4.3 可量性状

体长 18.9 cm～60.2 cm、体重 48.2 g～1 675.5 g 的个体可量性状比值见表1。

表 1 江鳕可量性状比值

体长/头长	体长/体高	头长/吻长	头长/眼径
4.47～5.50	5.45～9.67	3.10～3.98	6.17～8.59
头长/眼间距	体长/尾柄长	头长/头高	尾柄长/尾柄高
2.61～3.59	10.00～11.60	1.84～2.21	1.56～1.94

4.4 内部构造特征

4.4.1 鳔

1 室，前端分小叉，后部稍大。

4.4.2 脊椎骨总数

58 枚～67 枚。

4.4.3 腹膜

银白色。

5 生长与繁殖特性

5.1 生长

体长 18.9 cm～60.2 cm、体重 48.2 g～1 675.5 g 的江鳕各年龄组体长和体重测量值见表2。

表 2 江鳕各年龄组体长和体重测量值

年龄，龄	2	3	4	5
体长，cm	18.9～40.1	26.4～47.6	34.4～55.3	41.4～60.2
体重，g	48.2～530.3	62.0～678.2	105.2～935.6	238.5～1 675.5

5.2 繁殖

5.2.1 性成熟年龄

雌、雄鱼最小性成熟年龄均为 3 龄。

5.2.2 繁殖期

繁殖期为 12 月至翌年 1 月，繁殖水温 0℃～4℃。

5.2.3 怀卵量

不同年龄组江鳕个体怀卵量见表3。

表 3 不同年龄组江鳕个体怀卵量

年龄，龄	3	4	5
体重，g	208～425	398～876	778～1 328
绝对怀卵量，粒/尾	168 161～263 589	220 203～356 810	334 452～465 479
相对怀卵量，粒/g体重	243～494	340～737	505～879

5.2.4 产卵类型

性腺每年成熟1次,一次性产卵,产黏性卵。

6 遗传学特性

6.1 细胞遗传学特性

6.1.1 染色体

体细胞染色体数目:2n=48。

6.1.2 核型

染色体核型公式为:12m+18sm+14st+4t;染色体总臂数(NF)为78。体细胞染色体组型见图2。

图2 江鳕体细胞染色体组型

6.2 生化遗传学特性

肌肉组织异柠檬酸脱氢酶(IDHP)同工酶表现为1条带,电泳图谱和酶带扫描图见图3。

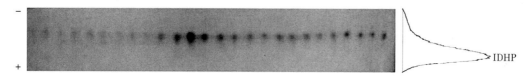

图3 江鳕肌肉组织异柠檬酸脱氢酶(IDHP)同工酶电泳图谱和酶带扫描图

7 检测方法

7.1 抽样

按GB/T 18654.2的规定执行。

7.2 性状测定

按GB/T 18654.3的规定执行。

7.3 年龄鉴定

选取耳石作为年龄鉴定材料,鉴定方法按GB/T 18654.4的规定执行。

7.4 怀卵量的测定

按GB/T 18654.6的规定执行。

7.5 染色体和核型检测

按GB/T 18654.12的规定执行。

7.6 同工酶检测

取肌肉组织2 g。采用聚丙烯酰胺凝胶垂直电泳,凝胶浓度为7.5%,凝胶缓冲液为Tris-HCl(pH 8.9),电极缓冲液为Tris-甘氨酸(pH 8.3)。在240 V电压下电泳4 h。电泳结束后,放入同工酶染色液中,于37℃恒温染色。其余步骤按GB/T 18654.13的规定执行。

8 判定规则

按 GB/T 18654.1 的规定执行。

———————————

ICS 65.150
B 52

中华人民共和国水产行业标准

SC/T 1147—2020

大鲵　亲本和苗种

Chinese giant salamander—Broodstock and juvenile

2020-08-26 发布
2021-01-01 实施

中华人民共和国农业农村部 发布

前　　言

本标准按照 GB/T 1.1—2009 给出的规则起草。

请注意本文件的某些内容可能涉及专利。本文件的发布机构不承担识别这些专利的责任。

本标准由农业农村部渔业渔政管理局提出。

本标准由全国水产标准化技术委员会淡水养殖分技术委员会(SAC/TC 156/SC 1)归口。

本标准起草单位:中国水产科学研究院长江水产研究所。

本标准主要起草人:孟彦、田海峰、肖汉兵、胡乔木、方耀林。

大鲵　亲本和苗种

1　范围

本标准规定了大鲵的[*Andrias davidianus*(Blanchard,1871)]亲本和苗种的来源、质量要求、计数方法、检验方法、检验规则和运输方法。

本标准适用于大鲵亲本和苗种的质量评定。

2　规范性引用文件

下列文件对于本文件的应用是必不可少的。凡是注日期的引用文件,仅注日期的版本适用于本文件。凡是不注日期的引用文件,其最新版本(包括所有的修改单)适用于本文件。

NY 5070　无公害食品　水产品中渔药残留限量
NY 5073　无公害食品　水产品中有毒有害物质限量
SC/T 1114　大鲵
SC/T 9414　水生生物增殖放流技术规范　大鲵

3　术语和定义

下列术语和定义适用于本文件。

3.1

稚鲵　juvenile
从孵化出膜到外鳃消失的发育阶段。

3.2

幼鲵　childhood
从外鳃消失到成品大鲵的发育阶段。

4　亲本

4.1　来源

由具有省级及以上相关资质大鲵生产单位提供的大鲵亲本,或大鲵子代苗种经过培育而成的非近亲繁殖的大鲵亲本。

4.2　质量要求

4.2.1　种质

应符合 SC/T 1114 的规定。

4.2.2　年龄

用于人工繁殖大鲵亲本适宜年龄雄性 6 龄～13 龄,雌性 7 龄～13 龄。

4.2.3　外观

外形完整,色泽正常,活动自如,对外界刺激反应迅速。

4.2.4　可数指标

畸形率小于 1%,伤残率小于 1%。

4.2.5　体长和体重

性成熟大鲵亲本的体长、体重应不低于表 1 的规定。

表 1　性成熟大鲵规格

年龄，龄	5⁺（雄性）	6⁺（雌性）
体重，g	>2 510	>2 539
体长，cm	>65	>66

4.2.6　繁殖期特征

雄鲵泄殖孔小，周围形成明显的椭圆形隆起圈，近泄殖孔内缘有乳白色小颗粒状突起；雌鲵泄殖孔细长，周围向内凹入，孔内壁平滑，无乳白色颗粒。

4.2.7　病害

体表无细菌、病毒或寄生虫等病原引起的病症。

5　苗种

5.1　来源

由符合 4.1 规定的大鲵亲本繁育而来、并检疫合格的苗种。

5.2　质量要求

5.2.1　稚鲵的外观

体质健壮，畏光，有集群行为；遇外界声、光等刺激能迅速移动。

5.2.2　幼鲵的外观

在水中运动自如，对外界刺激反应迅速。

5.3　可数性状

畸形率和伤残率均小于 1%。

5.4　体长和体重

体长 3 cm～20 cm 范围内大鲵体长与体重关系见表 2。

表 2　体长 3 cm～20 cm 范围内大鲵体长与体重关系

体长，cm	体重，g	体长，cm	体重，g
3.0～4.0	0.4～0.7	12.1～13.0	13.5～20.0
4.1～5.0	0.7～0.9	13.1～14.0	15.7～22.5
5.1～6.0	0.9～1.9	14.1～15.0	21.4～31.6
6.1～7.0	1.9～3.6	15.1～16.0	23.2～34.1
7.1～8.0	2.5～4.4	16.1～17.0	26.3～36.7
8.1～9.0	4.2～6.3	17.1～18.0	30.0～57.5
9.1～10.0	5.0～8.5	18.1～19.0	37.3～68.2
10.1～11.0	8.1～14.0	19.1～20.0	45.6～87.0
11.1～12.0	9.8～16.8		

5.5　病害

肉眼观察体表无细菌、病毒、寄生虫等病原引起的病症。

5.6　质量安全要求

渔药残留限量应符合 NY 5070 的规定。

有毒有害物质限量应符合 NY 5073 的规定。

6　计数方法

逐尾计数。

7　检验方法

7.1　外观、可数指标

将样品置于便于观察的容器内,肉眼逐项观察统计。

7.2 可量指标测定

按 SC/T 1114 的规定执行。

7.3 病害检疫

按照常规对常规病害进行检疫,包括:

a) 寄生性疾病:无线虫病;肉眼观察皮下是否有弯曲线虫寄生;

b) 细菌性疾病:无明显的腹水病、腐皮病等疾病;肉眼观察大鲵是否有腹部肿胀、积水感、体表溃疡等病灶;

c) 病毒性疾病:检测无虹彩病毒感染;肉眼观察大鲵是否有四肢溃烂,头部和背部有溃疡斑及体表出血等症状。

7.4 质量安全要求

渔药残留限量按照 NY 5070 的规定检测。

有毒有害物质限量按照 NY 5073 的规定检测。

8 检验规则

8.1 检验分类

8.1.1 出场检验

每批次亲本或苗种应进行出场检验。出场检验由生产单位质量检验部门执行,检验项目包括外观、伤残率、畸形率和病害。

8.1.2 型式检验

检验项目为本标准规定的全部项目,有下列情形之一应进行型式检验:

a) 新建养殖场培育的大鲵苗种;

b) 养殖条件发生变化,可能影响亲本、苗种质量时;

c) 国家质量监督机构或行业主管部门提出型式检验要求时;

d) 出场检验与上次型式检验有较大差异时;

e) 正常生产时,每年至少应进行一次周期性检验。

8.2 组批规则

以同一养殖池、同一规格、同一交货批次的亲本或苗种作为一个检验批次,按批次检验。

8.3 抽样方法

每批次大鲵亲本和苗种进行随机抽样,抽样率应不低于 5%。

8.4 判定规则

大鲵亲本或苗种检验结果分别全部达到所规定的各项指标要求,则判定该批次大鲵亲本或苗种合格。如果有其他一项指标不合格,可重新抽样复检,并以复检结果为准。检验项目中若病害项不合格,则判定该批次大鲵亲本或苗种不合格,不得复检。

9 运输方法

按照 SC/T 9414 的规定执行。

ICS 65.150
B 52

中华人民共和国水产行业标准

SC/T 1148—2020

哲罗鱼 亲本和苗种

Taimen—Broodstock and juvenile

2020-08-26 发布

2021-01-01 实施

中华人民共和国农业农村部 发布

前　言

本标准按照 GB/T 1.1—2009 给出的规则起草。

请注意本文件的某些内容可能涉及专利。本文件的发布机构不承担识别这些专利的责任。

本标准由农业农村部渔业渔政管理局提出。

本标准由全国水产标准化技术委员会淡水养殖分技术委员会(SAC/TC 156/SC 1)归口。

本标准起草单位:北京市水产科学研究所。

本标准主要起草人:杨贵强、袁丁、张立颖、贺杰、李文通、王占全、周云、付海利。

哲罗鱼 亲本和苗种

1 范围

本标准规定了哲罗鱼（*Hucho taimen* Pallas,1773)亲鱼和苗种的来源、质量要求、检验方法、检验规则和运输要求。

本标准适用于哲罗鱼亲鱼和苗种的质量评定。

2 规范性引用文件

下列文件对于本文件的应用是必不可少的。凡是注日期的引用文件,仅注日期的版本适用于本文件。凡是不注日期的引用文件,其最新版本(包括所有的修改单)适用于本文件。

GB/T 18654.2　养殖鱼类种质检验　第2部分:抽样方法

GB/T 18654.3　养殖鱼类种质检验　第3部分:性状测定

GB/T 18654.4　养殖鱼类种质检验　第4部分:年龄与生长的测定

GB/T 32780　哲罗鱼

NY 5070　无公害食品　水产品中渔药残留限量

NY 5073　无公害食品　水产品中有毒有害物质限量

NY/T 5361　无公害农产品　淡水养殖产地环境条件

3 亲鱼

3.1 来源

捕自自然水域的成鱼或人工繁殖的苗种经人工培育而成,并经检疫合格。

3.2 质量要求

3.2.1 种质

应符合GB/T 32780的规定。

3.2.2 年龄

用于人工繁殖的亲鱼年龄:雌鱼4龄～20龄,雄鱼4龄～12龄。

3.2.3 外观

体形、体色正常,体表光滑,体质健壮,无疾病、伤残和畸形。

3.2.4 体长和体重

繁殖时宜用体长不小于67 cm、体重不小于4 000 g的雌鱼;宜用体长不小于63 cm、体重不小于2 800 g的雄鱼。

3.2.5 繁殖期特征

雌鱼腹部膨大柔软,白色发亮,有弹性,将鱼尾部向上提时,卵巢轮廓明显,生殖乳突圆而大,长0.5 cm～0.8 cm,红肿,向外突;雄鱼身体细长,腹部呈灰黑色,生殖乳突不向外凸,轻压腹部,有少量精液排出。

3.2.6 病害

亲鱼无常见的小瓜虫病、肠道败血症、水霉病、烂鳃病等传染性疾病。

4 苗种

4.1 来源

4.1.1 鱼苗

由符合 3.1 规定的亲鱼繁殖的鱼苗,并经检疫合格。

4.1.2 鱼种

由符合 4.1.1 规定的鱼苗培育的鱼种,并经检疫合格。

4.2 鱼苗质量要求

4.2.1 外观

体形、体色正常,鳍条、鳞被完整,体表光滑有黏液,游动活泼。

4.2.2 可数指标

畸形率小于 1%,伤残率小于 1%。

4.2.3 体长和体重

平均体重 5.0 g～10.0 g,体长 4.0 cm～9.0 cm。

4.3 鱼种质量要求

4.3.1 外观

体质健壮,外形、体色正常,鳍条、鳞被完整,规格整齐,体表光滑有黏液,游动活泼。

4.3.2 可数指标

畸形率小于 1%,伤残率小于 1%。

4.3.3 体长和体重

体重 10.0 g 以上,各种规格(体长)的鱼种体重符合表 1 的规定。

表 1　哲罗鱼鱼种的规格

体长,cm	体重,g	每千克尾数	体长,cm	体重,g	每千克尾数
9.0～10.0	9.38～10.48	95～119	14.0～15.0	30.50～35.38	28～33
10.0～11.0	10.48～14.36	70～95	15.0～16.0	35.38～42.20	24～28
11.0～12.0	14.36～17.32	58～70	16.0～17.0	42.20～48.10	21～24
12.0～13.0	17.32～24.13	41～58	17.0～18.0	48.10～54.68	18～21
13.0～14.0	24.13～30.50	33～41			

4.4 病害

应无小瓜虫病、肠道败血症、水霉病、烂鳃病等传染性疾病。

4.5 安全指标

渔药残留应符合 NY 5070 的规定。有毒有害物质应符合 NY 5073 的规定。

5 检验方法

5.1 亲鱼

5.1.1 来源查证

查阅亲鱼培育档案、采购凭据和繁殖生产记录。

5.1.2 种质

应符合 GB/T 32780 的规定。

5.1.3 年龄

年龄鉴定依据鳞片上的年轮数,方法按 GB/T 18654.4 的规定执行。

5.1.4 外观

肉眼观察体形、体色、性别特征和健康状况。

5.1.5 体长和体重

按 GB/T 18654.3 的规定执行。

5.1.6 繁殖期特征

用手轻压鱼体的腹部,肉眼观察体形、腹部体色、生殖乳突形状、性腺发育状况和健康状况。

5.1.7 病害

按鱼病常规诊断的方法检验,参见附录 A。

5.2 苗种

5.2.1 外观

把样品放入白色容器中,在充足自然光线下用肉眼观察。

5.2.2 体长和体重

随机取 100 尾,吸去水分后用精确度 0.01 g 的天平称重,求体重范围和平均数;用精确度 0.1 cm 的测量尺测量体长,求体长范围和平均数。

5.2.3 畸形率和伤残率

把样品放入便于观察的白色容器中,在充足自然光线下用肉眼观察计数。

5.2.4 病害

按鱼病常规诊断的方法检验,参见附录 A。

5.2.5 安全指标

渔药残留检测按 NY 5070 的规定执行;有毒有害物质检测按 NY 5073 的规定执行。

6 检验规则

6.1 亲鱼

6.1.1 检验分类

6.1.1.1 出场检验

亲鱼销售交货或人工繁殖时逐尾进行检验。检测项目包括外观、病害、年龄、体长和体重,繁殖期还包括繁殖期特征检验。

6.1.1.2 型式检验

型式检验项目为本标准第 4 章规定的全部项目,在非繁殖期可免检亲鱼的繁殖期特征。有下列情况之一时应进行型式检验:

 a) 更换亲鱼或亲鱼数量变动较大时;

 b) 养殖环境发生变化,可能影响到亲鱼质量时;

 c) 正常生产满 2 年时;

 d) 出场检验与上次型式检验有较大差异时;

 e) 国家质量监督机构或行业主管部门提出要求时。

6.1.2 组批规则

一个销售批或同一催产批作为一个检验批。

6.1.3 抽样方法

出场检验的样品数为一个检验批,应全数进行检验;型式检验的抽样方法按 GB/T 18654.2 的规定执行。

6.1.4 判定规则

经检验,有不合格项的个体判为不合格亲鱼。

6.2 苗种

6.2.1 检验分类

6.2.1.1 出场检验

苗种在销售交货或出场时进行检验。检验项目包括外观、病害、可数指标和可量指标。

6.2.1.2 型式检验

型式检验项目为本标准第 5 章规定的全部内容。有下列情况之一时应进行型式检验:

 a) 新建养殖场培育的苗种;

b) 养殖条件发生变化,可能影响到苗种质量时;

c) 正常生产满一年时;

d) 出场检验与上次型式检验有较大差异时;

e) 国家质量监督机构或行业主管部门提出要求时。

6.2.2 组批检验

以同一培育池苗种作为一个检验批。

6.2.3 抽样方法

对一个检验批随机多点取样,每批苗种随机取样应在100尾以上,观察外观、伤残率、畸形率,苗种可量指标、可数指标,每批取样应在50尾以上,重复2次,取平均值。

6.2.4 判定规则

经检验,如病害项和安全指标项不合格,则判定该批苗种为不合格,不得复检。其他项不合格,应对原检验批取样进行复检,以复检结果为准。

7 苗种计数方法

宜采用尾数计数法。

8 运输要求

8.1 亲鱼

8.1.1 运输用水

运输用水应符合NY/T 5361的要求,水温宜为(5±2)℃。

8.1.2 运输前的准备

宜用不高于200 μg/g的高锰酸钾溶液消毒处理捕捞工具和运输容器10 min,之后清水冲洗3遍并晾干;亲鱼应停食4 d～6 d。

8.1.3 运输方式

双层塑料袋充氧密封运输,每袋宜装1尾鱼,鱼和运输液共占塑料袋体积的1/5左右,宜添加葡萄糖(50 mg/L)和维生素C(120 mg/L)用作运输液,然后用泡沫箱加冰块或低温制冷车进行运输。

8.2 苗种

8.2.1 运输前准备

宜用不高于200 μg/g的高锰酸钾溶液消毒处理捕捞工具和运输容器10 min,之后清水冲洗3遍并晾干;拉网锻炼苗种4次～5次,拉网间隔时间1 d;运输前停食24 h。

8.2.2 水温要求

运输水温宜保持在10℃～15℃。

8.2.3 水质及换水要求

运输用水符合NY/T 5361的要求,溶解氧浓度不低于5 mg/L,宜用双层密封袋充氧运输。

8.2.4 运输方式

8.2.4.1 塑料袋充氧密封运输

鱼苗通常采用塑料袋充氧来中、长途运输。双层塑料袋充氧密封运输,鱼苗和水共占塑料袋体积的2/5左右。用泡沫箱加冰块进行空运,适于长途运输。

8.2.4.2 活鱼车运输

鱼种可采用活鱼车短途运输,鱼种装运量应根据鱼种规格大小、水温高低、运输时间长短等条件而定,一般为30 kg/m³～60 kg/m³;车上应配备液氧罐或氧气瓶,整个运输途中应进行充氧。

附　录　A

（资料性附录）

哲罗鱼常见疾病及诊断方法

哲罗鱼常见疾病及诊断方法见表 A.1。

表 A.1　哲罗鱼常见疾病及诊断方法

病名	病原体	症状	诊断
小瓜虫病	多子小瓜虫 *Ichthyophthirius multifiis*	发病初期，发病鱼体表、鳍条上首先出现少量白色小点，鱼体因受刺激发痛，并在池底摩擦 发病中期，鱼体体表、鳃、鳍条等部位出现很多小白点，黏液增多，鳃组织呈红色，随后迅速传染 发病后期，鱼体表覆盖一层薄膜，病鱼离群，浮于水面，反应迟钝，食欲下降，最后身体消瘦、运动失调而死亡	取病鱼体表白点或鳃部黏液制成水封片，在低倍镜下连续观察，一个视野有 6 个～8 个虫体，即可确诊 也可将有小白点的鳍剪下，放在盛有水的白瓷盘中，用 2 枚针轻轻将白点的膜挑破，连续多挑几个，可看到有小虫滚出
肠道败血症	大肠杆菌 *Escherichia coli*	病鱼离群独游，不爱摄食 轻压鱼腹部，肛门内有淡黄色脓状分泌物流出	解剖病鱼可发现其肠道后端充满黄色液体，且胃内无食物
水霉病	水霉菌 *Saprolegniasis*	主要在背鳍、尾鳍发生，表现为腐烂现象，严重时病灶可延伸至肌肉组织，感染部位形成灰白色棉絮状覆盖物 病变部位初期呈圆形，后期则呈不规则的斑块，严重时皮肤破损肌肉裸露	观察体表棉絮状的覆盖物；病变部压片，以显微镜检查时，可观察到水霉病的菌丝及孢子囊等 霉菌种类的判别需经培养及鉴定
烂鳃病	嗜鳃黄杆菌 *Flavobacterium branchiophila*	早期发现稚鱼鳃盖略微张开，喜浮游水体表面，后出现病鱼离群独游，游动迟缓，摄食较差，一般聚集在水流平缓的池角，病鱼鳃盖向外张开，鳃丝上附着大量黏液而无法闭合，死亡量增加	病鱼鳃丝肿胀，鳃部黏液增多，病鱼鳃丝局部因淤血而呈现暗红色 取鳃丝用载玻片压片 10 倍×10 倍显微镜下观察，可见絮状结构的细菌团，10 倍×40 倍显微镜下观察，可见杆状菌体

ICS 65.150
B 52

中华人民共和国水产行业标准

SC/T 1149—2020

大水面增养殖容量计算方法

Calculation methods for carrying capacity of stock enhancement and
aquaculture in large water bodies

2020-07-27 发布

2020-11-01 实施

中华人民共和国农业农村部 发布

前　言

本标准按照 GB/T 1.1—2009 给出的规则起草。

请注意本文件的某些内容可能涉及专利,本文件的发布机构不承担识别这些专利的责任。

本标准由农业农村部渔业渔政管理局提出。

本标准由全国水产标准化技术委员会淡水养殖分技术委员会(SAC/TC 156/SC 1)归口。

本标准起草单位:中国科学院水生生物研究所、国家淡水渔业工程技术研究中心(武汉)有限公司。

本标准主要起草人:刘家寿、李为、叶少文、王齐东、殷战、苑晶、张堂林、李钟杰、桂建芳。

大水面增养殖容量计算方法

1 范围

本标准规定了内陆大水面增养殖容量计算方法的术语和定义、渔业资源与环境调查、增殖容量计算方法、网箱养殖容量计算方法和捕捞强度的确定。

本标准适用于湖泊和水库等内陆大水面增养殖容量的计算。

2 规范性引用文件

下列文件对于本文件的应用是必不可少的。凡是注日期的引用文件,仅注日期的版本适用于本文件。凡是不注日期的引用文件,其最新版本(包括所有的修改单)适用于本文件。

GB 3838　地表水环境质量标准

GB/T 22213　水产养殖术语

SC/T 9102.3—2007　渔业生态环境监测规范　第 3 部分:淡水

SL 167—2014　水库渔业资源调查规范

SL 196　水文调查规范

3 术语和定义

GB/T 22213 规定的以及下列术语和定义适用于本文件。

3.1

大水面　large water bodies

湖泊、水库等内陆水体的统称。

3.2

大水面增殖　stock enhancement in large water bodies

通过自然增殖和人工放流增殖手段,利用大水面天然饵料资源,增加鱼类等水生经济动物生物量的渔业生产方式。

3.3

网箱养殖　cage culture

在大水面通过网箱进行鱼类等水生经济动物养殖的渔业生产方式。

3.4

增殖容量　carrying capacity of stock enhancement

在保持生态系统健康、兼顾经济效益的前提下,大水面依靠自然资源的生产力所能产出的单位最大鱼类等水生经济动物生物量,包括自然增殖和人工放流增殖的水生经济动物的生物量。

3.5

网箱养殖容量　carrying capacity of cage culture

网箱养殖鱼类等水生经济动物的营养物排放量不超过水体承载力的最大养殖量。

4 渔业资源与环境调查

渔业资源与环境调查项目包括水生生物资源以及水文和水质等环境要素,其主要调查内容见表1。

表 1　渔业资源与环境调查项目、内容及方法

调查项目	调查内容	调查方法
有机碎屑	有机碎屑有机碳含量	参见附录 A

表1（续）

调查项目	调查内容	调查方法
浮游植物	种类组成、密度、生物量	按 SC/T 9102.3—2007 中 5.1 的规定进行
浮游动物	种类组成、密度、生物量	按 SC/T 9102.3—2007 中 5.2 的规定进行
底栖动物	种类组成、密度、生物量	按 SC/T 9102.3—2007 中第 6 章的规定进行
着生藻类	种类组成、密度、生物量	按 SL 167—2014 中第 14 章的规定进行
水生维管束植物	种类组成、覆盖度、生物量	按 SL 167—2014 中第 15 章的规定进行
鱼类	种类组成、生物量、主要鱼类种群结构、鱼产量	按 SL 167—2014 中第 16 章的规定进行
其他水生经济动物	虾、蟹、鳖、贝等	按 SL 167—2014 中第 18 章的规定进行
水文	水面形态、面积、水深、水量、水交换率	按 SL 196 的规定进行
水质	水温、透明度、pH、溶解氧、化学耗氧量、总碱度、总硬度、氨氮、硝酸盐氮、亚硝酸盐氮、总氮、总磷、可溶性磷酸盐	按 GB 3838 的规定进行

5 增殖容量计算方法

5.1 方法选择

推荐使用食物网模型和生物能量学模型 2 种方法计算增殖容量，任选其一即可。

5.2 食物网模型计算方法

5.2.1 营养级组成

食物网各营养级的组成见表 2。大水面常见经济鱼类的营养生态类型及营养级参见附录 B。

表 2　营养级组成

营养级	主要组成
第 I 营养级	浮游生物、水生维管束植物、着生藻类等初级生产者以及有机碎屑
第 II 营养级	浮游动物、底栖动物、虾类等次级生产者，草鱼、团头鲂等植食性鱼类以及黄尾鲴等碎屑食性鱼类
第 III 营养级	杂食性鱼类、浮游动物食性鱼类、底栖动物食性鱼类，如银鱼、麦穗鱼、鲤、青鱼等
第 IV 营养级	小型鱼食性鱼类，如沙塘鳢等
第 V 营养级	大型鱼食性鱼类，如鳡、鳜、翘嘴鲌等

5.2.2 营养级增殖容量

第 II～IV 营养级的增殖容量按式(1)～式(4)计算。

$$C_2 = C_1 \times E_1 \quad\cdots\cdots\cdots\cdots\cdots\cdots\cdots\cdots\cdots\cdots\cdots\cdots\cdots\cdots\cdots (1)$$

$$C_3 = C_1 \times E_1 \times E_2 \quad\cdots\cdots\cdots\cdots\cdots\cdots\cdots\cdots\cdots\cdots\cdots (2)$$

$$C_4 = C_1 \times E_1 \times E_2 \times E_3 \quad\cdots\cdots\cdots\cdots\cdots\cdots\cdots\cdots (3)$$

$$C_5 = C_1 \times E_1 \times E_2 \times E_3 \times E_4 \quad\cdots\cdots\cdots\cdots\cdots (4)$$

式中：

C_1——大水面生态系统的初级生产量，单位为吨(t)；

C_2——第 II 营养级的增殖容量，单位为吨(t)；

C_3——第 III 营养级的增殖容量，单位为吨(t)；

C_4——第 IV 营养级的增殖容量，单位为吨(t)；

C_5——第 V 营养级的增殖容量，单位为吨(t)；

E_1——第 I 营养级的生态营养转化效率，单位为百分号(%)；

E_2——第 II 营养级的生态营养转化效率，单位为百分号(%)；

E_3——第 III 营养级的生态营养转化效率，单位为百分号(%)；

E_4——第 IV 营养级的生态营养转化效率，单位为百分号(%)。

生态营养转化效率计算方法参见附录 C。

5.2.3 增殖总容量

大水面增殖总容量为各营养级增殖容量之和按式(5)计算。

$$TC = \sum_{i=2}^{n} C_i \quad \cdots\cdots\cdots\cdots\cdots\cdots\cdots\cdots\cdots\cdots\cdots\cdots (5)$$

式中：

TC ——大水面增殖总容量,单位为吨(t);

C_i ——各营养级的增殖容量,单位为吨(t);

n ——营养级数。

5.3 生物能量学模型计算方法

5.3.1 营养生态类型划分

根据水生动物的食性可将其分为6个营养生态类型,见表3。常见经济鱼类的营养生态类型参见附录B。

表3 水生动物的营养生态类型

营养生态类型	主要摄食类群
滤食性	主要以浮游植物和浮游动物为食的水生动物类群
草食性	主要以水生维管束植物为食的水生动物类群
底栖动物食性	主要以底栖动物为食的水生动物类群
着生生物食性	主要以着生藻类和着生原生动物为食的水生动物类群
碎屑食性	主要以有机碎屑为食的水生动物类群
鱼食性	主要以小型鱼类和虾类为食的水生动物类群

5.3.2 生态类型增殖容量

滤食性、草食性、底栖动物食性、着生生物食性、碎屑食性和鱼食性鱼类等水生经济动物的增殖容量分别按式(6)~式(11)计算。

$$F_L = 100 \cdot \frac{a}{k}[B_P \cdot (P/B) + B_{Z1} \cdot (P/B)] \cdot V \quad \cdots\cdots\cdots\cdots (6)$$

$$F_C = \frac{a}{k} P_C \quad \cdots\cdots\cdots\cdots\cdots\cdots\cdots\cdots\cdots\cdots\cdots (7)$$

$$F_D = \frac{a}{k} B_D \cdot (P/B) \cdot S \quad \cdots\cdots\cdots\cdots\cdots\cdots\cdots (8)$$

$$F_Z = \frac{a}{k} B_{Z2} \cdot (P/B) \cdot S \quad \cdots\cdots\cdots\cdots\cdots\cdots\cdots (9)$$

$$F_S = C_S \cdot V \cdot (19.56\% Q_1 + 22.60\% Q_2) \times 3900000/(3560Q_1 + 3350Q_2) \quad \cdots\cdots\cdots (10)$$

$$F_Y = \frac{a}{k} B_Y \cdot (P/B) \cdot S \quad \cdots\cdots\cdots\cdots\cdots\cdots\cdots (11)$$

式中：

F_L ——滤食性鱼类等水生经济动物的增殖容量,单位为吨(t);

F_C ——草食性鱼类等水生经济动物的增殖容量,单位为吨(t);

F_D ——底栖动物食性鱼类等水生经济动物的增殖容量,单位为吨(t);

F_Z ——着生生物食性鱼类等水生经济动物的增殖容量,单位为吨(t);

F_S ——碎屑食性鱼类等水生经济动物的增殖容量,单位为吨(t);

F_Y ——鱼食性鱼类等水生经济动物的增殖容量,单位为吨(t);

B_P ——浮游植物年平均生物量,单位为毫克每升(mg/L);

B_{Z1} ——浮游动物年平均生物量,单位为毫克每升(mg/L);

P_C ——水生维管束植物年净生产量,单位为吨(t);

B_D ——底栖动物年平均生物量,单位为克每平方米(g/m²);

B_{Z2} ——着生生物年平均生物量，单位为克每平方米（g/m²）；

C_S ——有机碎屑有机碳年平均含量，单位为毫克每升（mg/L）；

B_Y ——小型鱼类和虾类年平均生物量，单位为克每平方米（g/m²）；

P/B ——饵料生物年生产量与年平均生物量之比，不同区域湖泊和水库不同饵料生物的 P/B 系数可按表4确定；

a ——鱼类等水生经济动物对该类饵料生物允许的最大利用率；不同营养生态类型鱼类对不同饵料生物的最大利用率参考表5；

k ——鱼类等水生经济动物对该类饵料生物的饵料系数，不同营养生态类型鱼类对不同饵料生物的饵料系数可按表5确定；

S ——湖泊或水库面积，单位为平方千米（km²）；

V ——表层 20 m 以内的大水面容积，不足 20 m 的按实际容积计算，单位为亿立方米（10⁸m³）；

Q_1 ——水体中鲢占鲢、鳙的数量比例，单位为百分号（%）；

Q_2 ——水体中鳙占鲢、鳙的数量比例，单位为百分号（%）。

表4 不同区域湖泊和水库不同饵料生物的 P/B 系数

区域	P/B 系数				
	浮游植物	浮游动物	底栖动物	着生生物	小型鱼类和虾类
华东地区	100～150	25～40	3～6	80～120	2.0～2.5
华中地区	100～150	25～40	3～6	80～120	2.0～2.5
华北地区	60～90	20～30	2～6	60～80	2.0～2.5
东北地区	40～60	15～25	2～5	40～60	1.5～2.0
蒙新地区	60～80	20～30	2～4	40～60	1.5～2.0
青藏地区	40～60	20～30	2～4	40～60	1.5～2.0
云贵地区	80～120	25～35	3～5	80～100	2.0～2.5
华南地区	150～200	30～40	4～8	100～120	2.0～2.5

表5 不同营养生态类型鱼类对不同饵料生物的最大利用率和饵料系数

饵料类型	允许的最大利用率，%	饵料系数
碎屑	50	200
浮游植物	40	80
浮游动物	30	10
水生维管束植物	25	100
底栖动物	25	6
着生生物	20	100
小型饵料鱼类	20	4

5.3.3 各营养生态类型增殖总容量

各营养生态类型鱼类等水生经济动物的增殖总容量按式（12）计算。

$$F_T = F_L + F_C + F_D + F_Z + F_S + F_Y \quad\cdots\cdots\cdots\cdots\cdots\cdots\cdots\cdots\cdots\cdots\cdots\cdots\cdots\cdots\cdots\text{（12）}$$

式中：

F_T ——各营养生态类型增殖总容量，单位为吨（t）。

6 网箱养殖容量计算方法

6.1 网箱养殖的条件

各地《养殖水域滩涂规划》划定为限养区和养殖区的大水面可适当发展网箱养殖。发展网箱养殖应符合区域产业发展规划的要求。

6.2 网箱养殖容量计算

网箱养殖容量按式（13）计算，式（13）中各参数按式（14）～式（19）计算。

$$W = \frac{k' \times P}{P_j} \quad \cdots\cdots\cdots (13)$$

$$P = \Delta P \times V' \times r \times [1/(1-R)]/1000 \quad \cdots\cdots\cdots (14)$$

$$\Delta P = P_{\max} - P_0 \quad \cdots\cdots\cdots (15)$$

$$V = a' \times H \times S' \quad \cdots\cdots\cdots (16)$$

$$P_j = (P_1 + P_2 - P_f)/h \quad \cdots\cdots\cdots (17)$$

$$P_1 = P_m/b \quad \cdots\cdots\cdots (18)$$

$$P_2 = F \times P_e \quad \cdots\cdots\cdots (19)$$

式中：

W ——网箱养殖的容量，单位为千克每年(kg/年)；

P ——水体对磷的承载力，单位为千克每年(kg/年)；水体对磷的承载力大小(P)由水体允许磷增加的浓度(ΔP)、有效库容(V)、水体的年交换率(r)以及磷的滞留系数(R)决定；

k' ——网箱养殖鱼类磷排放量占承载力的比例，取值 15%；

P_j ——某种养殖鱼类在养殖期间单位体重的磷废物散失量，单位为千克每千克(kg/kg)；

ΔP ——水体允许磷增加的浓度，单位为毫克每升(mg/L)；

V' ——大水面有效库容，单位为立方米(m^3)；

r ——水的年交换率，单位为百分号(%)；

R ——磷的滞留系数，取值 50%；

$P_{\max}$ ——水体允许的最高磷浓度，单位为毫克每升(mg/L)；

P_0 ——水体中磷的本底浓度，单位为毫克每升(mg/L)；

a' ——有效容积系数，即有效容积占总容积的比例，单位为百分号(%)；

H ——平均水深，单位为米(m)；

S' ——水域面积，单位为平方米(m^2)；

P_1 ——养殖单位体重鱼类所需苗种的磷废物含量，单位为千克每千克 (kg/kg)；

P_2 ——养殖单位体重鱼类所需饵料（饲料）的磷废物含量，单位为千克每千克 (kg/kg)；

P_f ——某种养殖鱼类出箱时单位体重的磷含量，单位为千克每千克 (kg/kg)；

h ——养殖鱼类的成活率，单位为百分号(%)；

P_m ——鱼种中含磷率，单位为百分号(%)；

b ——体重增长倍数；

F ——饵料系数；

P_e ——饵料中的含磷率，单位为百分号(%)。

7 捕捞强度的确定

人工放流增殖的鱼类等水生经济动物的捕捞强度不超过总生物量的 40%，自然增殖的鱼类等水生经济动物的捕捞强度不超过总生物量的 25%。

附 录 A
（资料性附录）
有机碎屑有机碳含量分析方法

A.1 主要器具

有机碎屑有机碳含量分析的主要器具有：
a) 马弗炉；
b) 总有机碳分析仪或元素分析仪；
c) 玻璃纤维滤膜(Whatman GF/C)；
d) 硝化纤维滤膜：孔径 0.45 μm；
e) 万分之一天平；
f) 鼓风干燥箱。

A.2 采样

水样应与浮游生物样品同时采集,采样方法参见 SC/T 9402。水样中加入浓盐酸,充分搅拌,使其pH 为 1～2。

A.3 检测

将酸化后的水样用预先煅烧(450℃,1 h)并称重的玻璃纤维滤膜(Whatman GF/C)过滤,再将滤膜放入鼓风干燥箱(75℃～80℃)烘干 24 h,重新称重,即可求得单位体积水样浮游物干重。滤膜在 550℃ 马弗炉中煅烧 2 h,重新称重,可求得浮游物灰分及无灰重。用硝化纤维滤膜(孔径 0.45 μm)抽滤水样。将截留物刮下,于 60℃～80℃烘至恒重并研碎,用总有机碳分析仪或元素分析仪测定有机碳,得到浮游物有机碳量。浮游生物干/湿重比取 0.2,用 0.4 的系数将浮游生物干重转换成碳量。

A.4 计算

有机碎屑有机碳含量的计算按式(A.1)进行。

$$C_S = C_t - 0.08 \times (B_G + B_P) \quad\cdots\cdots\cdots\cdots\cdots\cdots\cdots\cdots\cdots\cdots\cdots \text{(A.1)}$$

式中：
C_S——有机碎屑有机碳年平均含量,单位为毫克每升(mg/L)；
C_t——浮游物有机碳年平均含量,单位为毫克每升(mg/L)；
B_G——浮游植物年平均生物量,单位为毫克每升(mg/L)；
B_P——浮游动物年平均生物量,单位为毫克每升(mg/L)。

附 录 B

（资料性附录）

大水面常见经济鱼类的营养生态类型及营养级

大水面常见经济鱼类的营养生态类型及营养级见表 B.1。

表 B.1 大水面常见经济鱼类的营养生态类型及营养级

目名	科名	种名	营养生态类型	营养级
鲤形目 Cypriniformes	鲤科 Cyprinidae	青鱼 *Mylopharyngodon piceus*	底栖动物食性	Ⅲ
		草鱼 *Ctenopharyngodon idellus*	草食性	Ⅱ
		鳡 *Elopichthys bambusa*	鱼食性	Ⅴ
		翘嘴鲌 *Culter alburnus*	鱼食性	Ⅴ
		蒙古鲌 *Culter mongolicus*	鱼食性	Ⅳ
		鳊 *Parabramis pekinensis*	草食性	Ⅱ
		鲂 *Megalobrama skolkovii*	杂食性	Ⅱ
		团头鲂 *Megalobrama amblycephala*	草食性	Ⅱ
		黄尾鲴 *Xenocypris davidi*	碎屑食性	Ⅱ
		细鳞鲴 *Xenocypris microlepis*	碎屑食性	Ⅱ
		鳙 *Aristichthys nobilis*	滤食性	Ⅲ
		鲢 *Hypophthalmichthys molitrix*	滤食性	Ⅱ
		花鳕 *Hemibarbus maculatus*	底栖动物食性	Ⅱ
		似刺鳊鮈 *Paracanthobrama guichenoti*	底栖动物食性	Ⅱ
		鲤 *Cyprinus carpio*	底栖动物食性	Ⅲ
		鲫 *Carassius auratus*	底栖动物食性	Ⅲ
鲇形目 Siluriformes	鲇科 Siluridae	鲇 *Silurus asotus*	鱼食性	Ⅴ
	鲿科 Bagridae	黄颡鱼 *Pelteobagrus fulvidraco*	底栖动物食性	Ⅳ
		瓦氏黄颡鱼 *Pelteobagrus vachelli*	底栖动物食性	Ⅳ
狗鱼目 Esociformes	狗鱼科 Esocidae	白斑狗鱼 *Esox lucius*	鱼食性	Ⅴ
鲈形目 Perciformes	鮨科 Serranidae	鳜 *Siniperca chuatsi*	鱼食性	Ⅴ
		大眼鳜 *Siniperca kneri*	鱼食性	Ⅴ
		斑鳜 *Siniperca scherzeri*	鱼食性	Ⅴ
	沙塘鳢科 Odontobutidae	河川沙塘鳢 *Odontobutis potamophilus*	鱼食性	Ⅳ
		中华沙塘鳢 *Odontobutis sinensis*	鱼食性	Ⅳ
	鳢科 Channidae	乌鳢 *Channa argus*	鱼食性	Ⅴ
合鳃鱼目 Syngnathiformes	合鳃科 Synbranchidae	黄鳝 *Monopterus albus*	底栖动物食性	Ⅲ

附　录　C

（资料性附录）

生态营养转化效率计算方法

C.1　基本原理

生态营养转化效率（trophic transfer efficiency）是指食物网当前营养级的生产量沿食物链传递至下一营养级，并转化为下一营养级的生产量的效率。影响生态营养转化效率的主要因素包括各营养级的生物组成、生产力、消耗率、自然死亡率等。生态营养转化效率可通过食物网定量模型 ECOPATH 进行计算。

C.2　食物网模型

ECOPATH 模型定义食物网是由一系列生态关联的功能组（functional group）构成。功能组是指分类地位或者生态学特性（如食性）相近的物种的集合，也可以是单个物种或者单个物种的某个生活史阶段。所有功能组能够覆盖生态系统中能量流动的全过程。

根据热动力学原理，ECOPATH 模型规定食物网中的每一个功能组 j 的能量输入与输出保持平衡，这种能量平衡表示为"消耗量 ＝ 生产量 ＋ 呼吸量 ＋ 未被吸收量"，按式 C.1 计算。

$$B_j \times (Q/B)_j = B_j \times (P/B)_j + B_j \times (Q/B)_j \times (R/Q)_j$$
$$+ B_j \times (Q/B)_j \times (U/Q)_j \quad\quad\quad\quad\quad\quad\quad (C.1)$$

式中：

B ——生物量，单位为毫克每升（mg/L）或克每平方米（g/m²）；

P/B——单位时间内生产量与平均生物量之比，单位为百分号（％）；

Q/B——消耗率，单位为百分号（％）；

R/Q——呼吸率，单位为百分号（％）；

U/Q——未被吸收率，单位为百分号（％）；

j ——功能组 j。

C.3　数据要求

ECOPATH 模型的计算过程可通过 Ecopath with Ecosim（EwE）软件（https://ecopath.org）进行。该软件对输入数据的要求如下：

a)　各功能组的 B；

b)　各功能组的 P/B；

c)　各功能组的 U/Q；

d)　除初级生产者功能组之外的其余各功能组的 Q/B；

e)　除初级生产者功能组之外的其余各功能组的 R/Q；

f)　功能组之间的食物联系矩阵。

以梁子湖为例，长江中下游湖泊营养级Ⅰ～Ⅵ的生态营养转化效率可依次取值为 12.8％、13.6％、14.2％、16.2％。

———————————

ICS 65.150
CCS B 52

中华人民共和国水产行业标准

SC/T 1150—2020

陆基推水集装箱式水产
养殖技术规范　通则

Technical specification for the aquaculture system using land–based
container with recycling water—General principle

2020-08-26 发布

2021-01-01 实施

中华人民共和国农业农村部 发布

SC/T 1150—2020

前　言

本文件按照 GB/T 1.1—2020《标准化工作导则　第 1 部分：标准化文件的结构和起草规则》的规定起草。

请注意本文件的某些内容可能涉及专利。本文件的发布机构不承担识别这些专利的责任。

本文件由农业农村部渔业渔政管理局提出。

本文件由全国水产标准化技术委员会淡水养殖分技术委员会（SAC/TC 156/SC 1）归口。

本文件起草单位：全国水产技术推广总站、广州观星农业技术有限公司、中国科学院水生生物研究所、中国水产科学研究院珠江水产研究所、广东海洋大学。

本文件主要起草人：舒锐、谢骏、殷战、郭振仁、崔利锋、陈学洲、鲁义善、王磊、么宗利、尹立鹏、吴文言、黄江。

引　言

　　陆基推水集装箱式水产养殖是一种新型的集约式水产养殖模式,具有单位产量高、产品品质优、资源节约和绿色环保等优点,符合渔业高质量发展和拓展渔业发展空间等政策要求。该技术已被列为农业引领技术之一,值得广泛推广。为确保陆基推水集装箱式水产养殖健康、可持续发展,有必要制定标准,对建设和生产管理进行规范和指导,以加快推进水产养殖业绿色发展,实现转方式、调结构的渔业发展战略目标。

陆基推水集装箱式水产养殖技术规范 通则

1 范围

本文件给出了陆基推水集装箱式水产养殖的术语和定义,规定了陆基推水集装箱式水产养殖总体要求,以及设施与装备和操作管理的具体要求。

本文件适用于陆基推水集装箱式水产养殖的技术性能评估和技术规范制定。

2 规范性引用文件

下列文件中的内容通过文中的规范性引用而构成本文件必不可少的条款。其中,注日期的引用文件,仅该日期对应的版本适用于本文件;不注日期的引用文件,其最新版本(包括所有的修改单)适用于本文件。

GB 3097 海水水质标准

GB 3838 地表水环境质量标准

GB 13078 饲料卫生标准

GB/T 17219 生活饮用水输配水设备及防护材料的安全性评价标准

GB 50007 建筑地基基础设计规范

SC/T 1132 渔药使用规范

SC/T 9101 淡水池塘养殖水排放要求

SC/T 9103 海水养殖水排放要求

3 术语和定义

下列术语和定义适用于本文件。

3.1

陆基推水集装箱 land-based container with recycling water for aquaculture

安放在陆基上,具有水循环、增氧、采光、投饵、消毒、集污、收获等水产养殖功能的集装箱。

3.2

陆基推水集装箱式水产养殖尾水处理设施 facility for treatment of waste water from the land-based container

与陆基推水集装箱相连接但分开设置的、专门对集装箱排出的养殖尾水进行净化和复氧回用的设施。

3.3

陆基推水集装箱式水产养殖系统 aquaculture system using land-based container with recycling water

由陆基推水集装箱、尾水处理设施、水体循环回用连接系统及其他辅助设备组成的集约化循环水养殖系统。

4 总体要求

采用陆基推水集装箱式水产养殖应满足以下要求:

a) 每个养殖基地有效集装箱养殖容积≥750 m³;

b) 集装箱内每立方米水体每个养殖周期成品鱼产能≥50 kg;

c) 实现养殖尾水全部净化复氧循环利用或达标排放;

d) 单位产量耗水≤0.2 m³/kg,比传统池塘养殖节水75%以上;

e) 相同产量条件下比传统池塘养殖节约土地面积75%以上;

f) 单位产量能耗≤1.25 kWh/kg;

g) 养殖尾水中的固形物收集率≥80%;

h) 生产设施不破坏农用地用途,设备和设施采用组装式,能拆卸、移动及回收利用。

5 设施与装备

5.1 系统组成

陆基推水集装箱式水产养殖系统应由以下装备和设施组成,形成装备标准化、布局模块化的养殖基地:

a) 陆基推水集装箱;

b) 尾水处理设施;

c) 水体循环回用连接系统;

d) 其他辅助设备。

5.2 陆基推水集装箱

5.2.1 陆基推水集装箱宜标准化设计、制作。单个集装箱容纳养殖水体以 25 m^3 为宜。箱体上应配置天窗、进水口、曝气管、出鱼口、集污槽、出水口等构件。箱体及构件配置参见附录 A。

5.2.2 箱体应使用持久和环保可回收的材料制作,以碳钢为宜。箱体内壁应设涂层,涂层应使用环保型材料,满足 GB/T 17219 的要求。

5.2.3 箱体及构件按下列条件设计和配置:

a) 箱底应有一定坡度向一端倾斜,坡度以 10° 为宜,在较低一端底部安装集污槽;

b) 进水口宜设在箱体一角,箱内与进水口连接的布水管应垂直自上而下、在平行箱体一侧边壁的方向开设出流孔;

c) 集装箱内应安装曝气管,曝气管分 2 段或 3 段,沿集装箱长度方向水平布设在箱体底部中间;

d) 出鱼口应开设在养殖箱体较低一端靠近底部,直径以 30 cm 为宜;

e) 集装箱顶部等间距开设 4 个矩形天窗用于采光、观察、投饵等,大小以 110 cm×76 cm 为宜。

5.2.4 集装箱宜集中成排摆放,并安放在条形基础上。基础顶部宜高出地面 30 cm～50 cm。基础设计荷载应满足箱体自重、最大容水量和最大养殖对象重量以及操作人员重量,应根据 GB 50007 进行校核计算。

5.3 尾水处理设施

5.3.1 应与水产养殖环境相协调,便于管理操作。

5.3.2 应在陆基推水集装箱附近因地制宜建设,拆除后不应破坏土地的农用功能。

5.3.3 推荐采用由固液分离器和三级池塘组成的尾水处理系统。每 100 m^3 养殖水体体积配置池塘面积应≥667 m^2。第一级、第二级、第三级池塘面积配比宜为 1∶1∶8,必要时也可分为多于 3 级或加入人工湿地等单元。

5.3.4 三级池塘尾水处理应符合以下程序和要求:

a) 固液分离:粒度大于 120 μm 的固体养殖废物的收集率≥90%;

b) 第一级处理:沉淀尾水中的剩余固形物,水深宜为 4.5 m;

c) 第二级处理:除磷脱氮,应至少有一个单元水深至 3.5 m 为宜;

d) 第三级处理:自然复氧或人工增氧,水深宜在 2.0 m。

5.3.5 尾水处理后,可循环利用。

5.3.6 尾水处理设施的整体设计和建设应考虑暴雨溢流和因故排空。冬季必要时,可在尾水处理各单元上加透明上盖,保温防冻。

5.4 水体循环回用连接系统

5.4.1 水体循环回用连接系统包括尾水排出系统、固形物收集池、取水泵和进水管。

5.4.2 尾水排出系统宜按以下方式布设:

a) 尾水排出管连接在集装箱集污槽一端底部,一个集装箱上有多个支管将挟带固形物的尾水从箱中排入多个集装箱共用的出水主管;

b) 出水主管末端采用倒 U 形管控制集装箱内的液面;

c) 集装箱内液面与固液分离器进水口高差≥1.3 m,进入每个固液分离器的流量≥0.012 m³/s;

d) 经固液分离器过滤的尾水采用明渠收集,并输送至尾水处理设施第一级单元。

5.4.3 应设固形物收集池收集固液分离所得的固液混合物,经收集池沉淀浓缩的固形物宜资源化利用,上清液宜送至第一级单元处理。

5.4.4 取水泵应设在尾水处理设施的最后一级单元靠近尾端,宜采用潜水泵抽取水面以下 0.5 m～1.0 m 处的水体。宜通过取水泵向取水主管供水,再分流供应多个集装箱。

5.5 其他辅助设备

5.5.1 主要包括风机、水泵、臭氧发生器、固液分离器、备用发电机等。

5.5.2 各辅助设备按下列条件配置:

a) 风机应能满足向各集装箱同时曝气充氧的要求,压力为 24.5 kPa～29.4 kPa,按单个集装箱功率不低于 0.35 kW 来配备风机,单箱空气流量以 0.4 m³/min 为宜;

b) 水泵应能满足在满负荷养殖条件下同时向各集装箱供水的要求,水泵扬程为 6 m～9 m;按单个集装箱流量不低于 12 m³/h、功率不低于 0.35 kW 来配备水泵;

c) 臭氧发生器应能满足同时向所有进水管注射臭氧杀菌消毒的要求,按单个集装箱通入臭氧量不低于 1.5 g/h、功率不低于 0.03 kW 来配备臭氧发生器;

d) 固液分离器应能满足在最大尾水排出量时对尾水进行固液分离的要求,采用无动力式固液分离器,网目尺寸不大于 125 μm(即目数≥120 目),配套反冲洗泵冲洗滤网,反冲洗泵设置有定时冲洗功能;

e) 备用发电机组的总功率按不低于生产基地所有风机、水泵、臭氧发生器及照明等用电总功率的80%配备。

5.5.3 各辅助设备的输电和配电设备应由专业部门设计和安装,符合工业用电安全标准;各设备的操作应严格按照使用说明规范操作。

6 操作管理

6.1 人员培训

应实行专业化操作管理,配备详尽的操作说明,对操作人员进行岗前培训。

6.2 基地管理

养殖区域宜实行封闭式管理,生产区与非生产区应实行隔离,避免外源污染进入。

6.3 养殖管理

养殖过程中应注意以下事项:

a) 定时定量定质投喂,使用的饲料应符合 GB 13078 的要求;

b) 在投喂摄食后 1 h～2 h,及时换水排污,一次性排出大部分残饵和粪便;

c) 根据不同品种个体生长差异,在集装箱之间实行多次分级养殖,消除生长差异的不利影响,提高生产效率;有苗种常年供应条件的地方,宜开展轮捕轮放序批式养殖生产;

d) 利用抽取尾水处理设施最后一级单元上层富氧水、进水臭氧杀菌、温度调控、分箱隔离等手段防控疾病,药物使用应符合 SC/T 1132 的要求;

e) 按规定做好养殖生产记录、用药记录、销售记录 3 项纪录。

6.4 尾水管理

对养殖尾水的管理注意以下要求:

a) 应维持尾水处理系统的运行稳定,不宜向尾水处理设施投放营养物质或化学药剂进行调控;

b) 养殖基地投入运转初期,宜养殖适应能力强的品种,以培育尾水处理设施的生态系统;

c) 根据地区和季节调整平均单箱最大养殖负荷,保持排污总量在尾水处理设施的最大承载能力之内;

d) 应针对进入尾水处理设施的尾水及尾水处理设施各单元的出水设置采样点,定期开展水质监测,检测指标至少应包括:

　　1) 淡水:水温、pH、溶解氧、总氮、总磷等,采样与分析方法按 GB 3838 的规定执行;

　　2) 海水:水温、pH、溶解氧、无机氮、活性磷酸盐等,采样与分析方法按 GB 3097 的规定执行。

e) 特殊情况下若需排放少量养殖尾水,淡水应达到 SC/T 9101 的要求,海水应达到 SC/T 9103 的要求。

附　录　A

（资料性）

陆基推水集装箱模式图

A.1 陆基推水集装箱侧面图

见图 A.1。

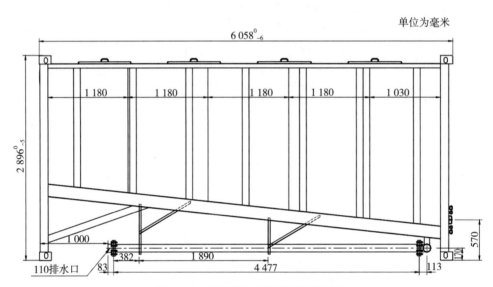

图 A.1　陆基推水集装箱侧面图

A.2 陆基推水集装箱端面图

见图 A.2。

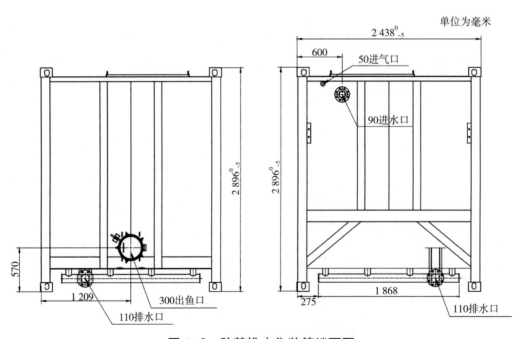

图 A.2　陆基推水集装箱端面图

A.3 陆基推水集装箱顶面图

见图 A.3。

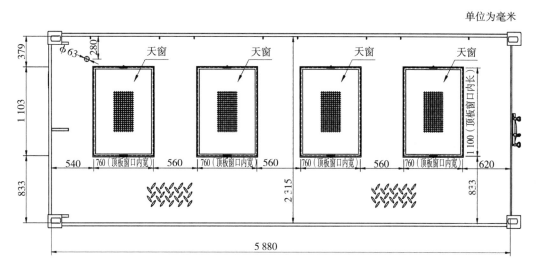

图 A.3 陆基推水集装箱顶面图

A.4 陆基推水集装箱剖面图

见图 A.4。

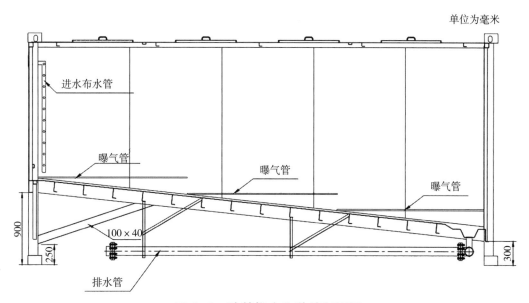

图 A.4 陆基推水集装箱剖面图

ICS 65.120
B 54

中华人民共和国水产行业标准

SC/T 2031—2020
代替 SC/T 2031—2004

大菱鲆配合饲料

Formula feed for turbot (*Scophthalmus maximus*)

2020-07-27 发布

2020-11-01 实施

中华人民共和国农业农村部 发布

前　言

本标准按照 GB/T 1.1—2009 给出的规则起草。

本标准代替 SC/T 2031—2004《大菱鲆配合饲料》。与 SC/T 2031—2004《大菱鲆配合饲料》相比,除编辑性修改外主要技术内容变化如下:

——增加了术语和定义(见 3);

——增加了容重指标及要求(见 3.1 和 5.2);

——修改了水中稳定性(溶失率)、混合均匀度、粗蛋白质、粗脂肪、粗纤维、粗灰分、总磷和赖氨酸指标要求(见 5.2 和 5.3,2004 年版的 4.3);

——修改了检验规则(见 8,2004 年版的 6);

——删除了粉碎粒度、粉化率(见 2004 年版的 4.3、5.2 和 5.5)。

请注意本文件的某些内容可能涉及专利。本文件的发布机构不承担识别这些专利的责任。

本标准由农业农村部畜牧兽医局提出。

本标准由全国饲料工业标准化技术委员会(SAC/TC 76)归口。

本标准起草单位:通威股份有限公司。

本标准主要起草人:张璐、陈效儒、王用黎、赵鑫、杨英豪。

本标准所代替标准的历次版本发布情况为:

——SC/T 2031—2004。

大菱鲆配合饲料

1 范围

本标准规定了大菱鲆(*Scophthalmus maximus* Linnaeus,1758)配合饲料的术语和定义,产品分类,要求,取样,试验方法,检验规则,标签、包装、运输、储存和保质期。

本标准适用于大菱鲆配合饲料。

2 规范性引用文件

下列文件对于本文件的应用是必不可少的。凡是注日期的引用文件,仅注日期的版本适用于本文件。凡是不注日期的引用文件,其最新版本(包括所有的修改单)适用于本文件。

GB/T 5498　粮油检验　容重测定

GB/T 5918　饲料产品混合均匀度的测定

GB/T 6432　饲料中粗蛋白的测定　凯氏定氮法

GB/T 6433—2006　饲料中粗脂肪的测定

GB/T 6434　饲料中粗纤维的含量测定　过滤法

GB/T 6435　饲料中水分的测定

GB/T 6437　饲料中总磷的测定　分光光度法

GB/T 6438　饲料中粗灰分的测定

GB/T 8170　数值修约规则与极限数值的表示和判定

GB/T 10647　饲料工业术语

GB 10648　饲料标签

GB 13078　饲料卫生标准

GB/T 14699.1　饲料　采样

GB/T 18246　饲料中氨基酸的测定

GB/T 18823　饲料检测结果判定的允许误差

SC/T 1077—2004　渔用配合饲料通用技术要求

3 术语和定义

GB/T 10647界定的以及下列术语和定义适用于本文件。

3.1

容重　bulk density

单位容积内饲料的质量,以克每升(g/L)表示。

4 产品分类

产品按大菱鲆的生长阶段分为鱼苗配合饲料、鱼种配合饲料和成鱼配合饲料。产品分类及饲喂阶段见表1。

表 1　产品分类及饲喂阶段

单位为厘米

产品类别	鱼苗配合饲料	鱼种配合饲料	成鱼配合饲料
饲喂阶段 (适宜喂养对象体长)	<5.0	5.0～10.0	>10.0

5 要求

5.1 外观与性状

颗粒应色泽一致、大小均匀；无发霉、变质、结块、异味、异嗅和虫类滋生。

5.2 加工质量

加工质量指标应符合表2规定。

表2 加工质量指标

项目	鱼苗配合饲料	鱼种配合饲料	成鱼配合饲料
混合均匀度变异系数(CV),%	≤7.0		
容重,g/L	570～630		
溶失率(浸泡20 min),%	≤12.0	≤10.0	≤10.0
水分,%	≤11.0		

5.3 营养成分指标

营养成分指标应符合表3规定。

表3 营养成分指标

单位为百分号

项目	鱼苗配合饲料	鱼种配合饲料	成鱼配合饲料
粗蛋白质	47～54	45～52	43～51
粗脂肪	≥11.0	≥10.0	≥10.0
粗灰分	≤15.0	≤15.0	≤13.0
粗纤维	≤3.0	≤5.0	≤5.0
总磷	0.8～1.8		
赖氨酸	≥2.7	≥2.7	≥2.5
赖氨酸/粗蛋白质	≥5.0		

5.4 卫生指标

应符合GB 13078的要求。

6 取样

取样按GB/T 14699.1的规定执行。

7 试验方法

7.1 感官检验

取适量样品置于清洁、干燥的白瓷盘中,在正常光照、通风良好、无异味的环境下,通过感官进行评定。

7.2 混合均匀度变异系数

按GB/T 5918的规定执行。

7.3 容重

按GB/T 5498的规定执行。

7.4 水中稳定性(溶失率)

按SC/T 1077—2004中附录A.2的规定执行,浸泡液为盐度25.0～30.0的海水或2.5%～3.0%的氯化钠溶液,水温为15.0℃。

7.5 水分

按GB/T 6435的规定执行。

7.6 粗蛋白质

按 GB/T 6432 的规定执行。

7.7 粗脂肪

先用石油醚预提,后用酸水解法测定,具体按 GB/T 6433—2006 中 9.5 的规定执行。

7.8 粗灰分

按 GB/T 6438 的规定执行。

7.9 粗纤维

按 GB/T 6434 的规定执行。

7.10 总磷

按 GB/T 6437 的规定执行。

7.11 赖氨酸

按 GB/T 18246 的规定执行。

8 检验规则

8.1 组批

以相同的原料、相同的生产配方、相同的生产工艺和生产条件,连续生产或同一班次生产的同一规格产品为一批,每批产品不超过 100 t。

8.2 出厂检验

出厂检验项目为:外观与性状、水分和粗蛋白质。

8.3 型式检验

型式检验项目为第 5 章规定的所有项目;在正常生产情况下,每年至少进行 1 次型式检验。在有下列情况之一时,亦应进行型式检验:

a) 产品定型投产时;
b) 生产工艺、配方或主要原料来源有较大改变,可能影响产品质量时;
c) 停产 3 个月或以上,恢复生产时;
d) 出厂检验结果与上次型式检验结果有较大差异时;
e) 饲料行政管理部门提出检验要求时。

8.4 判定规则

8.4.1 所检项目全部合格,判定为该批次产品合格。

8.4.2 检验项目中有任何指标不符合本标准规定时,可自同批产品中重新加倍取样进行复检。复检结果即使仅有一项指标不符合本标准规定,也判定该批产品为不合格。微生物指标不得复检。

8.4.3 各项目指标的极限数值判定按 GB/T 8170 中的全数值比较法执行。

8.4.4 水分和营养成分指标检验结果判定的允许误差按 GB/T 18823 的规定执行。

9 标签、包装、运输、储存和保质期

9.1 标签

按 GB 10648 的规定执行。

9.2 包装

包装材料应清洁卫生、无毒、无污染,并具有防潮、防漏、抗拉等性能。

9.3 运输

运输工具应清洁卫生,不得与有毒有害物品混装混运,运输中应防止暴晒、雨淋与破损。

9.4 储存

产品应储存在通风、干燥处,防止鼠害、虫蛀,不得与有毒有害物品混储。

9.5 保质期

未开启包装的产品,符合上述规定的包装、运输、储存条件下,产品保质期与标签中标明的保质期
一致。

9.5 保质期

一致。

ICS 65.150
B 51

中华人民共和国水产行业标准

SC/T 2085—2020

海 蜇

Rhopilema esculentum

2020-08-26 发布

2021-01-01 实施

中华人民共和国农业农村部 发 布

前　言

本标准按照 GB/T 1.1—2009 给出的规则起草。

请注意本文件的某些内容可能涉及专利。本文件的发布机构不承担识别这些专利的责任。

本标准由农业农村部渔业渔政管理局提出。

本标准由全国水产标准化技术委员会海水养殖分技术委员会(SAC/TC 156/SC 2)归口。

本标准起草单位：中国水产科学研究院黄海水产研究所、盐城金洋水产原种场。

本标准主要起草人：陈四清、葛建龙、陈立飞、刘长琳、边力、李凤辉、周丽青、陈万年、陈昱辰、张学师、朱珠。

海　蜇

1　范围

本标准给出了海蜇(*Rhopilema esculentum* Kishinouye，1891)的术语和定义、学名与分类、主要形态构造特征、生长与繁殖特性、细胞遗传学特性、分子遗传学特性、检测方法与判定规则。

本标准适用于海蜇的种质检测与鉴定。

2　规范性引用文件

下列文件对于本文件的应用是必不可少的。凡是注日期的引用，仅注日期的版本适用于本文件。凡是不注日期的引用，其最新版本(包括所有修改单)适用于本文件。

GB/T 18654.2　养殖鱼类种质检验　第 2 部分:抽样方法

GB/T 18654.12　养殖鱼类种质检验　第 12 部分:染色体组型分析

SC/T 2059　海蜇苗种

3　术语和定义

SC/T 2059 界定的以及下列术语和定义适用于本文件。

3.1

伞弧长　umbrella arc length

伞体部外侧过其中央顶点的最大弧线长度。

3.2

体高　body height

伞体部顶端至口腕末端(不包括附属器)的长度。

3.3

口腕长　oral arm length

口腕基部愈合处至口腕末端(不包括附属器)的长度。

4　学名与分类

4.1　学名

海蜇(*Rhopilema esculentum* Kishinouye，1891)。

4.2　分类地位

刺胞动物门(Cnidaria)，钵水母纲(Scyphozoa)，根口水母目(Rhizostomeae)，根口水母科(Rhizostomatidae)，海蜇属(*Rhopilema*)。

5　主要形态构造特征

5.1　外形

成体伞部隆起呈半球状，外伞表面光滑，胶质层厚实。伞缘有 8 个感觉器，将伞缘分为明显的 8 个区，每个区伞缘有 14 个～22 个舌状缘瓣，无伞缘触手。口腕 8 条，基部彼此愈合，中央无口。口腕三翼型，内侧一翼片较大，为主翼，外侧翼片较小，为副翼。各翼边缘有 150 条～180 条丝状附属器和 30 条～40 条棒状附属器，各口腕末端有一条粗而长的棒状附属器。口腕上部外侧着生 8 对肩板，肩板侧扁形，外侧三翼型，每个翼上有许多皱褶，褶上生有许多指状附属器和小吸口。内伞表面有许多围绕胃腔作同心圆、呈覆瓦状排列的环肌，环肌呈红褐色、深褐色、金黄色或乳白色，无辅肌。在内伞间辐位上有 4 个肾形凹陷的生殖下穴,每个生殖下穴外侧有1个表面粗糙的乳状突起。海蜇外部形态及纵切面模式图见图1。

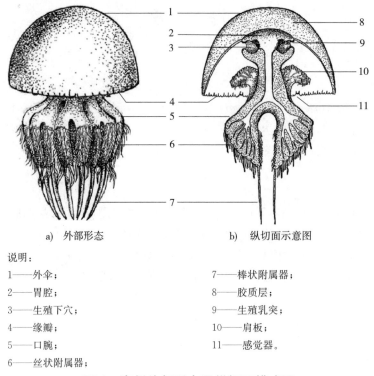

a)　外部形态　　　　　　　　b)　纵切面示意图

说明:

1——外伞;　　　　　　　　　　　　7——棒状附属器;
2——胃腔;　　　　　　　　　　　　8——胶质层;
3——生殖下穴;　　　　　　　　　　9——生殖乳突;
4——缘瓣;　　　　　　　　　　　　10——肩板;
5——口腕;　　　　　　　　　　　　11——感觉器。
6——丝状附属器;

图 1　海蜇外部形态及纵切面模式图

5.2　可数性状

5.2.1　缘瓣

每1/8伞缘14个~22个。

5.2.2　生殖乳突

4个。

5.2.3　感觉器

8个。

5.3　可量性状

成体伞弧长与体高之比值应为1.4~2.1;口腕长与体高之比值应为0.5~0.7。

6　生长与繁殖特性

6.1　伞弧长与体重关系

水母体(伞弧长>1 cm)伞弧长与体重的关系式见式(1)。

$$W = 0.527\ 8\ L^{2.2972}\ (R^2 = 0.988\ 4) \quad\cdots\cdots\cdots\cdots\cdots\cdots\cdots\cdots\cdots\cdots\cdots \quad(1)$$

式中:

W　——体重,单位为克(g);

L　——伞弧长,单位为厘米(cm);

R^2　——相关系数。

6.2　繁殖

6.2.1　繁殖方式

具有无性繁殖和有性生殖两种繁殖方式。螅状体行无性繁殖,包括足囊繁殖和横裂生殖,通过足囊繁殖可形成新的螅状体,通过横裂生殖变态发育为浮游生活的水母体。水母体行有性生殖,通过体外受精产生受精卵,发育为固着生活的螅状体。生活史参见附录A。

6.2.2 性成熟年龄

水母体生长 1.5 个月～3 个月可达性成熟。

6.2.3 繁殖期

有性生殖一次,属分批产卵类型,一般可产 2 批～3 批卵子,繁殖盛期为 9 月～10 月。

6.2.4 怀卵量

怀卵量随个体增大而增加的趋势明显,怀卵量范围为 2.0×10^6 粒/只～8.0×10^7 粒/只。

6.2.5 受精卵特征

受精卵呈球形,为沉性卵,无油球,乳白色,具梨形卵膜,卵径为 80 μm～120 μm。

7 细胞遗传学特性

体细胞染色体数:$2n = 42$。

8 分子遗传学特性

线粒体 CO I 基因片段的碱基序列(624 bp):

ATGATAGGAA CTGCTTTCAG TATGATTATT AGATTAGAAC TATCAGGTCC　50
AGGAACAATG TTAGGAGATG ACCAACTTTA CAATGTTGTA GTCACAGCTC　100
ATGCTTTGAT AATGATTTTC TTTTTCGTTA TGCCTGTTTT AATTGGGGGT　150
TTTGGGAATT GATTAGTTCC CTTATATATA GGAGCCCCCG ATATGGCTTT　200
CCCTAGATTG AATAATATTA GTTTTGACT TTTACCTCCC GCTTTACTTT　250
TACTATTGGG CTCATCTTTA GTAGAACAAG GAGCCGGAAC TGGTTGAACC　300
ATTTATCCAC CTTTAAGCTC GATTCAAGCC CATTCAGGAG GATCTGTAGA　350
CATGGCTATA TTTAGTCTTC ACTTAGCAGG AGCTTCCTCA ATAATGGGGG　400
CTATAAATTT TATTACTACC ATTTGAATA TGAGGGCACC TGGAATGACA　450
ATGGATAAAA TTCCTTTATT CGTATGATCC GTTCTAGTAA CAGCAATTTT　500
ACTTTTATTA TCTTTGCCTG TATTAGCCGG AGCAATCACT ATGTTACTGA　550
CAGATAGGAA TTTCAATACT TCTTTCTTTG ACCCTGCTGG AGGAGGAGAC　600
CCTATATTAT TTCAACATTT ATTT　　　　　　　　　　　　　　　　　　　　　　650

种内 K2P 遗传距离小于 2%。

9 检测方法

9.1 抽样方法

按 GB/T 18654.2 的规定执行。

9.2 性状测定

9.2.1 可数性状

肉眼观测并计数。

9.2.2 可量性状

取新鲜样品,自然摆放于平底托盘中,测量长度(精度 0.1 cm),称量体重(精度 1 g),测量方法见图 2。

9.3 细胞遗传学特性检测

9.3.1 染色体标本的制备

按附录 B 的规定执行。

9.3.2 染色体数目分析

按 GB/T 18654.12 的规定执行。

9.4 分子遗传学特性检测

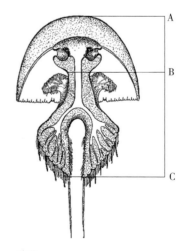

说明:

AC——体高;　　　BC——口腕长。

图 2　海蜇测量方法示意图

按附录 C 的规定执行。

10 判定规则

被检测样品符合上述第 5 章和第 7 章要求的为合格样品,有不合格项的则判定为不合格样品。

附　录　A
（资料性附录）
海蜇生活史

海蜇生活史包括附着生活的螅状体阶段和浮游生活的水母体阶段,海蜇生活史见图A.1。

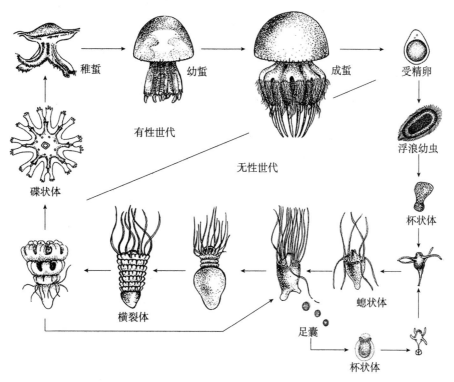

图 A.1　海蜇生活史示意图

附 录 B

（规范性附录）

染色体标本的制备方法

B.1 取鲜活的横裂体、碟状幼体或稚蜇 5 个～10 个，用 0.03％～0.05％的秋水仙素（以 70％的海水配制）处理 30 min～40 min。

B.2 用 0.075 mol/L KCl 溶液对样品低渗处理 40 min。

B.3 完全除去低渗液，用 Carnoy's 固定液（甲醇：冰醋酸＝3：1）固定 3 次，每次 15 min，4℃保存过夜。

B.4 50％冰醋酸溶液对固定后的样品进行解离，直至组织完全解离。

B.5 利用热滴片法制备染色体标本。

B.6 利用 10％吉姆萨（Giemsa）染液染色 40 min～50 min。染色后，自来水冲洗。

B.7 自然干燥后，在 100 倍油镜下镜检观察。

附　录　C
（规范性附录）
线粒体 CO I 基因片段序列测定方法

C.1　取伞体组织剪碎,经 CTAB 裂解液(2% CTAB,1.4 mol/L NaCl,100 mmol/L Tris-HCl pH 8.0, 20 mmol/L EDTA·Na$_2$,0.2% β-mercaptoethanol)和蛋白酶 K 消化后,按照标准的酚-氯仿抽提法进行总 DNA 的提取。

C.2　引物序列为 CO I -F:5'-TTTCAACTAACCAYAAAGAYATWGG-3' 和 CO I -R:5'-TANACT-TCWGGRTGNCCRAAGAATCA-3'。

C.3　PCR 反应体系包括 1.25 U 的 Taq DNA 聚合酶;各种反应组分的终浓度为 0.2 μmol/L 的正反向引物;200 μmol/L 的每种 dNTP,10×PCR 缓冲液[200 mmol/L Tris-HCl,pH 8.4;200 mmol/L KCl; 100 mmol/L (NH$_4$)$_2$SO$_4$;15 mmol/L MgCl$_2$] 5 μL,模板 DNA 2 μL,加灭菌蒸馏水至 50 μL。

C.4　PCR 参数包括 94℃预变性 3 min;94℃变性 45 s,52℃退火 45 s,72℃延伸 1 min,循环 35 次;然后 72℃延伸 10 min。扩增反应在热循环仪上完成。

C.5　PCR 产物经切胶纯化后进行克隆测序。

C.6　进行正反向拼接,得到的一致序列去掉正反向引物序列,获得线粒体 CO I 基因片段序列。

C.7　计算线粒体 CO I 基因片段序列的种内 K2P 遗传距离。

ICS 65.150
B 51

中华人民共和国水产行业标准

SC/T 2090—2020

棘头梅童鱼

Spinyhead croaker

2020-08-26 发布

2021-01-01 实施

中华人民共和国农业农村部 发布

前　言

本标准按照 GB/T 1.1—2009 给出的规则起草。

请注意本文件的某些内容可能涉及专利。本文件的发布机构不承担识别这些专利的责任。

本标准由农业农村部渔业渔政管理局提出。

本标准由全国水产标准化技术委员会海水养殖分技术委员会(SAC/TC 156/SC 2)归口。

本标准起草单位:中国水产科学研究院东海水产研究所、宁德市富发水产有限公司。

本标准主要起草人:宋炜、陈佳、梁述章、郑炜强、马春艳、马凌波。

棘 头 梅 童 鱼

1 范围

本标准给出了棘头梅童鱼[*Collichthys lucidus*(Richardson，1844)]的学名与分类、主要形态构造特征、生长与繁殖特性、细胞与分子遗传学特性、检测方法和判定规则。

本标准适用于棘头梅童鱼的种质检测与鉴定。

2 规范性引用文件

下列文件对于本文件的应用是必不可少的。凡是注日期的引用文件，仅注日期的版本适用于本文件。凡是不注日期的引用文件，其最新版本(包括所有的修改单)适用于本文件。

GB/T 18654.2 养殖鱼类种质检验 第2部分：抽样方法

GB/T 18654.3 养殖鱼类种质检验 第3部分：性状测定

GB/T 18654.4 养殖鱼类种质检验 第4部分：年龄与生长的测定

GB/T 18654.6 养殖鱼类种质检验 第6部分：繁殖性能的测定

GB/T 18654.12 养殖鱼类种质检验 第12部分：染色体组型分析

3 学名与分类

3.1 学名

棘头梅童鱼[*Collichthys lucidus*(Richardson，1844)]。

3.2 分类地位

脊索动物门(Chordata)，硬骨鱼纲(Osteichthyes)，鲈形目(Perciformes)，石首鱼科(Sciaenidae)，梅童鱼属(*Collichthys*)。

4 主要形态构造特征

4.1 外部形态

4.1.1 外形

体长椭圆形，侧扁，背部浅弧形，腹部平圆；尾柄细长。头大而圆钝，额部隆起，高低不平，黏液腔发达，头部枕骨棘棱显著，除前后两棘外，中间有2～3小棘，形似小锯齿，此棘在体长为100 mm以下的鱼甚显著，突出皮外，而体长为130 mm以上的鱼则埋于皮下。吻短钝。眼小，上侧位，在头的前半部。鼻孔每侧2个，前鼻孔大，圆形；后鼻孔裂缝状，接近眼缘。口大，前位，口裂宽大而深斜。上下颌约等长。下颌缝合处有一突起，与上颌中间凹陷相对。上下颌齿绒毛状，列成齿带，上颌外行齿及下颌内行齿稍大，略向后弯曲。

头部及体部被薄圆鳞，鳞小，易脱落；背鳍鳍条部及臀鳍自基部向上1/3～1/2处均具小鳞。皮腺体极少，限于腹部。侧线发达，略呈弧形，向后几伸达尾鳍末端。背鳍连续，鳍棘部和鳍条部之间具一深凹，起点在胸鳍基部上方；鳍棘细弱，第一鳍棘短小，第二鳍棘最长。臀鳍起点与背鳍第10鳍条～11鳍条相对；具2鳍棘、11鳍条～13鳍条，鳍棘细弱。胸鳍尖长，超过腹鳍末端。腹鳍起点在胸鳍基部下方稍后。尾鳍尖形。背侧面灰黄色，腹侧面金黄色，鳃腔上部深黑色。唇橙红色，口腔浅色。背鳍鳍棘部边缘及尾鳍末端灰黑色，各鳍淡黄色。

棘头梅童鱼外部形态见图1。

4.1.2 可数性状

4.1.2.1 背鳍Ⅷ，I—24～28；胸鳍15；腹鳍Ⅰ—5；臀鳍Ⅱ—11～13；尾鳍17。

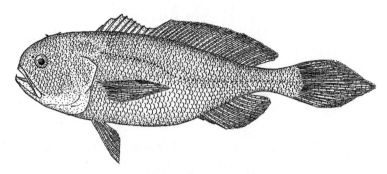

图 1　棘头梅童鱼外部形态

4.1.2.2 侧线鳞 49～50;侧线上鳞 8～10;侧线下鳞 9～10。

4.1.2.3 左侧第一鳃弓外侧鳃耙数:10～11+16～20。

4.1.3　可量性状

可量性状比值见表 1。

表 1　棘头梅童鱼可量性状比值

全长/体长	体长/头长	体长/尾柄长	体长/体高	头长/头高	头长/吻长
1.258±0.054	3.806±0.311	5.093±0.579	3.402±0.375	0.984±0.073	3.655±0.401
头长/眼径	头长/眼后头长	头长/眼间距	眼径/眼间距	尾柄长/尾柄高	体长/肛前距
4.687±0.522	1.814±0.333	2.237±0.238	0.48±0.046	2.632±0.362	1.718±0.086

4.2　内部构造

腹膜白色。鳔侧具 21 对～22 对侧肢。脊椎骨 28 个～29 个。

5　生长与繁殖特性

5.1　生长

体长与体重关系式见式(1)。

$$W = 4.9956 \times 10^{-4} L^{2.3029} (R^2 = 0.5723) \quad \cdots\cdots\cdots\cdots\cdots\cdots \quad (1)$$

式中:

W ——体重,单位为克(g);

L ——体长,单位为毫米(mm)。

5.2　繁殖

5.2.1　性成熟年龄

一般为 1 龄。

5.2.2　繁殖期

黄、渤海为 5 月～7 月,东海为 4 月～6 月,南海为 3 月～5 月。

5.2.3　受精卵

圆球形,浮性,无色透明,卵径 1.12 mm～1.27 mm。油球 1 个,球径 0.43 mm～0.49 mm。

5.2.4　怀卵量

绝对怀卵量为 3.50×10^3 粒～2.23×10^4 粒,平均约为 1.17×10^4 粒。

6　细胞遗传学特性

6.1　染色体

体细胞染色体数:$2n = 48$。

6.2　核型

核型公式为 2n＝48t,臂数 NF＝48。
染色体组型见图2。

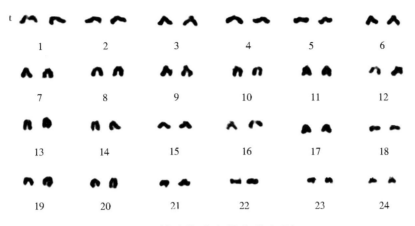

图2 棘头梅童鱼染色体组型

7 分子遗传学特性

线粒体 DNA CO I 基因片段的碱基序列(655 bp):

```
CACCCTCTAT CTAATTTTTG GTGCATGAGC CGGAATAGTG GGCACAGCCC    50
TAAGTCTTCT TATTCGAGCA GAGCTGAGCC AGCCCGGCTC GCTTCTCGGA   100
GACGATCAGA TCTTTAACGT AATTGTTACG GCACATGCCT TCGTTATAAT   150
TTTCTTTATA GTAATGCCCG TTATGATTGG AGGTTTCGGA AACTGGCTGG   200
TACCCTTAAT AATTGGCGCC CCCGACATAG CATTCCCCCG AATAAATAAC   250
ATAAGCTTCT GACTCATCCC CCCTTCCTTC CTCCTGCTTT TAACCTCATC   300
AGGGGTTGAA GCAGGGGCC GAACGGGGTG GACAGTCTAC CCCCCACTTG   350
CTGGAAACCT TGCACACGCA GGGGCTTCAG TTGACTTAGC AATTTTTTCT   400
CTCCACCTCG CAGGTGTATC CTCAATCCTA GGGGCTATTA ACTTCATTAC   450
AACAATTATT AACATAAAAC CCCCAGCCAT CTCTCAATAC CAGACACCCC   500
TGTTTGTCTG AGCTGTCCTC ATTACAGCAG TACTACTATT ACTCTCACTC   550
CCTGTCTTAG CTGCCGGCAT CACAATGCTT CTAACAGATC GCAATCTCAA   600
TACGACCTTT TTCGACCCCG CAGGCGGAGG CGACCCCATC CTCTACCAAC   650
ACCTG                                                    655
```

种内 K2P 遗传距离小于 2%。

8 检测方法

8.1 抽样方法
按 GB/T 18654.2 的规定执行。

8.2 性状测定
按 GB/T 18654.3 的规定执行。

8.3 年龄鉴定
按 GB/T 18654.4 的规定执行。年龄鉴定材料为耳石。

8.4 怀卵量的测定
按 GB/T 18654.6 的规定执行。

8.5 染色体和核型检测
按 GB/T 18654.12 的规定执行。

8.6 分子遗传学检测

按附录 A 的规定执行。

9 判定规则

被检测样品符合本标准第 4 章和第 6 章要求的为合格样品,有不合格项的则判定为不合格样品。

附　录　A
（规范性附录）
线粒体 CO Ⅰ 序列分析方法

　　取肌肉组织剪碎并用 10％蛋白酶 K 消化后，按照标准的酚-氯仿抽提法或者使用试剂盒进行总 DNA 的提取。扩增引物序列为 CO Ⅰ-F（5′-TCR ACY AAY CAY AAA GAY ATY GGC AC-3′）和 CO Ⅰ-R（5′-ACT TCW GGG TGR CCR AAG AAT CA-3′）。反应体系为 50 μL，每反应体系包括：10×PCR buffer 5 μL，dNTP 4 μL(2.5 mmol/L)，*Taq* DNA 聚合酶 0.8 μL（5 U/μL），模板 DNA 1 μL，上下游引物各 2 μL(10 mmol/L)，加双蒸水至总体积 50 μL。每组 PCR 均设阴性对照用来检测是否存在污染，PCR 参数为 94℃预变性 5 min，94℃变性 30 s，52℃退火 45 s，72℃延伸 1 min，循环 35 次，然后 72℃后延伸 10 min。所有 PCR 均在热循环仪上完成。扩增产物使用 1.2％的琼脂糖凝胶电泳检测后进行测序。

ICS 65.150
B 51

中华人民共和国水产行业标准

SC/T 2091—2020

棘头梅童鱼　亲鱼和苗种

Spiny head croaker—Brood stock, fry and fingerling

2020-08-26 发布

2021-01-01 实施

中华人民共和国农业农村部 发布

前　言

本标准按照 GB/T 1.1—2009 给出的规则起草。

请注意本文件的某些内容可能涉及专利。本文件的发布机构不承担识别这些专利的责任。

本标准由农业农村部渔业渔政管理局提出。

本标准由全国水产标准化技术委员会海水养殖分技术委员会(SAC/TC 156/SC 2)归口。

本标准起草单位:中国水产科学研究院东海水产研究所、宁德市富发水产有限公司。

本标准主要起草人:宋炜、马凌波、刘鉴毅、郑炜强、陈佳、谌微、赵明。

棘头梅童鱼 亲鱼和苗种

1 范围

本标准规定了棘头梅童鱼(*Collichthys lucidus*)亲鱼和苗种的来源、质量要求、检验方法、检验规则、苗种计数方法和运输要求。

本标准适用于棘头梅童鱼亲鱼和苗种的质量评定。

2 规范性引用文件

下列文件对于本文件的应用是必不可少的。凡是注日期的引用文件,仅注日期的版本适用于本文件。凡是不注日期的引用文件,其最新版本(包括所有的修改单)适用于本文件。

GB/T 18654.2 养殖鱼类种质检验 第2部分:抽样方法

GB/T 18654.3 养殖鱼类种质检验 第3部分:性状测定

GB/T 18654.4 养殖鱼类种质检验 第4部分:年龄与生长的测定

GB/T 20361 水产品中孔雀石绿和结晶紫残留量的测定 高效液相色谱荧光检测法

GB/T 21311 动物源性食品中硝基呋喃类药物代谢物残留检测方法 高效液相色谱/串联质谱法

GB/T 32759 海水鱼类鱼卵、苗种计数方法

NY 5362 海水养殖场地环境条件

SC/T 1075 鱼苗、鱼种运输通用技术要求

SC/T 2090 棘头梅童鱼

SC/T 3018 水产品中氯霉素残留量的测定 气相色谱法

SC/T 7217 刺激隐核虫病诊断规程

3 亲鱼

3.1 来源

3.1.1 从自然海区捕获的棘头梅童鱼亲鱼。

3.1.2 由自然海区捕获的苗种、通过人工繁殖或培育的苗种而养成的棘头梅童鱼亲鱼。

3.1.3 严禁近亲繁殖的后代留作亲鱼。

3.2 质量要求

应符合表1的要求。

表 1 亲鱼质量要求

项目	质量要求
种质	符合 SC/T 2090 的要求
年龄	1 龄为宜
外观	形体完整,体质健壮,鳞片完整,无外伤、无畸形
全长	雌鱼全长≥16 cm,雄鱼全长≥15 cm
体重	雌鱼体重≥50 g,雄鱼体重≥40 g
繁殖期特征	雄性亲鱼轻压腹部有乳白色浓稠的精液流出,在水中呈线状,并能很快散开;雌性亲鱼上下腹部均较膨大,卵巢轮廓明显,轻压鱼腹,游离的成熟卵则由生殖孔中溢出

4 苗种

4.1 来源

4.1.1 从自然海区捕获的苗种。

4.1.2 来源于原良种场或苗种生产资质的繁育场或符合本标准 3.1 规定的亲鱼繁育的苗种。

4.2 质量要求

4.2.1 外观

大小规格整齐;体形正常,鳍条、鳞被完整;体表光滑有黏液,全身大部分金黄色,伴有黑色点状色素。

4.2.2 可数指标

畸形率≤3%,伤残率≤1%。

4.2.3 规格

全长≥3.5 cm,全长合格率≥95%;体重≥0.6 g,体重合格率≥95%。

4.3 病害

无刺激隐核虫病。

4.4 安全指标

氯霉素、硝基呋喃和孔雀石绿药物残留不得检出。

5 检验方法

5.1 亲鱼检验

5.1.1 来源查证

查阅亲鱼培育档案和繁殖生产记录。

5.1.2 种质

按 SC/T 2090 的规定执行。

5.1.3 年龄

根据耳石鉴定亲鱼年龄,按 GB/T 18654.4 的规定执行;或由原良种场提供生产和捕捞记录判定。

5.1.4 外观

在充足自然光下肉眼观察。

5.1.5 体长和体重

按 GB/T 18654.3 的规定执行。

5.1.6 繁殖期特征

肉眼观察、用手指轻压触摸和镜检相结合的方法。

5.2 苗种检验

5.2.1 外观

把苗种放入便于观察的容器中,加入适量水,用肉眼观察,逐项记录。

5.2.2 全长和体重

按 GB/T 18654.3 的规定执行。

5.2.3 畸形率和伤残率

肉眼观察,统计畸形、伤残个体,计算畸形率和伤残率。

5.2.4 病害

刺激隐核虫病的检疫按 SC/T 7217 的规定执行。

5.2.5 禁用药物

氯霉素的检验按 SC/T 3018 的规定执行,硝基呋喃代谢物的检验按 GB/T 21311 的规定执行,孔雀石绿的检验按 GB/T 20361 的规定执行。

6 检验规则

6.1 亲鱼检验规则

6.1.1 检验分类

6.1.1.1 出场检验

亲鱼在销售交货或人工繁殖时逐尾进行检验。交付检验项目包括外观、全长和体重,繁殖期还包括繁殖期特征检验。

6.1.1.2 型式检验

型式检验项目为本标准第3章(亲本质量要求)规定的全部项目,在非繁殖期可免检亲鱼的繁殖期特征。有下列情况之一时应进行型式检验:

a) 更换亲鱼或亲鱼数量变动较大时;

b) 养殖环境发生变化,可能影响到亲鱼质量时;

c) 正常生产满2年时;

d) 出场检验与上次型式检验有较大差异时;

e) 国家质量监督机构或行业主管部门提出要求时。

6.1.2 组批规则

一个销售批或同一催产批作为一个检验批。

6.1.3 抽样方法

出场检验的样品数为一个检验批,应全数进行检验。型式检验的抽样方法按GB/T 18654.2的规定执行。

6.1.4 判定规则

经检验,有不合格项的个体判为不合格亲鱼。

6.2 苗种检验规则

6.2.1 检验分类

6.2.1.1 出场检验

苗种在销售交货或出场时进行检验。检验项目为外观、可数指标和可量指标。

6.2.1.2 型式检验

型式检验项目为本标准第4章(苗种质量要求)规定的全部内容,有下列情况之一时应进行型式检验:

a) 新建养殖场培育的苗种;

b) 养殖条件发生变化,可能影响到苗种质量时;

c) 正常生产满一次时;

d) 出场检验与上次型式检验有较大差异时;

e) 国家质量监督机构或行业主管部门提出型式检验要求时。

6.2.2 组批规则

以同一批育苗池苗种作为一个检验批。

6.2.3 抽样方法

每批苗种随机取样应在100尾以上,观察外观、伤残率、畸形率,苗种可量指标、可数指标,每批取样应在50尾以上,重复2次,取平均值。

6.2.4 判定规则

经检验,如病害项和安全指标项不合格,则判定该批苗种为不合格,不得复检。其他项不合格,应对原检验批取样进行复检,以复检结果为准。

7 苗种计数方法

按照GB/T 32759的规定执行。

8 运输要求

8.1 亲鱼运输

亲鱼运输前应停食1 d。运输用水应符合NY 5362的要求,运输期间以及运输用水与出池点、放入点的水温差应<2℃,盐度差应<5。宜采用活水船并在风浪不大时运输,运输温度为 20℃左右,运输时间宜小于 8 h。

8.2 苗种运输

苗种运输前应停食 1 d。运输用水应符合 NY 5362 的要求,运输水温在 18℃~28℃,运输期间以及运输用水与出苗点、放苗点的水温差应<2℃,盐度差应<5。宜采用活水船运输,运输时间宜小于 12 h。高温天气应采取降温措施,其他方面按 SC/T 1075 的规定执行。

ICS 65.150
B 51

中华人民共和国水产行业标准

SC/T 2094—2020

中间球海胆

Japanese sea urchin

2020-08-26 发布   2021-01-01 实施

中华人民共和国农业农村部 发布

前　言

本标准按照 GB/T 1.1—2009 给出的规则起草。

请注意本标准的某些内容可能涉及专利,本标准的发布机构不承担识别这些专利的责任。

本标准由农业农村部渔业渔政管理局提出。

本标准由全国水产标准化技术委员会海水养殖分技术委员会(SAC/TC 156/SC 2)归口。

本标准起草单位:大连海洋大学。

本标准主要起草人:常亚青、张伟杰、湛垚垚、周贺、陈小慧、孙景贤、丁君、宋坚、赵冲。

中 间 球 海 胆

1 范围

本标准给出了中间球海胆[*Strongylocentrotus intermedius*(Agassiz,1863)]的术语和定义、名称与分类、主要形态构造特征、生长与繁殖特性、细胞、遗传学特征、分子遗传学特征、检测方法和判定规则。

本标准适用于中间球海胆的种质检测与鉴定。

2 规范性引用文件

下列文件对于本文件的应用是必不可少的。凡是注日期的引用文件,仅注日期的版本适用于本文件。凡是不注日期的引用文件,其最新版本(包括所有的修改单)适用于本文件。

GB/T 18654.2 养殖鱼类种质检验 第2部分:抽样方法

GB/T 18654.12 养殖鱼类种质检验 第12部分:染色体组型分析

3 术语和定义

下列术语和定义适用于本文件。

3.1

壳径 test diameter

口面朝下放于水平面上,横切海胆外壳所得最大圆面的外径长。

3.2

壳高 test height

肛门到口面中心的不包括棘刺的垂直距离。测量方法见图1。

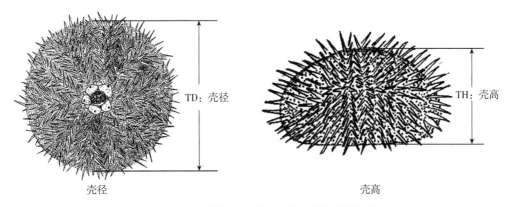

图1 中间球海胆壳径和壳高的测量方法

3.3

口面 oral side

口部所在的壳面。

3.4

反口面 aboral side

肛门所在的壳面。

3.5

管足 tube feet

水管系统伸出壳外的细长的管状器官,具有吸附、运动、感觉、摄食等功能。

3.6

棘 spine

生长于壳上细长的针状刺。

3.7

步带区 ambulacra area

外壳上伸出管足的区域。

3.8

间步带区 interambulacra area

外壳上不伸出管足的区域。

4 名称与分类

4.1 学名

中间球海胆[*Strongylocentrotus intermedius*（Agassiz，1863）]。

4.2 分类地位

隶属于棘皮动物门（Echinodermata）游走亚门（Eleutherozoa）海胆纲（Echinoidea）正形目（Centrochinoida）球海胆科（Strongylocentrotidae）球海胆属（*Strongylocentrotus*）。

5 主要形态构造特征

5.1 外部形态

壳呈低半球形，成体壳高介于15 mm～40 mm，壳径介于30 mm～80 mm，最大壳高可达50 mm，最大壳径可达100 mm。口面平坦且稍向内凹，反口面隆起稍低，顶部比较平坦。步带区与间步带区幅宽不等，赤道部以上步带区幅宽为间步带区的2/3，两区自口面观接近于圆润的正五边形。体表的色泽变异较大，多以绿褐色和黄褐色为主。大棘针形，短而尖锐，长度为5 mm～8 mm，在水中管足细长、淡黄透亮。外部形态见图2。

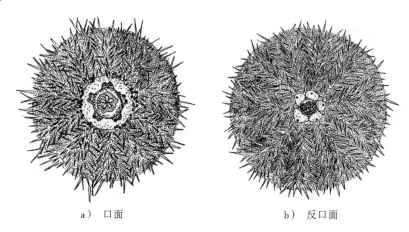

a）口面   b）反口面

图2 外部形态

5.2 可量性状

6月龄、12月龄、18月龄和22月龄中间球海胆壳高与壳径的比值平均值分别为0.48±0.08、0.49±0.02、0.55±0.03和0.59±0.04。年龄判定参考养殖记录。

5.3 内部构造

5.3.1 口器

位于口面中心，由5个大而尖锐的大齿、5个大齿骨、若干块小齿骨以及与之相连肌肉束组成。

5.3.2 生殖系统

雌雄异体，生殖腺5瓣，在生殖季节雄性呈淡黄色，雌性呈橙黄色。

5.3.3 围口鳃

围口鳃5对,常在壳缘处形成鳃裂。

6 生长与繁殖特性

6.1 生长

6.1.1 实测值

人工养殖的中间球海胆的壳高、壳径和体重实测值见表1。

表 1 养殖中间球海胆壳高、壳径和体重实测值

月龄 月	项目	壳高 mm	壳径 mm	体重 g
6	范围	2.45～7.88	4.59～14.20	0.03～1.46
	平均值	5.13	10.76	0.73
	标准偏差	0.97	2.34	0.46
12	范围	11.55～21.98	23.34～43.95	6.34～36.34
	平均值	16.92	33.90	15.99
	标准偏差	2.06	3.67	4.87
18	范围	15.93～29.89	30.71～49.13	10.81～39.29
	平均值	21.46	40.34	25.45
	标准偏差	1.96	3.12	5.17
22	范围	22.96～33.31	42.00～52.12	33.49～59.48
	平均值	27.91	47.58	46.10
	标准偏差	2.64	2.64	7.99

6.1.2 壳径与体重的关系

壳径与体重的关系见式(1)。

$$BW = 0.001TD^{2.822} \quad (R^2 = 0.984) \quad \cdots\cdots (1)$$

式中:

TD ——壳径,单位为毫米(mm);

BW ——体重,单位为克(g)。

6.1.3 生长曲线

人工养殖的中间球海胆生长曲线见图3。

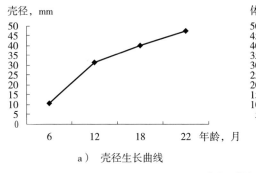
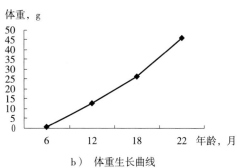

a) 壳径生长曲线   b) 体重生长曲线

图 3 中间球海胆生长曲线

6.2 繁殖

6.2.1 性成熟年龄

性成熟年龄为2龄。

6.2.2 生物学最小型

壳径为30 mm。

6.2.3 繁殖期

一年一次,黄海北部地区9月上旬至10月中旬是中间球海胆的自然繁殖期,繁殖水温18℃～23℃。

6.2.4 产卵量

壳径在 50 mm～60 mm 的个体产卵量为 2×10^6 粒～5×10^6 粒。

6.2.5 卵子特性

卵子外观球形,卵黄均匀,外被一层透明的卵膜,属均黄沉性卵。卵径介于 80 μm～110 μm。

7 细胞遗传学特征

7.1 染色体数目

染色体数目:$2n=42$。

7.2 染色体核型

核型公式为 $2n=42=20m+20sm+2st$。染色体核型见图 4。

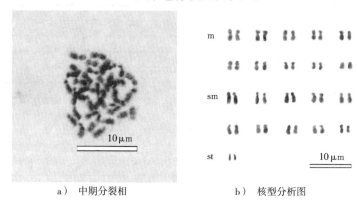

a) 中期分裂相   b) 核型分析图

图 4 中间球海胆二倍体染色体及染色体组型图

8 分子遗传学特征

线粒体 CO I DNA(细胞色素氧化酶亚基 I 基因)序列长度 492 bp,出现频率最高的单倍型序列如下:

```
  1 CACGCCGGTG GATCTGTTGA CTTAGCGATC TTTTCCCTCC ACCTTGCCGG TGCCTCTTCT
 61 ATCTTGGCCT CAATTAAATT TATAACAACA ATTATTAACA TGCGGACACC AGGAATGTCT
121 TTTGACCGTC TTCCTTTATT TGTCTGATCC GTCTTTGTTA CCGCGTTCTT GCTCCTCCTT
181 TCTCTTCCAG TCTTAGCAGG AGCAATTACA ATGCTCCTCA CAGATCGTAA AATAAACACA
241 ACTTTCTTCG ATCCAGCAGG AGGAGGGGAT CCAATTCTGT TCCAACACTT ATTCTGATTT
301 TTTGGCCACC CAGAAGTGTA CATTCTTATC TTGCCTGGAT TTGGTATGAT TTCACACGTT
361 ATAGCTCATT ACTCTGGTAA GCGGGAGCCT TTTGGATACC TAGGGATGGT TTATGCCATG
421 ATTGCAATAG GAGTTTTGGG ATTCCTTGTC TGAGCCCATC ATATGTTTAC GGTAGGAATG
481 GATGTTGATA CA
```

9 检测方法

9.1 主要生物学性状检测

9.1.1 抽样方法

应按 GB/T 18654.2 的规定执行。

9.1.2 性状测量

用游标卡尺测量壳径和壳高(具体测量方法如图 1),精确到 0.01 mm。用电子天平测量体重,精确到 0.01 g。

9.2 产卵量测定

将 0.5 mol/L 的氯化钾溶液 1 mL～2 mL 注射入性腺发育成熟的雌性中间球海胆体腔内,将海胆反口面向下放置于盛满海水的锥形瓶瓶口,使其生殖孔浸入海水中,使卵子排出。卵子排放完成后,将卵液定容。用吸管吹匀卵液,在几个不同点取等量卵液放在小烧杯中,用细胞计数法计算卵子密度。重复取样3次以上得出卵子密度平均值,总卵量＝卵液总体积×卵子密度平均值。

9.3 染色体和核型检测

9.3.1 染色体标本的制备

a) 在授精之前,将成熟卵子放置在 2 g/L 的三氮唑中处理 20 min;

b) 用正常精子授精去膜处理后的卵子;

c) 取发育至囊胚期胚胎,2 000 r/min 离心 4 min,0.4 g/L 秋水仙素 21℃水浴处理 55 min;

d) 0.075 mol/L 的 KCl 溶液低渗 46 min;

e) −20℃预冷的卡诺固定液(甲醇:冰醋酸＝3:1)固定 3 次,每次 15 min,后−20℃过夜;

f) 50％冰醋酸解离,吹打 2 min;

g) 冷滴片法滴片;

h) 自然干燥以后用 10％ Giemsa 染液(pH＝6.8)染色 45 min(Giemsa 染液的配制方法见附录 A);

i) 自来水冲洗,自然干燥后镜检。

9.3.2 核型分析

按照 GB/T 18654.12 的规定执行。

9.4 分子遗传学特征

9.4.1 DNA 提取

取管足或齿间肌 100 mg 剪碎后,DNA 提取试剂盒或常规酚-氯仿方法提取总 DNA。

9.4.2 引物序列

F:5′-GAACTGGCTGAACTATCTATCCC-3′;

R:5′-GAAGTACGCTCGTGTATCAACAT-3′。

9.4.3 反应条件

PCR 反应条件为:94℃变性 5 min;94℃变性 30 s,55℃退火 30 s,72℃延伸 1 min,35 个循环;72℃延伸 5 min;4℃保温。PCR 扩增反应液配方见附录 B。

9.4.4 片段回收、纯化与测序

PCR 产物经琼脂糖凝胶电泳后,回收纯化目的片段,测序。

10 判定规则

被检样品符合第 5 章和第 7 章要求的,判定为合格。如果有一项不合格可复检,复检不合格的判定为不合格,复检合格的判定为合格。第 8 章为参考指标,被检样品 COⅠ基因序列测序结果与第 8 章序列比对,K2P 遗传距离应小于 2％。

附　录　A
（规范性附录）
Giemsa 染液的配制方法

A.1　Giemsa 染液的配制

称取 Giemsa 粉 0.5 g、甘油 33 mL、甲醇 33 mL。配制时，现将 Giemsa 粉置于研钵中，加入少量甘油，研磨至无颗粒。再加入余下的甘油，拌匀后放入 56℃ 恒温箱中保温 2 h。然后，取出加入甲醇，充分拌匀，滤纸过滤后用棕色瓶密封，避光保存。一般要放置 2 周后才能使用。

A.2　磷酸盐缓冲液(pH 6.8)的配置

该液可先配成甲液和乙液，然后混合使用。

甲液：KH_2PO_4 0.907 g，蒸馏水溶解，定容至 100 mL。

乙液：$Na_2HPO_4 \cdot 2H_2O$ 1.18 g，蒸馏水溶解，定容至 100 mL。

使用液(pH 6.8)：甲液 50.8 mL、乙液 49.2 mL。该使用液不宜久放，一般现用现配。

A.3　Giemsa 使用液的配制

母液 1 份，pH 6.8 磷酸缓冲液 9 份，使用液不宜长期保存，一般现配。

附　录　B

（规范性附录）

PCR 扩增反应液

DNA 模板	50 ng～100 ng
10 倍缓冲液（含 Mg^{2+}）	5 μL
dNTP(2.5 mmol/μL)	4 μL
引物 F(10 pmol/μL)	2 μL
引物 R(10 pmol/μL)	2 μL
Taq 酶(5 U/μL)	1 μL

加超纯水配制为 50 μL 的反应体系。

ICS 67.120.30
B 51

中华人民共和国水产行业标准

SC/T 2100—2020

菊黄东方鲀

Tawny puffer

2020-08-26 发布

2021-01-01 实施

中华人民共和国农业农村部 发 布

前　言

本标准按照 GB/T 1.1—2009 给出的规则起草。

请注意本文件的某些内容可能涉及专利。本文件的发布机构不承担识别这些专利的责任。

本标准由农业农村部渔业渔政管理局提出。

本标准由全国水产标准化技术委员会海水养殖分技术委员会(SAC/TC 156/SC 2)归口。

本标准起草单位:福建省水产研究所。

本标准主要起草人:钟建兴、刘波、苏国强、刘智禹、方民杰、李雷斌、李正良、郑雅友。

菊 黄 东 方 鲀

1 范围

本标准规定了菊黄东方鲀[*Takifugu flavidus*(Li，Wang et Wang，1975)]的学名与分类、主要形态构造特征、生长与繁殖特性、细胞遗传学特征、分子遗传学特征、检测方法及判定规则。

本标准适用于菊黄东方鲀的种质检测与鉴定。

2 规范性引用文件

下列文件对于本文件的应用是必不可少的。凡是注日期的引用,仅注日期的版本适用于本文件,凡是不注日期的引用,其最新版本(包括所有修改单)适用于本文件。

GB/T 18654.2 养殖鱼类种质检验 第2部分:抽样方法

GB/T 18654.3 养殖鱼类种质检验 第3部分:性状测定

GB/T 18654.6 养殖鱼类种质检验 第6部分:繁殖性能的测定

GB/T 18654.12 养殖鱼类种质检验 第12部分:染色体组型分析

3 学名与分类

3.1 学名

菊黄东方鲀 [*Takifugu flavidus*(Li，Wang et Wang，1975)]。

3.2 分类地位

脊索动物门(Chordata)硬骨鱼纲(Osteichthyes)鲀形目(Tetraodontiformes)鲀科(Tetraodontidae)东方鲀属(*Takifugu*)。

4 主要形态构造特征

4.1 外部形态

4.1.1 外形

体亚圆筒形,头胸部粗圆,躯干后部渐细,尾柄圆锥状。眼小,侧上位,眼间隔宽,稍圆突。鼻瓣呈卵圆形突起,位于眼前缘上方;鼻孔每侧2个,紧位于鼻瓣内外侧。鳃孔中大,侧中位,呈浅斜弧形,位于胸鳍基底前方。

体背面自眼前缘上方至背鳍起点稍前方和腹面自眼缘下方至肛门稍前方均被较强皮刺,吻部、体侧和尾柄光滑无刺,身体无鳞。

体背面棕黄色,腹面乳白色,体侧下缘皮褶呈宽橙黄色纵带,体侧、背面有菊花状或条形黑斑。体色和斑纹随生长有变化,胸鳍基部内外侧常有1小深褐斑点,成鱼体侧后部下方有时出现1列小褐色斑点。

菊黄东方鲀受到外界刺激时,身体鼓胀成圆球形。菊黄东方鲀外形见图1。

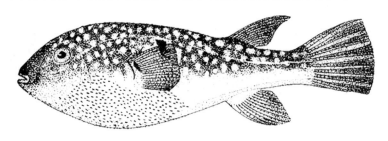

图1 菊黄东方鲀外形

4.1.2 可数性状

鳍式:背鳍 15~18;臀鳍 13~15;胸鳍 13~18;尾鳍 10~12。

鳃耙数 8~10。

4.1.3 可量性状

菊黄东方鲀可量性状比值见表1。

表 1 菊黄东方鲀可量性状比值

体长/体高	体长/头长	头长/吻长	头长/眼径	尾柄长/尾柄高
2.6~3.2	2.7~3.0	2.3~3.1	6.3~12.0	1.4~1.6

4.2 内部构造

4.2.1 齿

上、下颌各有 2 个板状齿,中央缝明显。

4.2.2 脊椎骨

脊椎骨数 21 个~22 个。

5 生长与繁殖特性

5.1 生长

菊黄东方鲀各年龄阶段体长与体重实测值范围见表2。

表 2 菊黄东方鲀各年龄阶段体长与体重实测值范围

年龄,龄	1	2	3	4
体长,cm	14~20	19~23	21~28	25~32
体重,g	92~280	310~560	530~720	620~830

菊黄东方鲀体长与体重的关系见式(1)。

$$W=0.0412L^{2.92} \quad (R^2=0.872\,4) \quad\cdots\cdots (1)$$

式中:

W——鱼体体重,单位克(g);

L——鱼体体长,单位厘米(cm);

R——相关系数。

5.2 繁殖

5.2.1 性成熟年龄

雌鱼最小性成熟年龄 3 龄,雄鱼最小性成熟年龄 2 龄。

5.2.2 繁殖期

繁殖期为 3 月~5 月,4 月为产卵盛期,产卵水温为 18℃~25℃。

5.2.3 产卵习性

为一次性产卵型鱼类,雌性个体每年性成熟 1 次。

5.2.4 怀卵量

绝对怀卵量为 5×10^4 粒~20×10^4 粒,相对怀卵量为 12×10^4 粒/kg~22×10^4 粒/kg。

5.2.5 受精卵特征

受精卵为黏性沉性卵,椭球形,淡黄色,卵膜厚,不透明,卵径 0.8 mm~1.0 mm,内有大小不一油球组成的油球囊 1 个。

6 细胞遗传学特征

菊黄东方鲀体细胞染色体数 $2n=44$,染色体臂数 NF=64,核型公式 $2n=14m+6sm+24t$,染色体组型见图2。

图2　菊黄东方鲀的染色体组型

7　分子遗传学特征

菊黄东方鲀线粒体COⅠ基因片段的碱基序列长度为652 bp,如下:

```
CCTATACCTA GTTTTTGGTG CCTGAGCCGG AATAGTGGGC ACAGCACTAA      50
GTCTTCTTAT TCGGGCCGAA CTCAGTCAAC CCGGCGCACT CTTGGGCGAT      100
GACCAGATCT ACAATGTAAT CGTTACAGCC CATGCATTCG TAATGATTTT      150
CTTTATAGTA ATACCAATCA TGATTGGAGG CTTTGGGAAC TGATTAGTTC      200
CCCTTATAAT CGGAGCCCCA GACATGGCCT TCCCCCGAAT AAACAACATA      250
AGCTTCTGAC TGCTTCCCCC ATCCTTCCTC CTTCTACTCG CATCCTCTGG      300
AGTAGAAGCC GGAGCGGGTA CGGGCTGAAC GGTTTACCCA CCCCTAGCAG      350
GAAATCTTGC CCACGCAGGA GCTTCTGTAG ACCTCACCAT CTTCTCCCTT      400
CATCTTGCAG GGGTCTCCTC TATTCTAGGG GCAATCAACT TCATCACAAC      450
TATCATCAAC ATGAAGCCCC CAGCAATCTC ACAATACCAA ACACCTCTTT      500
TCGTGTGAGC CGTTTTAATT ACTGCTGTAC TTCTCCTGCT CTCTCTTCCA      550
GTCCTTGCAG CAGGGATCAC AATACTTCTC ACTGACCGAA ACCTAAATAC      600
AACCTTCTTT GACCCAGCAG GAGGAGGGGA CCCCATCCTG TACCAACACT      650
TA                                                          652
```

种内个体间K2P遗传距离小于1%。

8　检测方法

8.1　抽样

按GB/T 18654.2的规定执行。

8.2　性状测定

按GB/T 18654.3的规定执行。

8.3　繁殖性能测定

按GB/T 18654.6的规定执行。

8.4　染色体组型检测

按GB/T 18654.12的规定执行。

8.5　分子遗传学检测

按附录A的实验方法执行。

9　判定规则

被检测样品符合第4章、第6章和第7章要求的为合格样品,有不合格项的则判定为不合格样品。

附　录　A
（规范性附录）
线粒体COⅠ基因片段序列分析方法

A.1　总DNA提取

取样品肌肉组织50 mg,充分研磨后加入500 μL抽提缓冲液（100 mmol/mL Tris-HCl,pH 8.0;0.1 mol/L乙二胺四乙酸,pH 8.0）,再加入终浓度分别为0.5%的SDS和200 μg/mL的蛋白酶K,55℃水浴消化,每10min缓摇1次,3 h左右消化完全后,冷却经酚、酚：氯仿（1：1）、氯仿各抽提1次,2倍体积预冷的无水乙醇沉淀DNA,70%乙醇洗涤,晾干后用适量超纯水溶解,65℃灭活10 min后,－4℃保存备用。

A.2　引物序列

COⅠ-F 5′-TCRACYAAYCAYAAAGAYATYGGCAC-3′;
COⅠ-R 5′-ACTTCWGGGTGRCCRAAGAATCA-3′。

A.3　PCR扩增

PCR反应总体积为25 μL,包括10×PCR反应缓冲液2.5 μL（成分：100 mmol/L Tris-HCl,500 mmol/L KCl,15 mmol/L MgCl₂,1.315 mg/mL BSA,0.01% Gelatin,pH 8.4）;基因组DNA（10 μg/mL）2 μL;TaqDNA聚合酶1 U;dNTP（1 mmol/L）2.5 μL;各引物（10 μmol/L）0.5 μL;用超纯水补足体积至25 μL。样品在PCR扩增仪上进行扩增:94℃变性5 min;94℃ 30 s,52℃ 45 s,72℃ 1 min,35个循环;72℃延伸10 min;4℃保存。

A.4　PCR产物纯化

PCR产物采用酶解法纯化。PCR产物加入核酸外切酶（ExoI）和碱性磷酸酶（AIP）,反应体系中PCR产物5 μL,ExoI 0.5 μL,AIP 1 μL,37℃消化15 min,85℃使酶失活15 min。

A.5　序列测定

对纯化后的PCR产物在DNA测序仪上进行测序反应,为保证测序的可靠性和准确性,采用双向测序,并进行人工核对、校正。

ICS 67.120.30
B 51

中华人民共和国水产行业标准

SC/T 2101—2020

曼氏无针乌贼

Spineless cuttlefish

2020-08-26 发布

2021-01-01 实施

中华人民共和国农业农村部 发布

前　言

本标准按照 GB/T 1.1—2009 给出的规则起草。

请注意本文件的某些内容可能涉及专利。本文件的发布机构不承担识别这些专利的责任。

本标准由农业农村部渔业渔政管理局提出。

本标准由全国水产标准化技术委员会海水养殖分技术委员会(SAC/TC 156/SC 2)归口。

本标准起草单位：浙江省海洋水产研究所、浙江海洋大学、浙江省海洋水产研究所试验场、宁德市南海水产科技有限公司。

本标准主要起草人：史会来、张涛、平洪领、王晓艳、余方平、周永东、张秀梅、卢斌、郭宝英、吕振明、徐开达、梁君、蒋日进、彭立成。

曼氏无针乌贼

1 范围

本标准规定了曼氏无针乌贼(*Sepiella japonica* Sasaki，1929)的术语和定义、学名与分类、主要形态构造特征、生长与繁殖特性、细胞遗传学特性、分子遗传学特性、检测方法、判定规则。

本标准适用于曼氏无针乌贼种质的检测与鉴定。

2 规范性引用文件

下列文件对于本文件的应用是必不可少的。凡是注日期的引用文件，仅注日期的版本适用于本文件。凡是不注日期的引用文件，其最新版本(包括所有的修改单)适用于本文件。

GB/T 18654.2 养殖鱼类种质检验 第2部分:抽样方法

GB/T 18654.12 养殖鱼类种质检验 第12部分:染色体组型分析

SC/T 2084—2018 金乌贼

3 术语和定义

SC/T 2084 界定的以及下列术语和定义适用于本文件。为了便于使用，以下重复列出了 SC/T 2084 中的某些术语和定义。

3.1

胴背长 doral mantle length

胴部背面中线最前端至最后端的长度。

[SC/T 2084—2018,定义 3.1]

3.2

胴背宽 doral mantle width

胴部背面的最大宽度。

[改写 SC/T 2084—2018,定义 3.2]

3.3

触腕长 tentacle length

触腕末端至触腕基部的长度。

[SC/T 2084—2018,定义 3.3]

3.4

触腕穗长 tentacle club length

触腕末端吸盘集中区的最大长度。

[SC/T 2084—2018,定义 3.4]

3.5

内壳长 cuttlebone length

内壳中线最前端至最后端的长度。

[SC/T 2084—2018,定义 3.5]

3.6

内壳宽 cuttlebone width

内壳左右的最大宽度。

[SC/T 2084—2018,定义 3.6]

4 学名与分类

4.1 学名

曼氏无针乌贼(*Sepiella japonica* Sasaki,1929)。

4.2 分类地位

软体动物门(Mollusca)头足纲(Cephalopoda)乌贼目(Sepioidea)乌贼科(Sepiidae)无针乌贼属(*Sepiella*)。

5 主要形态构造特征

5.1 外部形态

5.1.1 外形

胴背呈盾形,背部前段突起钝圆,胴背长约为胴背宽的2倍;腹部前端向后微凹入,胴腹后端生有一个腺孔,外套背面深褐色,布满白色斑点,成熟雄性白斑大小混杂,雌性白斑较小。背部边缘具有鳍,鳍前窄后宽,末端分离。口腕5对,生于头部前方,其中触腕1对,有柄,触腕穗延长;背侧保护膜窄,腹侧保护膜退化;腕相对较短,各腕吸盘大小相似。成熟雄性左侧第4腕近端茎化,全腕基部的吸盘骤然变小并稀疏。胴背后端具1个腺孔。外部形态见图1。

5.1.2 可数性状

5.1.2.1 口腕

5对,其中触腕1对。

5.1.2.2 吸盘

腕吸盘4列,触腕穗小吸盘16列~32列。

5.1.3 可量性状

主要可量性状比值应符合表1的规定范围。

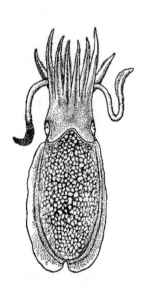

图1 外部形态

表1 可量性状比值

项目	比值
胴背长/胴背宽	1.535~1.975
触腕穗长/触腕长	0.134~0.226
内壳长/内壳宽	2.601~3.507

5.2 内部构造

具内壳1枚,呈椭圆形,前端较窄,后端较圆,背面均匀凸起,细密的石灰质小颗粒依生长线排列,无明显的中肋和侧肋;横纹面凸起,中线凹沟浅窄,横纹面前端横纹倒U形,内锥面分支窄,外锥面膨大,竹片状,壳末端无骨针。内壳形态见图2。

6 生长与繁殖特性

6.1 生长

体重与胴背长的关系见式(1)。

$$W = 0.001L^{2.539} \quad (R^2 = 0.998) \quad \cdots\cdots\cdots\cdots\cdots\cdots (1)$$

式中:

W——体重,单位为克(g);

L——胴背长,单位为毫米(mm);

R——相关系数。

6.2 繁殖

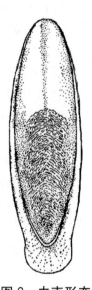

图2 内壳形态

6.2.1 繁殖期

一生繁殖 1 次,属多次产卵类型,繁殖期 30 d~40 d。

6.2.2 受精卵

外包被三级卵膜,卵膜为黑色,不透明,具卵柄,多个卵连在一起呈葡萄状,初产出受精卵长径长为 10 mm~12 mm,短径长为 6 mm~7 mm。

6.2.3 怀卵量

绝对怀卵量为 1 000 粒~3 000 粒,相对怀卵量 3 粒/g~12 粒/g。

7 细胞遗传学特性

体细胞染色体数 $2n=92$,染色体臂数 NF＝170,核型公式 $2n=54m+24sm+8st+6t$。染色体核型见图 3。

图 3 染色体核型

8 分子遗传学特性

线粒体 CO Ⅰ 基因片段的碱基序列(681 bp)如下:

ATGCGATGAC	TATTCTCAAC	AAATCATAAA	GATATTGGAA	CATTATATTT	50
TATTTTTGGT	ATTTGATCAG	GTTTATTAGG	TACTTCATTA	AGTTTAATAA	100
TTCGAAGAGA	ATTAGGAAAA	CCAGGTACTC	TATTAAATGA	TGATCAATTA	150
TATAATGTTG	TAGTAACCGC	CCACGGTTTT	ATCATAATTT	TCTTTTTAGT	200
TATACCTATT	ATAATTGGAG	GTTTTGGTAA	TTGGTTAGTT	CCCTTAATAT	250
TAGGGGCACC	AGACATAGCC	TTCCCTCGAA	TAAATAATAT	AAGTTTTTGG	300
TTATTACCTC	CATCTTTAAC	TCTTTTATTA	TCATCCTCAG	CTGTAGAAAG	350
AGGTGCTGGA	ACTGGATGAA	CAGTATATCC	TCCCTTATCT	AGTAATCTAT	400
CTCATGCTGG	CCCATCTGTA	GATTTAGCTA	TTTTTTCTTT	ACATTAGCT	450
GGTGTTTCCT	CAATCTTAGG	TGCTATTAAT	TTTATTACAA	CTATTTTAAA	500
TATACGGTGA	GAGGGTTTAC	AAATAGAACG	ACTCCCTTTA	TTTGTTTGAT	550
CCGTATTTAT	TACAGCTATT	TTACTACTAT	TATCCTTACC	AGTTTTAGCT	600
GGAGCCATTA	CTATATTATT	AACCGATCGA	AATTTTAATA	CAACATTTTT	650
TGATCCTAGA	GGAGGAGGTG	ACCCTATTTT	A		681

种内 K2P 遗传距离小于 2%。

9 检测方法

9.1 抽样方法

按 GB/T 18654.2 的规定执行。

9.2 性状测定

9.2.1 可数性状

肉眼观测并计数。

9.2.2 可量性状

取新鲜样品,自然摆放,测量长度(精确至 0.1 cm),称量体质量(精确至 1 g),测量方法见附录 A。

9.3 细胞遗传学特性检测

按 GB/T 18654.12 的规定,取乌贼胚胎为实验材料,通过秋水仙素处理、低渗处理、卡诺氏固定液固定及醋酸解离,采用热滴法滴片,经 Giemsa 染色,镜检细胞分裂相。

9.4 分子遗传学特性检测

按附录 B 的规定执行。

10 判定规则

被检测样品符合第 5 章和第 7 章要求的为合格样品,有不合格项的则判定为不合格样品。

附 录 A

（规范性附录）

曼氏无针乌贼可量性状测量方法

A.1 曼氏无针乌贼外部形态测量

见图 A.1。

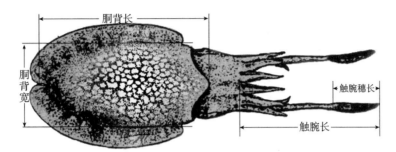

图 A.1 曼氏无针乌贼外部形态测量

A.2 曼氏无针乌贼内壳形态测量

见图 A.2。

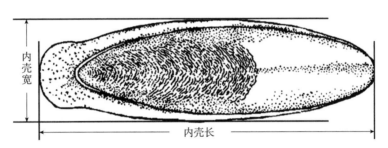

图 A.2 曼氏无针乌贼内壳形态测量

附　录　B
（规范性附录）
线粒体 CO I 基因片段序列测定方法

B.1 取肌肉组织剪碎,经 CTAB 裂解液［2% CTAB,1.4 mol/L NaCl,100 mmol/L Tris-HCl(pH 8.0),
20 mmol/L EDTA-Na$_2$,0.2% β-mercaptoethanol］和蛋白酶 K 消化后,按照标准的酚-氯仿抽提法进行
总 DNA 的提取。

B.2 引物序列为引物序列为 CO I -F(5′-GGTCAACAAATCATAAAGATATTGG-3′)和 CO I -R(5′-
TAAACTTCA GGGTGACCAAAAAATCA-3′)。

B.3 PCR 反应体系包括 1.25 U 的 Taq DNA 聚合酶;各种反应组分的终浓度为 0.2 μmol/L 的正反向
引物;200 μmol/L 的每种 dNTP,10×PCR 缓冲液［200 mmol/L Tris-HCl,pH 8.4;200 mmol/L KCl;
100 mmol/L (NH$_4$)$_2$SO$_4$;15 mmol/L MgCl$_2$］5 μL,模板 DNA 2 μL,加灭菌蒸馏水至 50 μL。

B.4 PCR 参数包括 94℃预变性 3 min;94℃变性 45 s,52℃退火 45 s,72℃延伸 1 min,循环 35 次;然后
72℃后延伸 10 min。扩增反应在热循环仪上完成。

B.5 PCR 产物经纯化后直接送测序公司进行双向测序,经序列比对分析,获得线粒体 CO I 片段序列。

ICS 67.120.30
X 20

中华人民共和国水产行业标准

SC/T 3054—2020

冷冻水产品冰衣限量

Ice glaze limit of frozen aquatic products

2020-08-26 发布

2021-01-01 实施

中华人民共和国农业农村部 发布

SC/T 3054—2020

前　言

本标准按照 GB/T 1.1—2009 给出的规则起草。

请注意本文件的某些内容有可能涉及专利。本文件的发布机构不承担识别这些专利的责任。

本标准由农业农村部渔业渔政管理局提出。

本标准由全国水产标准化技术委员会水产品加工分技术委员会(SAC/TC 156/SC 3)归口。

本标准起草单位:中国水产流通与加工协会、中国水产科学研究院黄海水产研究所、中国海洋大学、国家水产品质量监督检验中心。

本标准主要起草人:王联珠、江艳华、朱亚平、郭莹莹、姚琳、张李浩、林洪、朱文嘉、林才云。

冷冻水产品冰衣限量

1 范围

本标准规定了冷冻水产品的冰衣限量及冰衣含量的测定。

本标准适用于散装称重销售的鱼、虾、贝、蟹、头足类等单冻水产品及其制品。

2 规范性引用文件

下列文件对于本文件的应用是必不可少的。凡是注日期的引用文件,仅注日期的版本适用于本文件。凡是不注日期的引用文件,其最新版本(包括所有的修改单)适用于本文件。

SC/T 3017—2004 冷冻水产品净含量的测定

3 冰衣限量

冰衣限量应符合表1的要求。

表 1 冷冻水产品的冰衣限量

产品类型	冰衣限量,%
冻鱼及其制品(规格≤100 g)	≤ 20
冻虾及其制品	
冻贝及其制品	
冻头足类及其制品(规格≤100 g)	
冻蟹切割制品(切蟹、蟹钳、蟹腿等)	
其他水产品(规格≤100 g)	
冻鱼及其制品(规格＞100 g)	≤ 15
冻头足类及其制品(规格＞100 g)	
冻全蟹	
其他水产品(规格＞100 g)	

4 冰衣含量的测定

4.1 取至少300 g且不少于2个单体试样称重(精确至0.1 g,m_1)。

4.2 按 SC/T 3017—2004 中 5.1.1 的规定进行解冻,按 SC/T 3017—2004 中 5.2 的规定沥干、称重(m_2)。

4.3 冰衣含量按式(1)计算,结果保留1位小数。

$$X = \frac{m_1 - m_2}{m_1} \times 100 \quad\cdots\cdots\cdots\cdots\cdots\cdots\cdots\cdots\cdots\cdots\cdots\cdots\cdots (1)$$

式中:

X ——冰衣含量,单位为百分号(%);

m_1 ——含冰衣产品的重量,单位为克(g);

m_2 ——去除冰衣后产品的重量,单位为克(g)。

4.4 检验结果判断

至少测试2个平行样,平均值不高于限量值,则判为合格,否则判为不合格。

ICS 67.120.30
X 20

中华人民共和国水产行业标准

SC/T 3312—2020

调味鱿鱼制品

Seasoning squid products

2020-08-26 发布

2021-01-01 实施

中华人民共和国农业农村部 发布

前　言

本标准按照 GB/T 1.1—2009 给出的规则起草。

请注意本文件的某些内容可能涉及专利。本文件的发布机构不承担识别这些专利的责任。

本标准由农业农村部渔业渔政管理局提出。

本标准由全国水产标准化技术委员会水产品加工分技术委员会(SAC/TC 156/SC 3)归口。

本标准起草单位:宁波市海洋与渔业研究院、中国水产舟山海洋渔业公司、宁波市水产行业协会、宁波飞润海洋生物科技股份有限公司。

本标准主要起草人:段青源、柴丽月、戎素红、郑丹、陈云云、黄美娟、汪杰、邱纪时、张林楠。

调味鱿鱼制品

1　范围

本标准规定了调味鱿鱼制品的产品分类,要求,试验方法,检验规则,标签、标志、包装、运输和储存。

本标准适用于以鲜、冻枪乌贼科(Loliginidae)、柔鱼科(Ommastrephidae)等鱿鱼为原料,经预处理、调味,根据产品类型选择性采用干燥、烤制、焖制、熏制等工艺制成的可直接食用的产品。以乌贼科、蛸科为原料制成的产品可参照执行。

2　规范性引用文件

下列文件对于本文件的应用是必不可少的。凡是注日期的引用文件,仅注日期的版本适用于本文件。凡是不注日期的引用文件,其最新版本(包括所有的修改单)适用于本文件。

GB/T 191　包装储运图示标志

GB/T 317　白砂糖

GB 2716　食品安全国家标准　植物油

GB 2720　食品安全国家标准　味精

GB 2733　食品安全国家标准　鲜、冻动物性水产品

GB 2760　食品安全国家标准　食品添加剂使用标准

GB 5009.3　食品安全国家标准　食品中水分的测定

GB 5009.44　食品安全国家标准　食品中氯化物的测定

GB/T 5461　食用盐

GB 5749　生活饮用水卫生标准

GB 7718　食品安全国家标准　预包装食品标签通则

GB 10136　食品安全国家标准　动物性水产制品

GB/T 15691　香辛料调味品通用技术条件

GB 28050　食品安全国家标准　预包装食品营养标签通则

GB/T 30891　水产品抽样规范

JJF 1070　定量包装商品净含量计量检验规则

SC/T 3122　冻鱿鱼

3　产品分类

3.1　烤制鱿鱼

以鲜、冻鱿鱼为原料,经预处理、调味、干燥、烘烤等工艺制成的产品。不包括鱿鱼丝产品。

3.2　焖制鱿鱼

以鲜、冻鱿鱼为原料,经预处理、调味、干燥或不干燥、焖制等工艺制成的产品。

3.3　熏制鱿鱼

以鲜、冻鱿鱼为原料,经预处理、蒸煮、调味、熏制等工艺制成的产品。

4　要求

4.1　原辅料

4.1.1　鱿鱼

应符合 GB 2733 的要求,以冻品为原料时还应符合 SC/T 3122 的要求。

4.1.2 食用盐

应符合 GB/T 5461 的要求。

4.1.3 白砂糖

应符合 GB/T 317 的要求。

4.1.4 味精

应符合 GB 2720 的要求。

4.1.5 植物油

应符合 GB 2716 的要求。

4.1.6 香辛料

应符合 GB/T 15691 的要求。

4.1.7 其他辅料

应符合相应的食品标准及有关规定。

4.2 食品添加剂

加工中使用的添加剂的品种、范围及用量应符合 GB 2760 的要求。

4.3 加工用水

应符合 GB 5749 的要求。

4.4 感官要求

应符合表 1 的要求。

表 1 感官要求

项目	要求		
	烤制鱿鱼	焖制鱿鱼	熏制鱿鱼
色泽	具有该产品固有的色泽		呈玉黄色或褐黄色
组织与形态	组织紧密,有嚼劲。片状和颗粒状大小基本均匀;须状呈自然弯曲;条状呈撕裂状且自然弯曲	组织紧密,有嚼劲或口感柔软。整只形态完好;块状和颗粒状大小基本均匀;须状呈自然弯曲	组织紧密,软硬适宜,有嚼劲,形态基本完整,允许有少量碎条
气味与滋味	呈烤香味,滋味鲜美	具有该产品固有的气味,滋味鲜美	具有烟熏香味,滋味鲜美,允许有微酸味
杂质	无肉眼可见外来杂质	无肉眼可见外来杂质。串制产品允许有竹签	无肉眼可见外来杂质

4.5 理化指标

应符合表 2 的要求。

表 2 理化指标

项目	指标		
	烤制鱿鱼	焖制鱿鱼	熏制鱿鱼
水分,g/100 g	≤30	≤50	≤45
氯化物(以 Cl⁻ 计),g/100 g	≤3.5	≤2.5	≤3.5

4.6 安全指标

污染物残留及微生物限量应符合 GB 10136 的要求。

4.7 净含量

预包装产品的净含量应符合 JJF 1070 的要求。

5 试验方法

5.1 感官检验

在光线充足、无异味的环境中,将样品平摊于白色搪瓷盘或不锈钢工作台上,按 4.4 的规定逐项检验。

5.2 水分

按 GB 5009.3 的规定执行。

5.3 氯化物

按 GB 5009.44 的规定执行。

5.4 安全指标

按 GB 10136 的规定执行。

5.5 净含量

按 JJF 1070 的规定执行。

6 检验规则

6.1 组批

在原料及生产基本相同条件下,同一天或同一班组生产的产品为一个检验批。

6.2 抽样方法

按 GB/T 30891 的规定执行。

6.3 检验分类

6.3.1 出厂检验

每批产品应进行出厂检验。出厂检验由生产单位质量检验部门执行。检验项目为感官、水分、氯化物、净含量和标签。检验合格签发合格证,产品凭合格证入库或出厂。

6.3.2 型式检验

有下列情况之一时应进行型式检验,检验项目为本标准中规定的全部项目。

    a) 停产 6 个月以上,恢复生产时;
    b) 原料产地变化或改变主要生产工艺,可能影响产品质量时;
    c) 国家行政主管机构提出进行型式检验要求时;
    d) 出厂检验与上次型式检验有较大差异时;
    e) 正常生产时,每年至少 2 次的周期性检验;
    f) 对质量有争议,需要仲裁时。

6.4 判定规则

所有指标全部符合本标准规定时,判该批产品合格。

7 标签、标志、包装、运输、储存

7.1 标签、标志

7.1.1 包装储运标志应符合 GB/T 191 的要求。

7.1.2 预包装产品标签应符合 GB 7718 的要求,并应清晰地标示产品分类类型。

7.1.3 营养标签应符合 GB 28050 的要求。

7.2 包装

7.2.1 包装材料

所用包装材料应洁净、牢固、无毒、无异味,符合相关食品安全标准规定。

7.2.2 包装要求

产品内包装应密封、无破损和污染现象,外包装应密封、牢固,并放入产品合格证。

7.3 运输

运输工具应清洁、卫生、无异味。运输中应防止日晒雨淋,并防止虫害及有毒有害物质的污染,不得靠近或接触有腐蚀性物质,不得与气味浓郁物品混运。

7.4 储存

7.4.1 应储存于干燥、通风、阴凉的环境中。不同类型、批次的产品应分别堆垛,堆垛时宜用垫板垫起,与地面距离不少于 20 cm,与墙壁距离不少于 20 cm,堆放高度以纸箱受压不变形为宜。

7.4.2 储存环境应符合卫生要求,清洁、无毒、无异味、无污染,应防止虫害、有毒有害的污染及其他损害。

———————————

ICS 67.120.30
X 20

中华人民共和国水产行业标准

SC/T 3506—2020

磷 虾 油

Krill oil

2020-08-26 发布

2021-01-01 实施

中华人民共和国农业农村部 发布

前　　言

本标准按照 GB/T 1.1—2009 给出的规则起草。

请注意本文件的某些内容可能涉及专利。本文件的发布机构不承担识别这些专利的责任。

本标准由农业农村部渔业渔政管理局提出。

本标准由全国水产标准化技术委员会水产品加工分技术委员会(SAC/TC 156/SC 3)归口。

本标准起草单位:中国水产科学研究院黄海水产研究所、辽渔南极磷虾科技发展有限公司、速帕巴(上海)国际贸易有限公司、青岛康境海洋生物科技有限公司、山东鲁华海洋生物科技有限公司、济南极源生物科技有限公司、江苏深蓝远洋渔业有限公司、国家水产品质量监督检验中心。

本标准主要起草人:王联珠、郭莹莹、刘冬梅、王黎明、冷凯良、孙伟红、曾宪龙、彭吉星、范宁宁、王娜、王志、陆雷、余奕珂。

磷　虾　油

1　范围

本标准规定了磷虾油的要求、试验方法、检验规则、标签、标志、包装、运输和储存。

本标准适用于以南极磷虾粉为原料，经提取、过滤、浓缩、精制等工序制成的磷虾油。

2　规范性引用文件

下列文件对于本文件的应用是必不可少的。凡是注日期的引用文件，仅注日期的版本适用于本文件。凡是不注日期的引用文件，其最新版本（包括所有的修改单）适用于本文件。

GB/T 191　包装储运图示标志

GB 2760　食品安全国家标准　食品添加剂使用标准

GB 2762　食品安全国家标准　食品中污染物限量

GB 5009.168—2016　食品安全国家标准　食品中脂肪酸的测定

GB 5009.227—2016　食品安全国家标准　食品中过氧化值的测定

GB 5009.229—2016　食品安全国家标准　食品中酸价的测定

GB 5009.236—2016　食品安全国家标准　动植物油脂水分及挥发物的测定

GB/T 5524　动植物油脂　扦样

GB/T 5532　动植物油脂　碘值的测定

GB/T 5535.2　动植物油脂　不皂化物测定　第2部分:己烷提取法

GB/T 5537—2008　粮油检验　磷脂含量的测定

GB 5749　生活饮用水卫生标准

GB 7718　食品安全国家标准　预包装食品标签通则

GB 10136　食品安全国家标准　动物性水产制品

GB 28050　食品安全国家标准　预包装食品营养标签通则

GB 29921　食品安全国家标准　食品中致病菌限量

JJF 1070　定量包装商品净含量计量检验规则

SC/T 3053　水产品及其制品中虾青素含量的测定　高效液相色谱法

3　要求

3.1　原辅料要求

3.1.1　原料

南极磷虾粉的原料应为南极大磷虾(*Euphausia superba* Dana)，且符合 GB 10136 的要求。

3.1.2　加工用水

应符合 GB 5749 的要求。

3.2　食品添加剂

应符合 GB 2760 的要求。

3.3　感官要求

应符合表1的要求。

表 1　感官要求

项　　　目	要　　　求
色　　泽	暗红色或红褐色
组织与形态	半透明油状液体
气味、滋味	具有磷虾油特有的气味和滋味,无异味
杂　　质	无正常视力可见杂质

3.4　理化指标

应符合表2的要求。

表 2　理化指标

项目	指　　标	
	优级品	合格品
总磷脂,g/100 g	≥45	≥38
二十碳五烯酸(EPA),g/100 g	≥12	≥6
二十二碳六烯酸(DHA),g/100 g	≥6	≥3
虾青素,mg/kg	≥30	
酸价,mg/g	≤15	≤25
过氧化值,g/100 g	≤0.06	
水分及挥发物,%	≤3	
不皂化物,%	≤4	
碘值,g/100 g	≥120	

3.5　污染物指标

应符合 GB 2762 的要求。

3.6　微生物指标

应符合 GB 29921 的要求。

3.7　净含量

预包装产品的净含量应符合 JJF 1070 的要求。

4　试验方法

4.1　感官检验

在光线充足、无异味和其他干扰的环境下,先检查样品包装是否完好,再拆开包装,移取少量磷虾油于表面皿中,厚度约为 0.5 cm,按表1的规定逐项检验。

4.2　总磷脂

按 GB/T 5537—2008 第一法的规定执行。

4.3　二十碳五烯酸(EPA)

按 GB 5009.168—2016 第二法中水解-提取法的规定执行。

4.4　二十二碳六烯酸(DHA)

按 GB 5009.168—2016 第二法中水解-提取法的规定执行。

4.5　虾青素

按 SC/T 3053 的规定执行。

4.6　酸价

按 GB 5009.229—2016 第二法的规定执行。

4.7　过氧化值

按 GB 5009.227—2016 第二法的规定执行。

4.8　水分及挥发物

按 GB 5009.236—2016 第一法的规定执行。

4.9 不皂化物

按 GB/T 5535.2 的规定执行。

4.10 碘值

按 GB/T 5532 的规定执行。

4.11 污染物

按 GB 2762 的规定执行。

4.12 微生物

按 GB 29921 的规定执行。

4.13 净含量

按 JJF 1070 的规定执行。

5 检验规则

5.1 组批规则与抽样方法

5.1.1 组批规则

在原料及生产条件基本相同的情况下,同一天或同一班组生产的相同等级或规格的产品为一个检验批。按批号抽样。

5.1.2 抽样方法

按 GB/T 5524 的规定执行。

5.2 检验分类

5.2.1 出厂检验

每批产品应进行出厂检验。出厂检验由生产单位质量检验部门执行,检验项目为感官、总磷脂、水分及挥发物、酸价、过氧化值、净含量和标签。检验合格签发合格证,产品凭检验合格证出厂。

5.2.2 型式检验

型式检验项目为本标准中规定的全部项目,有下列情况之一时应进行型式检验:

a) 停产 6 个月以上,恢复生产时;

b) 原料产地变化或改变生产工艺,可能影响产品质量时;

c) 国家行政主管机构提出进行型式检验要求时;

d) 出厂检验与上次型式检验有较大差异时;

e) 正常生产时,每年至少 2 次的周期性检验;

f) 对质量有争议,需要仲裁时。

5.3 判定规则

所有指标全部符合本标准规定时,判该批产品合格。

6 标签、标志、包装、运输和储存

6.1 标签、标志

6.1.1 预包装产品的标签应符合 GB 7718 的规定。营养标签应符合 GB 28050 的规定。应标注成人食用量≤3 g/d,婴幼儿、孕妇、哺乳期妇女及海产品过敏者不宜食用。

6.1.2 非预包装产品的标签应标示产品的名称、等级、产地、生产者或销售者名称、生产日期等。

6.1.3 包装储运标志应符合 GB/T 191 的要求。

6.1.4 实施可追溯的产品应有可追溯标识。

6.2 包装

6.2.1 包装材料

包装材料应洁净、干燥、不透明、坚固、无毒、无异味,符合相关食品安全标准的规定。

6.2.2 包装要求

应按同一种类、等级或规格包装,不应混装。包装应严密、牢固、防潮、避光、不易破损,便于装卸、仓储和运输。

6.3 运输

运输工具应清洁、卫生,无异味,运输中防止受潮、日晒、虫害以及有害物质的污染,不应靠近或接触腐蚀性的物质,不应与有毒有害及气味浓郁物品混运。

6.4 储存

6.4.1 产品应储存在阴凉、干燥、通风的库房内,储存库应清洁、卫生,无异味,防止受潮、日晒、虫害和有毒物质的污染及其他损害。

6.4.2 不同品种、规格、等级、批次的产品应分垛存放,标示清楚,并与墙壁、地面、天花板保持适当距离,堆放高度以包装箱(桶)受压不变形为宜。

ICS 67.120.30
X 20

中华人民共和国水产行业标准

SC/T 3902—2020
代替 SC/T 3902—2001

海胆制品

Sea urchin products

2020-08-26 发布

2021-01-01 实施

中华人民共和国农业农村部 发布

前　言

本标准按照 GB/T 1.1—2009 给出的规则起草。

本标准代替 SC/T 3902—2001《海胆制品》。与 SC/T 3902—2001 相比，除编辑性修改外主要技术变化如下：

——在标准适用范围中增加了冻海胆黄；

——对规范性引用文件进行了增减和调整；

——增加了对污染物、农药残留和兽药残留、致病菌、寄生虫和食品添加剂安全指标的规定；

——对感官指标、理化指标进行了适当修改；

——对试验方法、包装、运输、储存等作了适当修改。

请注意本文件的某些内容可能涉及专利。本文件的发布机构不承担识别这些专利的责任。

本标准由农业农村部渔业渔政管理局提出。

本标准由全国水产标准化技术委员会水产品加工分技术委员会（SAC/TC 156/SC 3）归口。

本标准起草单位：大连海洋大学、大连乾日海洋食品有限公司、大连獐子岛渔业集团股份有限公司。

本标准主要起草人：赵前程、汪秋宽、何云海、任丹丹、李智博、刘舒、谢智芬、曲敏、张付云、孔繁胜、赵世明。

本标准所代替标准的历次版本发布情况为：

——GB 4922—1985；

——GB 4923—1985；

——GB 4924—1985；

——SC/T 3902—1985、SC/T 3902—2001；

——SC/T 3903—1985；

——SC/T 3904—1985。

海 胆 制 品

1 范围

本标准规定了海胆制品的术语和定义，要求，试验方法，检验规则，标识、标签、包装、运输和储存。

本标准适用于以海胆纲正形目中的鲜活紫海胆（*Anthocidaris crassispina*）、马粪海胆（*Hemicen-tro-tus pulcherrimus*）等可食海胆为原料，经开壳除内脏，取其生殖腺，加工制成的鲜海胆黄、冻海胆黄、盐渍海胆黄、海胆黄酱产品。以其他品种海胆为原料加工的产品参照执行。

2 规范性引用文件

下列文件对丁本文件的应用是必不可少的。凡是注日期的引用文件，仅注日期的版本适用于本文件。凡是不注日期的引用文件，其最新版本（包括所有的修改单）适用于本文件。

GB/T 191 包装储运图示标志

GB 2733 食品安全国家标准 鲜、冻动物性水产品卫生标准

GB 2760 食品安全国家标准 食品添加剂使用标准

GB 2762 食品安全国家标准 食品中污染物限量

GB 2763 食品安全国家标准 食品中最大农药残留限量标准

GB 5009.3 食品安全国家标准 食品中水分的测定

GB 5009.44 食品安全国家标准 食品中氯化物的测定

GB/T 5461 食用盐

GB 5749 生活饮用水卫生标准

GB 7718 食品安全国家标准 预包装食品标签通则

GB 10136—2015 食品安全国家标准 动物性水产制品

GB 20941 食品安全国家标准 水产制品生产卫生规范

GB 28050 食品安全国家标准 预包装食品营养标签通则

GB 29921 食品安全国家标准 食品中致病菌限量

GB/T 30891 水产品抽样规范

GB 31640 食品安全国家标准 食用酒精

JJF 1070 定量包装商品净含量计量检验规则

农业部 235 号公告 动物性食品中兽药最高残留限量

国家质量监督检验检疫总局令〔2009〕第 123 号 食品标识管理规定

3 术语和定义

下列术语和定义适用于本文件。

3.1

鲜海胆黄 fresh sea urchin gonad

取海胆生殖腺，在低温条件下加工制成海胆制品。

3.2

盐渍海胆黄 salted sea urchin gonad

取海胆生殖腺，调入食用盐、调味料等，经盐渍加工制成的海胆制品。

3.3

海胆黄酱 sea urchin gonad paste

取海胆生殖腺，调入食用盐和食用酒精后经盐制发酵后制成的糊状海胆制品。

3.4

冻海胆黄 frozen sea urchin gonad

取海胆生殖腺,经漂烫、控水、速冻制成的海胆黄冻品。

4 要求

4.1 原辅材料要求

4.1.1 原料

选用生殖腺肥大丰满、成熟的鲜活可食海胆;原料应符合 GB 2733 和 GB 2762 以及国家有关兽药残留标准和规定。

4.1.2 食用盐

应符合 GB 5461 的要求。

4.1.3 生产用水

应符合 GB 5749 的要求。

4.1.4 食品添加剂

加工中使用的食品添加剂的品种及用量应符合 GB 2760 的要求。

4.1.5 食用酒精

应符合 GB 31640 的要求。

4.2 加工要求

生产人员、环境、车间及设施、生产设备及卫生控制程序应符合 GB 20941 的要求。

4.3 感官要求

感官要求应符合表 1 的要求。

表 1 感官要求

项目	鲜海胆黄	冻海胆黄	盐渍海胆黄	海胆黄酱
色泽	呈海胆生殖腺应有的淡黄、橙黄或褐黄等色泽,同一包装物内的生殖腺色泽基本一致			
组织形态	呈海胆生殖腺应有的瓣块形状,组织紧密,包装盒内摆放平整,瓣块基本完整,允许稍有机械伤,但不允许有明显溶化现象	呈海胆生殖腺应有的瓣块形状,瓣块基本完整。解冻后瓣块仍基本完整,允许有少许碎块	呈较明显的块粒状,软硬适度	呈酱状或酱糊状,制品中允许有少量的自然析出的食盐晶粒存在
滋味及气味	具本品特有的滋味和香味,无异味			
杂质	不得混入海胆碎壳、棘或其他外来杂质,不允许有海胆的内脏膜存在			

4.4 理化指标

理化指标应符合表 2 的要求。

表 2 理化指标

项 目	鲜海胆黄	冻海胆黄	盐渍海胆黄	海胆黄酱
水分,%	—	—	≤54	≤68
氯化物(以 Cl⁻ 计),%	—	—	3.64～5.46	

4.5 净含量

净含量应符合 JJF 1070 的要求。

4.6 安全指标

4.6.1 污染物

污染物限量应符合 GB 2762 的要求。

4.6.2 药物残留

农药残留限量应符合 GB 2763 的要求;兽药残留限量应符合农业部 235 号公告的要求。

4.6.3 微生物

即食产品微生物限量应符合 GB 10136 的要求。

4.6.4 致病菌

即食产品致病菌限量应符合 GB 29921 的要求。

4.6.5 寄生虫

即食产品寄生虫指标应符合 GB 10136 的要求。

4.6.6 食品添加剂

食品添加剂的使用应符合 GB 2760 的要求。

5 试验方法

5.1 感官检验

5.1.1 感官检验方法

在光线充足、无异味或其他干扰的环境中,将试样放在洁净的白色搪瓷盘或不锈钢工作台上,按表 1 的规定逐项检验。试样按照 5.1.2 的规定解冻,再按表 1 的规定对解冻后的状态进行检验。

5.1.2 解冻

5.1.2.1 将试样去除包装,放入不渗透的食品薄膜袋内,密封后置于解冻容器内,用室温的流动水或搅动水对样品进行解冻,至完全解冻时停止。

5.1.2.2 在不影响样品质地条件下,轻微挤压薄膜袋,感觉没有硬芯或冰晶,即为完全解冻。

5.1.3 冻品中心温度的检验

用钻头钻至试样几何中心附近部位,取出钻头立即插入温度计,待温度计指示温度不再下降时,读取数值。

5.2 水分

按 GB 5009.3 的规定执行。

5.3 氯化物

按 GB 5009.44 的规定执行。

5.4 微生物

按 GB 10136 的规定执行。

5.5 致病菌

按 GB 29921 的规定执行。

5.6 污染物

按 GB 2762 的规定执行。

5.7 寄生虫

按 GB 10136—2015 中附录 A 的规定执行。

5.8 净含量

按 JJF 1070 的规定执行。

6 检验检测

6.1 组批

按同一海域收获的、同一天或同一班组生产的同一种产品为一批。

6.2 抽样

按 GB/T 30891 的规定执行。

6.3 检验分类

产品检验分为出厂检验和型式检验。

6.3.1 出厂检验

每批产品应进行出厂检验。出厂检验由生产单位质量部门执行。检验项目为感官、水分、盐分、净含量、菌落总数、大肠菌群等。检验合格签发合格证,产品凭合格证出入库或出厂。

6.3.2 型式检验

有下列情况之一时应进行型式检验。型式检验的项目为本标准中规定的全部项目。

a) 长期停产,恢复生产时;

b) 原料变化或改变主要生产工艺,可能影响产品质量时;

c) 国家质量监督机构提出进行型式检验要求时;

d) 加工原料来源或生长环境发生变化时;

e) 出厂检验与上次型式检验有较大差异时;

f) 正常生产时,每年至少一次的周期性检验。

6.4 判定规则

检验结果全部符合本标准规定时,判定为合格。

7 标志、标签、包装、运输、储存

7.1 标志、标签

产品包装标志、标签内容应符合 GB 7718、GB 28050 和国家质量监督检验检疫总局令〔2009〕第 123 号的规定,运输包装标志应符合 GB/T 191 的规定。标签上应标明即食产品或非即食产品。

7.2 包装

包装应严密牢固,不得与有异味物品混装。包装材料应坚固、洁净、无毒、无异味,符合食品卫生要求。

7.3 运输

海胆制品应采用控温运输,鲜海胆黄应在 0℃～5℃的冷藏条件下运输;冻海胆黄、盐渍海胆黄和海胆黄酱应在－15℃以下条件运输。严禁箱子摔跌、碰撞、倒置和严重倾斜。运输中注意防雨防潮,运输工具应清洁、卫生,符合卫生要求。

7.4 储存

鲜海胆黄应在 0℃～5℃的冷藏条件下储存;冻海胆黄、盐渍海胆黄和海胆黄酱应在－18℃以下条件储存。储存环境应符合卫生要求,清洁、无毒、无异味、无污染,防止虫害和有毒物质的污染及其他损害。

————————————

ICS 65.150
B 56

中华人民共和国水产行业标准

SC/T 4017—2020

塑胶渔排通用技术要求

General technical specifications for plastic fishing raft

2020-08-26 发布

2021-01-01 实施

中华人民共和国农业农村部 发布

SC/T 4017—2020

前　言

本标准按照 GB/T 1.1—2009 给出的规则起草。

请注意本文件的某些内容有可能涉及专利。本文件的发布机构不承担识别这些专利的责任。

本标准由农业农村部渔业渔政管理局提出。

本标准由全国水产标准化技术委员会渔具及渔具材料分技术委员会(SAC/TC 156/SC 4)归口。

本标准起草单位：中国水产科学研究院东海水产研究所、福建省水产研究所、海安中余渔具有限公司、厦门屿点海洋科技有限公司、东莞市南风塑料管材有限公司、闽东水产研究所、鲁普耐特集团有限公司、青岛奥海海洋工程研究院有限公司、山东鲁普科技有限公司、湛江经纬实业有限公司、江苏金枪网业有限公司、青海联合水产集团有限公司、农业农村部绳索网具产品质量监督检验测试中心。

本标准主要起草人：石建高、郑国富、贺兵、魏盛军、陈东林、丁兰、沈明、蔡文鸿、张哲、朱健康、余雯雯、王兴春、张春文、従桂懋、赵绍德、曹文英、陈晓雪、赵金辉。

塑胶渔排通用技术要求

1 范围

本标准规定了塑胶渔排的术语和定义、标记、要求、试验方法、检验规则、标志、标签、包装、运输及储存。

本标准适用于以高密度聚乙烯管材、支架、立柱和扶手管等制作浮式框架，周长20 m以上的用于鱼类养殖等活动的护栏型塑胶渔排，其他塑胶渔排可参考执行。

2 规范性引用文件

下列文件对于本文件的应用是必不可少的。凡是注日期的引用文件，仅注日期的版本适用于本文件。凡是不注日期的引用文件，其最新版本（包括所有的修改单）适用于本文件。

GB/T 228 金属材料 室温拉伸试验方法

GB/T 549 电焊锚链

GB/T 4925 渔网 合成纤维网片强力与断裂伸长率试验方法

GB/T 6964 渔网网目尺寸试验方法

GB/T 8050 纤维绳索 聚丙烯裂膜、单丝、复丝（PP2）和高强复丝（PP3）3、4、8、12股绳索（ISO 1346:2012,IDT）

GB/T 8834 纤维绳索 有关物理和机械性能的测定（ISO 2307:2005,IDT）

GB/T 11787 纤维绳索 聚酯 3股、4股、8股和12股绳索（ISO 1141:2012,IDT）

GB/T 18673 渔用机织网片

GB/T 18674 渔用绳索通用技术条件

GB/T 21292 渔网 网目断裂强力的测定（ISO 1806:2002,IDT）

GB/T 30668 超高分子量聚乙烯纤维8股、12股编绳和复编绳索（ISO 10325:2009,NEQ）

FZ/T 63028 超高分子量聚乙烯网线

SC/T 4001 渔具基本术语

SC/T 4005 主要渔具制作 网片缝合与装配

SC/T 4022 渔网 网线断裂强力和结节断裂强力的测定（ISO 1805:1973,IDT）

SC/T 4025—2016 养殖网箱浮架 高密度聚乙烯管

SC/T 4027 渔用聚乙烯编织线

SC/T 4041—2018 高密度聚乙烯框架深水网箱通用技术要求

SC/T 4066 渔用聚酰胺经编网片通用技术要求

SC/T 4067—2017 浮式金属框架网箱通用技术要求

SC/T 5001 渔具材料基本术语

SC/T 5006 聚酰胺网线

SC/T 5007 聚乙烯网线

SC/T 5021 聚乙烯网片 经编型

SC/T 5022 超高分子量聚乙烯网片 经编型

SC/T 5031 聚乙烯网片 绞捻型

3 术语和定义

SC/T 4001、SC/T 4025—2016、SC/T 4041—2018和SC/T 5001界定的以及下列术语和定义适用本文件。为了便于使用，以下重复列出了SC/T 4025—2016和SC/T 4041—2018的一些术语和定义。

3.1

浮管 floating pipe

由聚乙烯材料制成的中空圆形管材。

[SC/T 4025—2016,定义3.1]

3.2

主浮管 main floating pipe

在塑胶渔排中承受主要浮力的浮管。

3.3

支架 bracket

由底座、立柱等组成,用于连接浮管与扶手管的支撑架。

[SC/T 4041—2018,定义3.4]

3.4

箱体 cage body;net bag

亦称网体、网袋,由网衣构成的蓄养水产动物的空间。

[SC/T 4041—2018,定义3.6]

3.5

框架 frame

支撑网箱整体的刚性构件,既能使网箱箱体张开并保持一定形状,又能作为平台进行相关养殖操作。

[SC/T 4041—2018,定义3.5]

3.6

走道板 walkway plate

铺设在框架上的板材,以供人员走动、运移物资、管理作业等。

3.7

塑胶材料 plastic material

以高密度聚乙烯(HDPE)等聚合物为基本成分,加入添加剂后,在一定温度、压力下,经加工塑制成型或交联固化成型而得的固体材料。

3.8

塑胶渔排 plastic fishing raft

用塑胶材料制作浮式框架并配备网衣,且以网格状布设于水面的水产养殖设施。

3.9

护栏型塑胶渔排 fence-type plastic fishing raft

在框架上装配护栏、走道板与箱体的塑胶渔排。

3.10

护栏型塑胶渔排周长 fence-type plastic fishing raft circumference

护栏型塑胶渔排框架内侧主浮管的中心线长度。

3.11

护栏型塑胶渔排长度 fence-type plastic fishing raft length

护栏型塑胶渔排框架中位于两个宽边之间的内侧主浮管的中心线距离。

3.12

护栏型塑胶渔排宽度 fence-type plastic fishing raft width

护栏型塑胶渔排框架中位于两个长边之间的内侧主浮管的中心线距离。

4 标记

4.1 完整标记

塑胶渔排完整标记包含下列内容(若塑胶渔排中不安装防跳网,则完整标记中不包含 f)项)。

a) 塑胶渔排框架材质:HDPE 框架和其他材质框架分别用 HDPE,OTHERM 代号表示。

b) 箱体用网衣材质:聚酯网衣箱体、聚乙烯网衣箱体、聚酰胺网衣箱体、超高分子量聚乙烯网衣箱体、金属网衣箱体和其他网衣箱体分别用 PETN、PEN、PAN、UHMWPEN、MENTALN 和 OTHERN 代号表示。

c) 塑胶渔排形状:方形塑胶渔排和其他现状塑胶渔排分别使用 SS、OS 代号表示。

d) 塑胶渔排主体尺寸:使用"框架周长×箱体高度"或"框架长度×框架宽度×箱体高度"等塑胶渔排主体尺寸表示(其中,箱体高度可省略),单位为 m。

e) 走道板尺寸:使用"板材厚度×四周边框厚度×其他筋条最小厚度"等走道板主体尺寸表示(其中,其他筋条最小厚度可省略),单位为 mm。

f) 防跳网高度:箱体上部用于防止养殖对象跳出水面逃跑的网衣或网墙高度,单位为 m。

g) 箱体网衣规格:箱体网衣规格应包含网片材料代号、织网用单丝或纤维线密度、网片(名义)股数、网目长度和结型代号。

h) 框架用主浮管规格与浮管的总浮力:框架用主浮管规格以框架浮管用 HDPE 管材的材料命名、公称外径(d_n)/公称壁厚(e_n)表示,单位为 mm;浮管的总浮力单位为 kN。

i) 执行标准编号。

4.2 简便标记

在塑胶渔排制图、生产、运输、设计、贸易和技术交流中,可采用简便标记。简便标记按次序至少应包括 4.1 中的 c)、d)、e)3 项(若塑胶渔排中安装防跳网,则简便标记中还应包含 f)项内容),可省略 4.1 中的 a)、b)、g)、h)和 i)5 项。

4.3 标记顺序

塑胶渔排应按下列顺序标记:

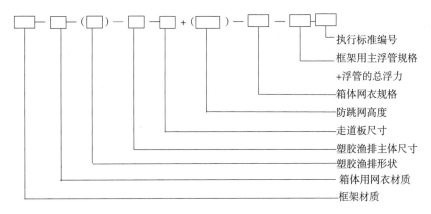

示例1:框架周长 120.0 m、箱体高度 8.0 m、防跳网高度 0.8 m、箱体网衣规格为 PA-23tex×75-60 mm JB、走道板尺寸为 60 mm(板材厚度)×10 mm(四周边框厚度)×5 mm(其他筋条最小厚度)、框架用主浮管材料级别为 PE 100、浮管用 HDPE 管材公称外径 d_n400 mm/公称壁厚 e_n23.7 mm、浮管的总浮力为 3 033 kN 的方形塑胶渔排的完整标记为:

HDPE—PAN—SS—120.0 m×8.0 m—60 mm×10 mm×5 mm + 0.8 m— PA-23tex×75-60 mm JB—PE 100-SDR 17-d_n400 mm/e_n23.7 mm+3 033 kN SC/T 4017

示例2:框架周长 120.0 m、箱体高度 8.0 m、防跳网高度 0.8 m、箱体网衣规格为 PA-23tex×75-60 mm JB、走道板尺寸为 60 mm(板材厚度)×10 mm(四周边框厚度)×5 mm(其他筋条最小厚度)、框架用主浮管材料级别为 PE 100、浮管用 HDPE 管材公称外径 d_n400 mm/公称壁厚 e_n23.7 mm、浮管的总浮力为 3 033 kN 的方形塑胶渔排的简便标记为:

SS — 120.0 m×8.0 m —60 mm×10 mm×5 mm + 0.8 m

5 要求

5.1 尺寸偏差率

应符合表1的规定。

表 1 尺寸偏差率

序号	项目		尺寸偏差,%
1	塑胶渔排主体尺寸	塑胶渔排周长、长度×宽度	±3.0
		箱体高度不大于 2 m[a]	±6.0
		箱体高度大于 2 m[a]	±4.5
2	防跳网高度		±9.0
[a] 箱体高度不包括防跳网高度。			

5.2 框架

管材与支架宜用 HDPE 材料,并应符合 SC/T 4025—2016 的要求。

5.3 走道板

走道板表面应防滑,且不应有裂口、气泡、裂纹和毛刺等缺陷。HDPE 走道板用板材厚度、四周边框厚度和其他筋条最小厚度应分别不小于 60 mm、7 mm、4 mm。

5.4 箱体

应符合表 2 的规定。

表 2 箱体要求

序号	名 称		要 求	项 目
1	箱体纲索	聚酯绳索	GB/T 11787	最低断裂强力
		聚丙烯绳索	GB/T 8050	
		超高分子量聚乙烯绳索	GB/T 30668	
		聚乙烯绳索	GB/T 18674	
		聚酰胺绳索		
		聚丙烯-聚乙烯绳索		
2	箱体网衣	聚乙烯绞捻型网片	SC/T 5031	网目长度偏差率、网目断裂强力或网片纵向断裂强力或网目连接点断裂强力
		聚酰胺经编型网片	SC/T 4066	
		超高分子量聚乙烯经编型网片	SC/T 5022	
		聚乙烯经编型网片	SC/T 5021	
		聚乙烯单线单死结型网片	GB/T 18673	
		聚酰胺单线单死结型网片		
3	箱体装配缝合线	聚酰胺网线	SC/T 5006	断裂强力、单线结强力
		聚乙烯网线	SC/T 5007	
		渔用聚乙烯编织线	SC/T 4027	
		超高分子量聚乙烯网线	FZ/T 63028	

5.5 锚泊

5.5.1 绳索

锚泊用绳索宜用纤维绳索。聚酯绳索最低断裂强力应符合 GB/T 11787 的要求;聚丙烯绳索最低断裂强力应符合 GB/T 8050 的要求;超高分子量聚乙烯绳索最低断裂强力应符合 GB/T 30668 的要求;聚乙烯绳索、聚酰胺绳索和聚丙烯-聚乙烯绳索最低断裂强力应符合 GB/T 18674 的要求。

5.5.2 锚链

锚泊用锚链的破断载荷和拉力载荷应符合 GB/T 549 的要求。

5.6 主浮管的浮力

应符合 SC/T 4067—2017 中 5.4 的要求。

5.7 装配要求

5.7.1 框架装配

按 SC/T 4025—2016 的规定执行。

5.7.2 走道板装配

走道板应平整、安全,相邻两片之间的宽度方向间隙不大于 20 mm、长度方向间隙不大于 30 mm。

5.7.3 箱体装配要求

5.7.3.1 网衣间的装配

按 SC/T 4005 的规定执行。

5.7.3.2 纲索在箱体上的装配

按 SC/T 4041—2018 的规定执行。

5.7.4 框架与箱体的装配

按 SC/T 4041—2018 的规定执行。

6 试验方法

6.1 尺寸偏差率

6.1.1 测量塑胶渔排主体尺寸、防跳网高度、走道板尺,每个试样重复测试 2 次,取其算术平均值,单位为 m 或 mm,结果取 1 位小数。

6.1.2 尺寸偏差率按式(1)计算。

$$\Delta x = \frac{x - x_1}{x_1} \times 100 \quad\cdots\cdots\cdots\cdots\cdots\cdots\cdots\cdots\cdots\cdots\cdots\cdots\cdots\cdots (1)$$

式中:

Δx ——尺寸偏差率,单位为百分号(%);

x ——实测尺寸,单位为米或毫米(m 或 mm);

x_1 ——公称尺寸,单位为米或毫米(m 或 mm)。

6.2 框架

应符合 SC/T 4025—2016 的要求。

6.3 走道板

外观质量在自然光下用肉眼观察检验。

6.4 箱体

按表 3 的规定执行。

表 3 箱体检验方法

序号	名 称	项 目	单位样品测试次数	检验方法
1	箱体网衣	外观	5	GB/T 18673
		网目长度	5	GB/T 6964
		网目长度偏差率	5	GB/T 18673
		网片纵向断裂强力	10	GB/T 4925
		网目断裂强力	20	GB/T 21292
		网目连接点断裂强力	5	SC/T 5031
2	箱体纲索	最低断裂强力	3	GB/T 8834
3	箱体装配缝合线	断裂强力	5	SC/T 4022
		单线结强力	5	SC/T 4022

6.5 锚泊

6.5.1 绳索

按 GB/T 8834 的规定执行。

6.5.2 锚链

按 GB/T 228 的规定执行。

6.6 主浮管的浮力

按 SC/T 4041—2018 的规定执行。

6.7 装配要求

6.7.1 框架装配

在自然光线下,目测或测量工具进行检验。

6.7.2 走道板装配

在自然光线下,目测或测量工具进行检验。

6.7.3 箱体装配

6.7.3.1 网衣间的装配

在自然光线下,目测或测量工具进行检验。

6.7.3.2 纲索在箱体上的装配

在自然光线下,目测或测量工具进行检验。

6.7.4 框架与箱体的装配

在自然光线下,目测或测量工具进行检验。

7 检验规则

7.1 出厂检验

7.1.1 每批产品应进行出厂检验,合格后并附有合格证方可出厂。

7.1.2 出厂检验项目按 5.1、5.3、5.4、5.5 和 5.7 的规定执行。

7.2 型式检验

7.2.1 型式检验每年至少进行 1 次,有下列情况之一时亦应进行型式检验。

    a) 新产品试制定型鉴定时或老产品转厂生产时;

    b) 原材料和工艺有重大改变,可能影响产品性能时;

    c) 市场监督管理部门提出型式检验要求时。

7.2.2 型式检验项目为第 5 章中的全部项目。

7.3 抽样

7.3.1 在相同工艺条件下,按 3 个月生产同一品种、同一规格的塑胶渔排为一批。

7.3.2 当每批塑胶渔排产量不少于 50 台(套)时,从每批塑胶渔排中随机抽取不少于 4% 的塑胶渔排作为样品进行检验;当每批塑胶渔排产量小于 50 台(套)时,从每批塑胶渔排中随机抽取 2 台(套)塑胶渔排作为样品进行检验。

7.3.3 在抽样时,塑胶渔排尺寸偏差率(5.1)、走道板(5.3)及其装配要求(5.7)可以在现场检验。

7.4 判定

    a) 在检验结果中,若所有样品的全部检验项目符合第 5 章的要求时,则判该批产品合格;

    b) 在检验结果中,若有一个项目不符合第 5 章的要求时,则判该批产品为不合格。

8 标志、标签、包装、运输及储存

8.1 标志、标签

每个塑胶渔排应附有产品合格证明作为标签,标签上至少应包含下列内容。

    a) 产品名称;

    b) 产品规格;

    c) 生产企业名称与地址;

    d) 检验合格证;

    e) 生产批号或生产日期;

    f) 执行标准。

8.2 包装

塑胶渔排材料应用帆布、彩条布、绳索、编织袋或木箱等合适材料包装或捆扎,外包装上应标明材料名称、规格及数量。

8.3　运输

产品在运输过程中应避免抛摔、拖曳、磕碰、摩擦、油污和化学品的污染,切勿用锋利工具钩挂。

8.4　储存

塑胶渔排材料应存放在清洁、干燥的库房内,远离热源;室外存放应避免日照、风吹雨淋和化学腐蚀。若塑胶渔排材料从生产之日起储存期超过 2 年,则应经复检,合格后方可出厂。

———————————————

ICS 65.150
B 56

中华人民共和国水产行业标准

SC/T 4048.2—2020

深水网箱通用技术要求 第2部分：网衣

General technical specifications for offshore cage—Part 2：Netting

2020-08-26 发布

2021-01-01 实施

中华人民共和国农业农村部 发布

前　言

SC/T 4048 是《深水网箱通用技术要求》拟分为如下部分：
——第 1 部分：框架系统；
——第 2 部分：网衣；
——第 3 部分：纲索；
——第 4 部分：网线；
——第 5 部分：网片剪裁、缝合与装配；
············

本部分为 SC/T 4048 的第 2 部分。

本部分按照 GB/T 1.1—2009 给出的规则起草。

请注意本部分的某些内容有可能涉及专利。本部分的发布机构不承担识别这些专利的责任。

本部分由农业农村部渔业渔政管理局提出。

本部分由全国水产标准化技术委员会渔具及渔具材料分技术委员会(SAC/TC 156/SC 4)归口。

本部分起草单位：中国水产科学研究院东海水产研究所、海安中余渔具有限公司、山东鲁普科技有限公司、江苏九九久科技有限公司、青岛奥海海洋工程研究院有限公司、浙江千禧龙纤特种纤维股份有限公司、江苏金枪网业有限公司、惠州市益晨网业科技有限公司、东莞市南风塑料管材有限公司、鲁普耐特集团有限公司、湛江经纬网厂、厦门屿点海洋科技有限公司、山东莱威新材料有限公司、上海海洋大学、宁波百厚海洋科技有限公司、中国水产科学研究院渔业机械仪器研究所、青海联合水产集团有限公司、农业农村部绳索网具产品质量监督检验测试中心。

本部分主要起草人：石建高、张健、沈明、姚湘江、钟文珠、周新基、贺兵、李茂菊、张春文、従桂懋、任意、赵绍德、曹文英、陈晓雪、陈东林、周一波、赵金辉。

深水网箱通用技术要求 第2部分:网衣

1 范围

本部分规定了深水网箱网衣的术语和定义,分类与标记,要求,试验方法,检验规则,标志、标签、包装、运输及储存。

本部分适用于以机器编织并经定型处理后的深水网箱用聚乙烯单丝经编网片、聚酰胺复丝经编网片、超高分子量聚乙烯纤维经编网片、聚乙烯单丝绞捻网片、超高分子量聚乙烯纤维绞捻网片、聚乙烯单丝单线单死结型网片、聚酰胺复丝单线单死结型网片。

2 规范性引用文件

下列文件对于本文件的应用是必不可少的。凡是注日期的引用文件,仅注日期的版本适用于本文件。凡是不注日期的引用文件,其最新版本(包括所有的修改单)适用于本文件。

GB/T 251—2008 纺织品 色牢度试验 评定沾色用灰色样卡

GB/T 4925 渔网 合成纤维网片强力与断裂伸长率的测定

GB/T 6964 渔网网目尺寸测量方法

GB/T 18673—2008 渔用机织网片

GB/T 21292 渔网 网目断裂强力的测定(ISO 1806:2002,IDT)

SC/T 4049—2019 超高分子量聚乙烯网片 绞捻型

SC/T 4066—2017 渔用聚酰胺经编网片通用技术要求

SC/T 5001—2014 渔具材料基本术语

SC/T 5021—2017 聚乙烯网片 经编型

SC/T 5022—2017 超高分子量聚乙烯网片 经编型

SC/T 5031—2014 聚乙烯网片 绞捻型

3 术语和定义

GB/T 18673—2008、SC/T 4066—2017 和 SC/T 5001—2014 界定的以及下列术语和定义适用本文件。为了便于使用,以下重复列出了 GB/T 18673—2008、SC/T 4066—2017 和 SC/T 5001—2014 的一些术语和定义。

3.1

网衣 netting;webbing;net
网片 netting;webbing;net
由网线编织成的一定尺寸网目结构的片状编织物。
[SC/T 5001—2014,定义2.9]

3.2

名义股数 nominal ply
网片目脚截面单丝或单纱根数之和。
[SC/T 5001—2014,定义2.13.11]

3.3

色差 color difference
纺织品之间或与标准卡之间的颜色差异。
[SC/T 4066—2017,定义3.6]

3.4

破目 broken mesh

网片内一个或更多的相邻的线圈断裂形成的孔洞。

[GB/T 18673—2008,定义3.1]

3.5

漏目 leak mesh

漏织而造成的异形网目。

[GB/T 18673—2008,定义3.2]

3.6

并目 closed mesh

相邻目脚中因纱线牵连而不能展开的网目。

[GB/T 18673—2008,定义3.8]

3.7

K型网目 K-mesh

目脚长短不同的网目。

[GB/T 18673—2008,定义3.3]

3.8

跳纱 float

一段纱线越过了应该与其相联结的线圈纵行。

[GB/T 18673—2008,定义3.9]

3.9

扭结 contorted knotted

网结的上下两目呈180°夹角。

[GB/T 18673—2008,定义3.5]

3.10

活络结 reef knotted

一根网线成圈不良而使另一根网线能够滑动的网结。

[GB/T 18673—2008,定义3.4]

4 分类与标记

4.1 分类

4.1.1 按工艺分类

深水网箱网衣按后处理工艺不同分为定型网片与未定型网片。

4.1.2 按网结类型分类

4.1.2.1 有结网片

有结网片分为:

a) 聚乙烯单丝单线单死结型网片(简称PE网片);

b) 聚酰胺复丝单线单死结型网片(简称PA复丝网片)。

4.1.2.2 无结网片

无结网片分为:

a) 主要包括聚乙烯单丝经编网片(简称PE经编网片);

b) 聚酰胺复丝经编网片(简称PA经编网片);

c) 超高分子量聚乙烯纤维经编网片(简称UHMWPE经编网片);

d) 聚乙烯单丝绞捻网片(简称PE绞捻网片);

e) 超高分子量聚乙烯纤维绞捻网片(简称 UHMWPE 绞捻网片)。

4.2 标记

4.2.1 标记内容

标记包括完整标记和简便标记两种。完整标记包括材料代号、网线或目脚规格、网目长度、网片尺寸、网片结型代号、网目形状、工艺类型和标准号;而简便标记则包括材料代号、网线或网目目脚规格和网目长度。

4.2.2 标记方法

4.2.2.1 无结网片

无结网片的规格型号按下列方式表示。

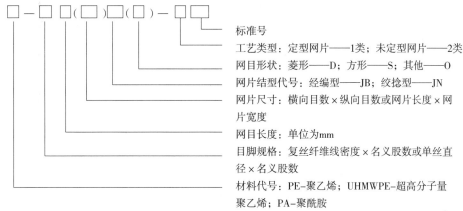

示例1:UHMWPE 纤维线密度为 111tex、名义股数为 15 股、网目长度为 55 mm、横向目数 100、纵向目数 600、经过后处理工艺定型的菱形网目 UHMWPE 经编网片完整标记为:

UHMWPE—111tex×15—55 mm(100 T×600 N)JB(D)—1 SC/T 4048.2

示例2:UHMWPE 纤维线密度为 111tex、名义股数为 15 股、网目长度为 55 mm、横向目数 100、纵向目数 600、经过后处理工艺定型的菱形网目 UHMWPE 经编网片简便标记为:

UHMWPE—111tex×15—55 mm

4.2.2.2 有结网片

有结网片的规格型号按下列方式表示。

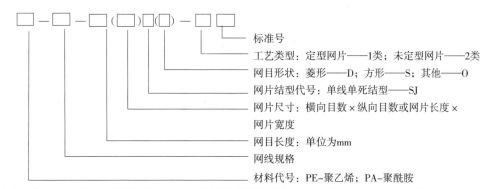

示例3:由线密度为 23tex 的 PA 复丝构成的 30×3 的渔网线、网目长度为 65 mm、横向目数 300、纵向目数 100.5、经过后处理工艺定型的菱形网目 PA 复丝网片完整标记为:

PA—23tex×30×3—65 mm(300 T×100.5 N)SJ(D)—1 SC/T 4048.2

示例4:由线密度为 23tex 的 PA 复丝构成的 30×3 的渔网线、网目长度为 65 mm、横向目数 300、纵向目数 100.5、经过后处理工艺定型的菱形网目 PA 复丝网片简便标记为:

PA—23tex×30×3—65 mm

5 要求

5.1 外观质量

5.1.1 无结网片

应符合表1的规定。

表 1　无结网片外观质量

序　号	项　目	不同规格网片的外观质量	
		5 股网片	5 股以上网片
1	破目	≤0.03%	≤0.03%
2	并目[a]	≤0.05%	≤(0.01%×名义股数)
3	跳纱	≤0.01%	≤0.01%
4	缺股[a]	≤0.10%	≤(0.02%×名义股数)
5	修补率	≤0.10%	≤0.10%
6	每处修补长度	≤2.00 m	≤2.00 m
7	色差(不低于)[b]	3～4	

注1:每处修补长度以网目闭合时长度累计。

注2:破目、并目、跳纱、缺股和修补率均为网片中发生的外观质量疵点目数与网片总目数的比值。

[a]　对5股以上的网片,可通过名义股数计算出其允许的并目、缺股要求;如30股网片的并目要求为≤0.30%、缺股要求为≤0.60%。

[b]　使用色母料或颜料等着色的PE经编网片、PE绞捻网片无色差要求。

5.1.2　有结网片

应符合表2的规定。

表 2　有结网片外观质量

序　号	项　目	要　求
1	破目	≤0.01%
2	漏目	≤0.02%
3	K 型网目	不明显
4	扭结	≤0.01%
5	活络结	≤0.02%
6	混线	不允许
7	色差[a](不低于)	3～4

[a]　使用色母料或颜料等着色的PE网片无色差要求。

5.2　网目长度

5.2.1　无结网片

网目长度及其偏差率应符合表3的规定。

表 3　无结网片网目长度及其偏差率

网目长度 mm	要　求 %
2a≤10	±5.5
10<2a≤20	±5.0
20<2a≤45	±4.5
45<2a≤80	±4.0
80<2a≤120	±3.8
2a>120	±3.5

5.2.2　有结网片

网目长度及其偏差率应符合表4的规定。

表 4 有结网片网目长度及其偏差率

网目长度 mm	要 求 %	
	PE 网片	PA 复丝网片
10≤2a≤25	±4.5	±5.5
25<2a≤50	±4.0	±5.0
50<2a≤100	±3.5	±4.5
2a>100	±3.0	±4.0

5.3 网片强力

5.3.1 无结网片

无结网片的网片强力应符合下列要求：

a) PE 经编网片的网片纵向断裂强力应符合 SC/T 5021—2017 中 5.4 的要求；

b) PA 经编网片的网片纵向断裂强力应符合 SC/T 4066—2017 中 5.3 的要求；

c) UHMWPE 经编网片的网片纵向断裂强力应符合 SC/T 5022—2017 中 5.4 的要求；

d) UHMWPE 绞捻网片的网片纵向断裂强力应符合 SC/T 4049—2019 中 5.3 的要求；

e) PE 绞捻网片的网目连接点断裂强力应符合 SC/T 5031—2014 中 5.3 的要求。

5.3.2 有结网片

5.3.2.1 PE 网片

网目断裂强力按式(1)计算。

$$F_M = f_x \times \frac{\rho_x}{36} \quad \cdots\cdots\cdots\cdots\cdots\cdots\cdots\cdots\cdots\cdots\cdots\cdots\cdots\cdots\cdots (1)$$

式中：

F_M ——网目断裂强力，单位为牛(N)；

f_x ——网目断裂强力系数；

ρ_x ——构成渔网线的单丝线密度，单位为特克斯(tex)。

如果网目断裂强力系数在表 5 查不到,可用插值法按式(2)求得,结果保留 3 位有效数字。

$$f_x = f_{x1} + (f_{x2} - f_{x1}) \times \frac{n - n_1}{n_2 - n_1} \quad \cdots\cdots\cdots\cdots\cdots\cdots\cdots (2)$$

式中：

f_{x1}、f_{x2} ——分别为相邻的网目断裂强力系数($f_{x1} < f_{x2}$)；

n ——网片股数；

n_1、n_2 ——分别为相邻规格的网片股数,单位为股($n_1 < n_2$)。

表 5 PE 网片网目断裂强力系数

网片股数	网目断裂强力系数
30	379
33	416
36	455
39	492
42	530
45	568
48	605
51	650
54	682
60	758
75	900
90	1 070
120	1 440

5.3.2.2 PA 复丝网片

网目断裂强力按式(3)计算。

$$F_M = f_x \times \frac{\rho_x}{23} \quad \cdots\cdots\cdots\cdots\cdots\cdots\cdots\cdots\cdots\cdots\cdots\cdots\cdots\cdots\cdots (3)$$

如果网目断裂强力系数在表6查不到,可用插值法按式(3)求得,保留3位有效数字。

表6　PA 复丝网片网目断裂强力系数

网片股数	网目断裂强力系数
30	305
33	335
36	360
39	390
42	420
45	450
48	480
51	510
54	540
60	600
75	750
90	900
120	1 200

6 试验方法

6.1 外观质量

6.1.1 色差按 GB/T 251—2008 中第 2 章的规定执行。

6.1.2 其他外观质量应在自然光线下,通过目测并采用卷尺进行检验。

6.2 网目长度偏差率

6.2.1 网目长度的测量按 GB/T 6964 的规定执行。

6.2.2 网目长度偏差率按式(4)计算。

$$\Delta 2a = \frac{2a - 2a_0}{2a_0} \times 100 \quad \cdots\cdots\cdots\cdots\cdots\cdots\cdots\cdots\cdots\cdots\cdots\cdots (4)$$

式中:

$\Delta 2a$ ——网目长度偏差率,单位为百分号(%);

$2a$ ——实测网目长度,单位为毫米(mm);

$2a_0$ ——公称网目长度,单位为毫米(mm)。

6.3 网片强力

6.3.1 无结网片

PE 经编网片、PA 经编网片、UHMWPE 经编网片和 UHMWPE 绞捻网片的网片纵向断裂强力按 GB/T 4925 的规定执行。PE 绞捻网片的网目连接点断裂强力按 SC/T 5031—2014 中 6.3 的规定执行。

6.3.2 有结网片

网目断裂强力按 GB/T 21292 的规定执行。

7 检验规则

7.1 出厂检验

7.1.1 每批产品应进行出厂检验,合格后并附有合格证方可出厂。

7.1.2 出厂检验项目为 5.1、5.2 和 5.3。

7.2 型式检验

7.2.1 型式检验每半年至少进行 1 次,有下列情况之一时亦应进行型式检验:

a) 新产品试制定型鉴定时或老产品转厂生产时;

b) 原材料和工艺有重大改变,可能影响产品性能时;

c) 市场监督管理部门提出型式检验要求时。

7.2.2 型式检验项目为第 5 章的全部项目。

7.2.3 抽样

7.2.3.1 产品按批量抽样,在相同工艺条件下,同一品种、同一规格的 100 片深水网箱网衣为一批,不足 100 片亦为一批。

7.2.3.2 从每批深水网箱网衣中随机抽取 5 片作为样品进行检验。

7.2.4 判定规则

a) 在检验结果中,若所有样品的检验项目符合第 5 章中的要求,则判该批产品合格。

b) 在检验结果中,若有 1 个(或 1 个以上)样品的网片强力不符合第 5 章相应要求时,则判该批产品不合格。

c) 在检验结果中,若有 2 个(或 2 个以上)样品除网片强力以外的检验项目不符合第 5 章相应要求时,则判该批产品不合格。

d) 在检验结果中,若有 1 个样品除网片强力以外的检验项目不符合第 5 章相应要求时,应在该批产品中加倍抽样进行复检,若复检结果仍不符合要求,则判该批产品不合格。

8 标志、标签、包装、运输及储存

8.1 标志、标签

每片网片应附有产品合格证明作为标签,合格证明上应标明产品的标记、商标、生产企业名称与详细地址、生产日期、检验标志和标准号。

8.2 包装

产品应捆扎牢固,便于运输。除非有特殊要求,产品都应有外包装。

8.3 运输

产品在运输时应避免拖曳、摩擦和碰撞外表尖锐的刚性物体,切勿用吊钩、锋利工具等钩挂产品。

8.4 储存

产品应储存在远离热源、无阳光直射、通风干燥、无腐蚀性化学物质的场所。产品储存期超过一年,必须经复检后方可出厂。

ICS 65.150
B 56

中华人民共和国水产行业标准

SC/T 4048.3—2020

深水网箱通用技术要求　第3部分:纲索

General technical specifications for offshore cage—Part 3:Rope

2020-08-26 发布　　　　　　　　　　2021-01-01 实施

中华人民共和国农业农村部 发布

前　言

SC/T 4048《深水网箱通用技术要求》拟分为如下部分：
——第1部分:框架系统；
——第2部分:网衣；
——第3部分:纲索；
——第4部分:网线；
——第5部分:网片剪裁、缝合与装配；
·············

本部分为 SC/T 4048 的第3部分。

本部分按照 GB/T 1.1—2009 给出的规则起草。

请注意本部分的某些内容有可能涉及专利。本部分的发布机构不承担识别这些专利的责任。

本部分由农业农村部渔业渔政管理局提出。

本部分由全国水产标准化技术委员会渔具及渔具材料分技术委员会(SAC/TC 156/SC 4)归口。

本部分起草单位:中国水产科学研究院东海水产研究所、海安中余渔具有限公司、鲁普耐特集团有限公司、青岛奥海海洋工程研究院有限公司、浙江千禧龙纤特种纤维股份有限公司、山东鲁普科技有限公司、江苏九九久科技有限公司、山东莱威新材料有限公司、湛江经纬网厂、江苏金枪网业有限公司、青海联合水产集团有限公司、苏州市航海绳网厂、农业农村部绳索网具产品质量监督检验测试中心。

本部分主要起草人:石建高、沈明、张春文、姚湘江、従桂懋、周新基、任意、赵绍德、曹文英、赵金辉、刘晶。

深水网箱通用技术要求 第3部分:纲索

1 范围

本部分规定了深水网箱纲索的术语和定义,分类与标记,要求,试验方法,检验规则,标记、标签、包装、运输和储存要求。

本部分适用于深水网箱用公称直径为4 mm～72 mm的聚乙烯绳索、聚丙烯绳索、聚酰胺绳索和聚酯绳索,以及公称直径为4 mm～36 mm的超高分子量聚乙烯绳索。

2 规范性引用文件

下列文件对于本文件的应用是必不可少的。凡是注日期的引用文件,仅注日期的版本适用于本文件。凡是不注日期的引用文件,其最新版本(包括所有的修改单)适用于本文件。

GB/T 8834 纤维绳索 有关物理和机械性能的测定(ISO 2307:2005,IDT)

GB/T 11787 纤维绳索 聚酯3股、4股、8股和12股绳索

GB/T 18674 渔用绳索通用技术条件

GB/T 21328 纤维绳索 通用要求(ISO 9554:1991,IDT)

SC/T 4001—1995 渔具基本术语

SC/T 5001 渔具材料基本术语

ISO 1968 纤维绳索 术语(Fibre ropes and cordage — Vocabulary)

3 术语和定义

GB/T 18674、ISO 1968、SC/T 4001和SC/T 5001界定的以及下列术语和定义适用本文件。为了便于使用,以下重复列出了SC/T 4001—1995的一些术语和定义。

3.1
深水网箱纲索 rope of offshore cage
深水网箱用绳索的统称。

3.2
上纲 head line
网衣或网口上方边缘,承受箱体主要作用力的纲索。
注:改写SC/T 4001—1995,定义5.1。

3.3
下纲 foot line
网衣或网口下方边缘,承受箱体主要作用力的纲索。
注:改写SC/T 4001—1995,定义5.2。

3.4
缘纲 bolsh line
用于增加网衣边缘强度的纲索的统称。
[SC/T 4001—1995,定义5.8]

4 分类与标记

4.1 分类

4.1.1 按结构分为以下类型:

　　a)　A型:3股捻绳。

　　b)　B型:4股捻绳。

　　c)　L型:8股编绳。

　　d)　T型:12股编绳。

　　e)　C型:复编绳。

4.1.2　按合成纤维材料分为以下类型:

　　a)　聚乙烯绳索(简称PE绳索)。

　　b)　聚丙烯绳索(简称PP绳索)。

　　c)　聚酰胺绳索(简称PA绳索)。

　　d)　聚酯绳索(简称PET绳索)。

　　e)　超高分子量聚乙烯绳索(简称UHMWPE绳索)。

4.2　标记

4.2.1　标记内容

　　标记包括完整标记和简便标记两种。完整标记包括绳索种类、标准号、绳索结构代号、公称直径、绳索材料和稳定性类型。稳定性类型应按GB/T 11787的规定执行,当绳索稳定性类型为未经热处理的2类时,完整标记中2类可以省略。简便标记则包括绳索结构代号、公称直径和绳索材料。

4.2.2　标记方法

　　深水网箱纲索的规格型号表示方法如下:

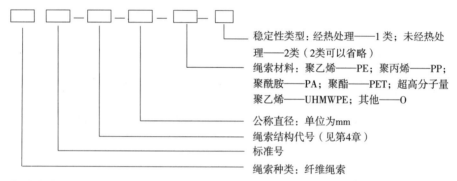

　　稳定性类型:经热处理——1类;未经热处理——2类(2类可以省略)

　　绳索材料:聚乙烯——PE;聚丙烯——PP;聚酰胺——PA;聚酯——PET;超高分子量聚乙烯——UHMWPE;其他——O

　　公称直径:单位为mm

　　绳索结构代号(见第4章)

　　标准号

　　绳索种类:纤维绳索

示例1: 由PE单丝材料制成、公称直径为16 mm、未经热处理(2类)的深水网箱用3股PE捻绳完整标记为:

纤维绳索 SC/T 4048.3—A—16—PE

示例2: 由PA纤维材料制成、公称直径为12 mm、经热处理(1类)的深水网箱用4股PA捻绳完整标记为:

纤维绳索 SC/T 4048.3—B—12—PA—1

示例3: 由UHMWPE纤维材料制成、公称直径为6 mm、未经热处理(2类)的深水网箱用12股UHMWPE编绳完整标记为:

纤维绳索 SC/T 4048.3—T—6—UHMWPE

示例4: 由PE单丝材料制成、公称直径为16 mm、未经热处理(2类)的深水网箱用3股PE捻绳简便标记为:

A—16—PE

示例5: 由PA纤维材料制成、公称直径为12 mm、经热处理(1类)的深水网箱用4股PA捻绳简便标记为:

B—12—PA

示例6: 由UHMWPE纤维材料制成、公称直径为6 mm、未经热处理(2类)的深水网箱用12股UHMWPE编绳简便标记为:

T—6—UHMWPE

5　要求

5.1　结构与构造通用要求

　　深水网箱纲索包括上纲、下纲、缘纲和力纲等,结构与构造应符合GB/T 21328的要求。

5.2　物理性能

5.2.1　PE绳索

　　应符合表1的要求,表1中未包含产品的技术指标按附录A的规定进行计算。

表 1　PE 绳索物理性能

公称直径[a] mm	线密度 ktex		最低断裂强力[b,c,d] kN	
	指标值	允许偏差率 %	A 型	B 型
4	8.02	±10	1.85	—
4.5	10.1		2.32	—
5	12.5		2.75	—
6	18.0		3.90	—
8	32.1		6.75	—
9	40.6		8.46	—
10	50.1	±8	10.3	9.32
12	72.1		14.7	13.3
14	98.2		19.8	17.9
16	128	±5	25.6	23.0
18	162		32.0	28.8
20	200		39.2	35.3
22	242		47.3	42.5
24	289		55.8	50.2
26	339		65.0	58.5
28	393		75.2	67.7
30	451		85.8	77.2
32	513		97.0	87.2
36	649		122	109
40	802		150	134
44	970		178	160
48	1 150		210	190
52	1 350		245	221
56	1 570		284	255
60	1 800		324	290
64	2 050		366	330
72	2 600		460	414

[a] 公称直径是使用毫米表示的近似直径。
[b] 本表中的断裂强力是干态新制的绳索的指标,湿态下的该指标将会低一些。
[c] 当绳索的断裂位置在包括插接眼环的插接区域内时,其最低断裂强力指标应减少10%。
[d] 按 GB/T 8834 规定的测试方法测定的强力并非绳索在其他环境和条件下的准确强力值;绳索破坏时加载速率的类型和种类、在加载之前的条件和受力情况将明显影响断裂强力;绳索在柱、绞盘及滑轮处弯曲后,或许会在明显低的力值下断裂;绳索上的结或其他变形均能明显降低断裂强力。

5.2.2　PP 绳索

应符合表 2 的要求,表 2 中未包含产品的技术指标按附录 A 进行计算。

表 2　PP 绳索物理性能

公称直径[a] mm	线密度 ktex		最低断裂强力[b,c,d] kN			
	指标值	允许偏差率 %	A 型	B 型	L 型	T 型
4	7.23	±10	2.65	—	—	—
4.5	9.15		3.35	—	—	—
5	11.3		4.05	—	—	—
6	16.3		5.70	—	—	—
8	28.9		9.50	—	—	—
9	36.6		12.0	—	—	—
10	45.2	±8	14.0	13.5	—	—
12	65.1		20.0	18.0	20.0	21.2
14	88.6		26.5	25.0	25.5	27.8
16	116	±5	35.5	32.0	32.0	35.5
18	146		42.5	42.5	42.5	42.5
20	181		53.0	50.5	50.5	53.0
22	219		63.5	57.0	60.2	63.5
24	260		76.0	67.5	71.0	76.0
26	306		85.5	76.0	82.5	85.5
28	354		100	90.0	95.0	100
30	407		112	100	106	112
32	463		125	118	125	133
36	586		162	142	152	162
40	723		190	170	190	200
44	875		238	212	224	238
48	1 040		265	235	265	285
52	1 220		318	285	318	335
56	1 420		355	318	355	380
60	1 630		405	380	405	425
64	1 850		475	425	450	475
72	2 340		570	530	570	600

a 公称直径是使用毫米表示的近似直径。
b 本表中的断裂强力是干态新制的绳索的指标,湿态下的该指标将会低一些。
c 当绳索的断裂位置在包括插接眼环的插接区域内时,其最低断裂强力指标应减少 10%。
d 按 GB/T 8834 规定的测试方法测定的强力并非绳索在其他环境和条件下的准确强力值;绳索破坏时加载速率的类型和种类、在加载之前的条件和受力情况将明显影响断裂强力;绳索在柱、绞盘及滑轮处弯曲后,或许会在明显低的力值下断裂;绳索上的结或其他变形均能明显降低断裂强力。

5.2.3　PA 绳索

A 型和 B 型 PA 绳索物理性能应符合表 3 的要求,L 型和 T 型 PA 绳索物理性能应符合表 4 的要求。表 3、表 4 中未包含产品的技术指标按附录 A 的规定进行计算。

表3 A型和B型PA绳索物理性能

公称直径[a] mm	线密度 ktex		最低断裂强力[b,c,d] kN	
	指标值	允许偏差率 %	A型	B型
4	9.87	±10	3.45	—
4.5	12.5		4.15	—
5	15.4		5.20	—
6	22.2		7.40	—
8	39.5		12.0	—
9	50.0		15.5	—
10	61.7	±8	19.6	17.5
12	88.8		27.8	26.0
14	121		37.0	32.8
16	158	±5	46.0	44.0
18	200		58.0	51.5
20	247		74.0	65.5
22	299		88.0	78.5
24	355		104	92.5
26	417		115	109
28	484		138	122
30	555		157	138
32	632		175	157
36	800		218	195
40	987		278	245
44	1 190		328	290
48	1 420		370	345
52	1 670		440	392
56	1 930		518	462
60	2 220		582	518
64	2 530		656	583
72	3 200		832	740

[a] 公称直径是使用毫米表示的近似直径。

[b] 本表中的断裂强力是干态新制的绳索的指标,湿态下的该指标将会低一些。

[c] 当绳索的断裂位置在包括插接眼环的插接区域内时,其最低断裂强力指标应减少10%。

[d] 按GB/T 8834规定的测试方法测定的强力并非绳索在其他环境和条件下的准确强力值;绳索破坏时加载速率的类型和种类、在加载之前的条件和受力情况将明显影响断裂强力;绳索在柱、绞盘及滑轮处弯曲后,或许会在明显低的力值下断裂;绳索上的结或其他变形均能明显降低断裂强力。

表 4　L 型和 T 型 PA 绳索物理性能

公称直径[a] mm	线密度 ktex		最低断裂强力[b,c,d] kN	
	指标值	允许偏差率 %	L 型	T 型
12	90.0	±8	27.8	29.0
16	160	±5	49.0	52.0
20	250		74.0	78.5
24	360		104	110
28	490		138	148
30	560		157	166
32	640		185	196
36	810		230	245
40	1 000		278	290
44	1 210		328	345
48	1 440		393	416
52	1 700		462	490
56	1 970		518	555
60	2 260		582	620
64	2 570		656	694
72	3 250		832	878

　　[a]　公称直径是使用毫米表示的近似直径。
　　[b]　本表中的断裂强力是干态新制的绳索的指标,湿态下的该指标将会低一些。
　　[c]　当绳索的断裂位置在包括插接眼环的插接区域内时,其最低断裂强力指标应减少 10%。
　　[d]　按 GB/T 8834 规定的测试方法测定的强力并非绳索在其他环境和条件下的准确强力值;绳索破坏时加载速率的类型和种类、在加载之前的条件和受力情况将明显影响断裂强力;绳索在柱、绞盘及滑轮处弯曲后,或许会在明显低的力值下断裂;绳索上的结或其他变形均能明显降低断裂强力。

5.2.4　PET 绳索

　　A 型和 B 型 PET 绳索物理性能应符合表 5 的要求,L 型和 T 型 PET 绳索物理性能应符合表 6 的要求。表 5、表 6 中未包含产品的技术指标按附录 A 的规定进行计算。

表 5　A 型和 B 型 PET 绳索物理性能

公称直径[a] mm	线密度 ktex		最低断裂强力[b,c,d] kN	
	指标值	允许偏差率 %	A 型	B 型
4	12.1	±10	2.65	—
4.5	15.3		3.35	—
5	19.0		4.05	—
6	27.3		5.70	5.32
8	48.5	±8	10.0	9.02
9	61.4		12.5	11.6
10	75.8		15.2	14.2

表 5（续）

公称直径[a]	线密度 ktex		最低断裂强力[b,c,d] kN	
mm	指标值	允许偏差率 %	A 型	B 型
12	109		21.2	20.0
14	149		28.5	26.6
16	194		38.0	33.8
18	246		47.5	42.8
20	303		57.0	53.2
22	367		67.5	63.6
24	437		80.8	76.0
26	512		95.0	85.5
28	594		112	100
30	682	±5	125	112
32	776		142	125
36	982		180	162
40	1 210		224	202
44	1 470		266	238
48	1 750		318	285
52	2 050		356	318
56	2 380		404	380
60	2 730		475	428
64	3 100		532	475
72	3 930		675	568

[a] 公称直径是使用毫米表示的近似直径。
[b] 本表中的断裂强力是干态新制的绳索的指标，湿态下的该指标将会低一些。
[c] 当绳索的断裂位置在包括插接眼环的插接区域内时，其最低断裂强力指标应减少10%。
[d] 按 GB/T 8834 规定的测试方法测定的强力并非绳索在其他环境和条件下的准确强力值；绳索破坏时加载速率的类型和种类、在加载之前的条件和受力情况将明显影响断裂强力；绳索在柱、绞盘及滑轮处弯曲后，或许会在明显低的力值下断裂；绳索上的结或其他变形均能明显降低断裂强力。

表 6 L 型和 T 型 PET 绳索物理性能

公称直径[a]	线密度 ktex		最低断裂强力[b,c,d] kN	
mm	指标值	允许偏差率 %	L 型	T 型
12	109	±8	21.8	23.8
16	194		38.0	40.4
20	304		59.8	63.6
24	437		85.5	90.2
28	595		112	118
30	683		125	133
32	777		142	152
36	984	±5	180	190
40	1 210		224	238
44	1 470		266	285
48	1 750		318	338
52	2 050		380	404
56	2 380		428	450
60	2 730		475	504

表 6（续）

公称直径[a] mm	线密度 ktex		最低断裂强力[b,c,d] kN	
	指标值	允许偏差率 %	L 型	T 型
64	3 110	±5	532	570
72	3 930		675	712

[a] 公称直径是使用毫米表示的近似直径。

[b] 本表中的断裂强力是干态新制的绳索的指标,湿态下的该指标将会低一些。

[c] 当绳索的断裂位置在包括插接眼环的插接区域内时,其最低断裂强力指标应减少 10%。

[d] 按 GB/T 8834 规定的测试方法测定的强力并非绳索在其他环境和条件下的准确强力值;绳索破坏时加载速率的类型和种类、加载之前的条件和受力情况将明显影响断裂强力;绳索在柱、绞盘及滑轮处弯曲后,或许会在明显低的力值下断裂;绳索上的结或其他变形均能明显降低断裂强力。

5.2.5 UHMWPE 绳索

L 型和 T 型 UHMWPE 绳索物理性能应符合表 7 的要求,C 型 UHMWPE 绳索物理性能应符合表 8 的要求。表 7、表 8 中未包含产品的技术指标按附录 A 的规定进行计算。

表 7 L 型和 T 型 UHMWPE 绳索物理性能

公称直径[a] mm	线密度 ktex		L 型或 T 型最低断裂强力[b,c,d] kN
	指标值	允许偏差率 %	
6	23.0	±10	33.0
8	40.0		58.8
10	61.0	±8	91.8
12	87.0		132
14	117		180
16	151		234
18	190		279
20	232		342
22	281		405
24	331		468
26	384	±5	540
28	445		612
30	506		693
32	575		783
34	648		864
36	720		936

[a] 公称直径是使用毫米表示的近似直径。

[b] 本表中的断裂强力是干态新制的绳索的指标,湿态下的该指标将会低一些。

[c] 当绳索的断裂位置在包括插接眼环的插接区域内时,其最低断裂强力指标应减少 10%。

[d] 按 GB/T 8834 规定的测试方法测定的强力并非绳索在其他环境和条件下的准确强力值;绳索破坏时加载速率的类型和种类、加载之前的条件和受力情况将明显影响断裂强力;绳索在柱、绞盘及滑轮处弯曲后,或许会在明显低的力值下断裂;绳索上的结或其他变形均能明显降低断裂强力。

表 8 C 型 UHMWPE 绳索物理性能

公称直径[a]	线密度 ktex		最低断裂强力[b、c、d] kN
mm	指标值	允许偏差率 %	C 型
20	240		244
22	290		307
24	340		362
26	400		424
28	460	±5	494
30	530		573
32	600		662
34	680		742
36	770		821

[a] 公称直径是使用毫米表示的近似直径。
[b] 本表中的断裂强力是干态新制的绳索的指标,湿态下的该指标将会低一些。
[c] 当绳索的断裂位置在包括插接眼环的插接区域内时,其最低断裂强力指标应减少 10%。
[d] 按 GB/T 8834 规定的测试方法测定的强力并非绳索在其他环境和条件下的准确强力值;绳索破坏时加载速率的类型和种类、在加载之前的条件和受力情况将明显影响断裂强力;绳索在柱、绞盘及滑轮处弯曲后,或许会在明显低的力值下断裂;绳索上的结或其他变形均能明显降低断裂强力。

6 试验方法

6.1 结构与构造通用要求

在自然光线下,采用目测的方法进行检验。

6.2 物理性能

6.2.1 线密度按 GB/T 8834 的规定执行。

6.2.2 最低断裂强力按 GB/T 8834 的规定执行。

7 检验规则

7.1 出厂检验

7.1.1 每批产品应进行出厂检验,合格后并附有合格证明方可出厂。

7.1.2 出厂检验项目为外观和物理性能。

7.2 型式检验

7.2.1 型式检验每年至少进行 1 次,有下列情况之一时亦应进行型式检验:
a) 新产品试制定型鉴定时或老产品转厂生产时;
b) 原材料和工艺有重大改变,可能影响产品性能时;
c) 市场监督管理部门提出型式检验要求时。

7.2.2 型式检验项目为第 5 章中的全部项目。

7.3 抽样

7.3.1 同一规格、相同尺寸、经相同工序制造及检验过程的相同产品为一个检验批产品为一个检验批。

7.3.2 除另有协议外,在同一批产品中随机抽取合适长度的样品进行检验,抽取的样品数量按式(1)计算;计算结果应修约至整数;当 $N_S < 1$ 时,抽取 1 个样品。

$$N_S = 0.4 \times N^{1/2} \quad \cdots\cdots\cdots\cdots\cdots\cdots\cdots (1)$$

式中:
N_S——抽取的样品数量;

N ——批大小,一批中每卷长度为 220 m 的渔用绳索总卷数。

示例1:计算值 $N_S = 29.5$ 时,样品数量应为 30 个。

示例2:计算值 $N_S = 0.65$ 时,样品数量应为 1 个。

7.4 判定规则

按下列规则进行判定:

a) 在检验结果中,若全部检验项目符合第 5 章要求,则判该批产品合格;

b) 在检验结果中,若最低断裂强力不符合 5.2 要求,则判该批产品不合格;

c) 在检验结果中,若除最低断裂强力以外的检验项目有一项(或一项以上)不符合第 5 章相应要求时,应在该批产品中加倍抽样进行复检,若复检结果仍不符合要求,则判该批产品不合格。

8 标记、标签、包装、运输和储存

8.1 标记、标签、包装

标记、标签、包装应符合 GB/T 21328 的规定。

8.2 运输

产品运输时应避免拖曳、摩擦,不应用锋利工具钩挂。

8.3 储存

产品应储存在远离热源、无阳光直射、通风干燥、无腐蚀性化学物质的场所。产品储存期超过一年,应经复检后方可出厂。

附　录　A

（规范性附录）

物理性能的计算方法

当已知相邻两个公称直径的绳索线密度、最低断裂强力和预加张力的指标时,可以使用插值法按式(A.1)计算其区间内 5.2 中未给出公称直径绳索的相应物理性能指标,保留 3 位有效数字。

$$c_x = c_{x1} + (c_{x2} - c_{x1}) \frac{d^2 - d_1^2}{d_2^2 - d_1^2} \quad \cdots\cdots\cdots\cdots\cdots\cdots\cdots\cdots\cdots \quad (A.1)$$

式中:

c_x　——所求线密度、最低断裂强力或预加张力的数值;

c_{x1}、c_{x2}——分别为相邻两个规格的线密度、最低断裂强力或预加张力的数值($c_{x2} > c_{x1}$);

d　——所求线密度、最低断裂强力或预加张力规格的公称直径,单位为毫米(mm);

d_1、d_2——分别为相邻两个规格的公称直径,单位为毫米(mm)($d_2 > d_1$)。

ICS 65.150
P 87

中华人民共和国水产行业标准

SC/T 6101—2020

淡水池塘养殖小区
建设通用要求

General construction standard of freshwater pond
aquaculture farm

2020-08-26 发布

2021-01-01 实施

中华人民共和国农业农村部 发布

前　　言

本标准按照 GB/T 1.1—2009 给出的规则起草。

本标准由农业农村部渔业渔政管理局提出。

本标准由全国水产标准化技术委员会渔业机械仪器分技术委员会(SAC/TC 156/SC 6)归口。

本标准起草单位:中国水产科学研究院渔业机械仪器研究所。

本标准主要起草人:刘兴国、顾兆俊、刘翀、朱浩、程果锋、王小冬。

淡水池塘养殖小区建设通用要求

1 范围

本标准规定了淡水池塘养殖小区建设的通用要求,包括术语和定义、总则和要求。
本标准适用于淡水池塘养殖小区建设。

2 规范性引用文件

下列文件对于本文件的应用是必不可少的。凡是注日期的引用文件,仅注日期的版本适用于本文件。凡是不注日期的引用文件,其最新版本(包括所有的修改单)适用于本文件。

GB 8978 污水综合排放标准
GB 11607 渔业水质标准
GB/T 22213 水产养殖术语
GB 50189 公共建筑节能设计标准
GB 50335 污水再生利用工程设计规范
GB/T 50905 建筑工程绿色施工规范
NY/T 5361 无公害农产品 淡水养殖产地环境条件
SC/T 6048 淡水养殖池塘设施要求
SC/T 6056 水产养殖设施名词术语
SC/T 9101 淡水池塘养殖水排放要求

3 术语和定义

GB/T 22213、SC/T 6056 界定的以及下列术语和定义适用于本文件。

3.1

池塘养殖小区 pond aquaculture farm

按照物种共生、物质循环原理构建的具有生产、生态功能和相对独立性的池塘养殖区。一般包括养殖生产区、办公生活区、生态净化区、配套设备和废弃物处理设施。

4 总则

4.1 选址应符合区域发展规划的要求。

4.2 场地环境应符合 NY/T 5361 的要求。

4.3 水源水质应符合 GB 11607 的要求。

4.4 土壤土质应符合 NY/T 5361 的要求。

4.5 供水、供电、交通、通信等基础设施应完善。

5 要求

5.1 养殖生产区

面积应大于 20 000 m²。一般包括养殖池塘、越冬设施、繁育设施、培育设施、值班房屋、库房等。

5.1.1 养殖池塘

规划、布局、建设应符合 SC/T 6048 的要求。

5.1.2 越冬设施

包括阳光温棚、越冬温室等。设施节能应符合 GB 50189 的要求。

5.1.3 繁育设施

包括亲本培育、产卵、孵化等设施。设施节能应符合 GB 50189 的要求,排放水符合 SC 9101 的要求。

5.1.4 培育设施

包括苗种培育、暂养等设施。设施节能应符合 GB 50189 的要求。

5.1.5 值班房屋

满足全天候值班要求。污水排放设计应符合 GB 50335 的要求。

5.1.6 库房

包括器具、饲料、药品等的库房。按照不同物资的存放要求建设专用库房,施工应执行 GB/T 50905 的规定。

5.2 进排水设施

包括进水设施、排水设施等,施工应符合 GB/T 50905 的要求。

5.2.1 进水设施

包括泵房、进水渠道、控水闸门等构筑物,宜满足小区进水、配水等要求。

5.2.2 排水设施

包括排水渠道、排水泵闸等设施,宜满足小区排水、控水等要求。

5.3 办公生活区

包括办公、生活等的建筑物和场地、绿化区等。建筑物的节能设计应符合 GB 50189 的要求,污水排放应符合 GB 8978 的要求,施工应符合 GB/T 50905 的要求。

5.3.1 办公建筑物

宜满足办公管理、化验分析、资料保存等需要。

5.3.2 生活设施

宜满足住宿、餐饮、活动等需要。

5.3.3 辅助设施

宜满足停车、绿化、安全防护等需要。

5.4 生态净化区

宜包括原水、排放水等处理设施,以及渔农综合净化区等。

5.4.1 进水处理设施

包括沉淀、快滤、杀菌消毒等设施设备,处理后水质应符合 GB 11607 的要求。

5.4.2 排水处理设施

包括生物浮床、生态沟渠、生态塘和复合人工湿地等。人工湿地建设应参照 HJ 2005 的要求,排放水应符合 SC/T 9101 的要求。

5.4.3 渔农综合净化区

包括稻田、藕塘、桑田等,应满足养殖排放物处理需要。

5.5 配套设备

5.5.1 作业设备

包括投饲机械、捕捞设备以及备用发电、运输等专用设备,其安装、运行、管护等应符合产品标准。

5.5.2 调控设备

包括增氧机械、底质改良设备等,其安装、运行、管护等应符合产品标准。

5.5.3 管控设备

包括监测、监控等设备系统,其安装、运行、管护等应符合产品标准。

5.6 废弃物处理设施

5.6.1 养殖沉积物

应建设沉积物无害化处理或资源化利用等设施,不得直接外排。

5.6.2 生产生活垃圾

应建设垃圾集中存放区,按地方规定分类处理。

5.6.3 死亡动物

应建立死亡动物无害化处理区,防止疫病传染。

ICS 65.150
P 87

中华人民共和国水产行业标准

SC/T 6102—2020

淡水池塘养殖清洁生产
技术规范

Technical specification for clean production of freshwater pond culture

2020-08-26 发布

2021-01-01 实施

中华人民共和国农业农村部 发布

前　言

本标准按照 GB/T 1.1—2009 给出的规则起草。

本标准由农业农村部渔业渔政管理局提出。

本标准由全国水产标准化技术委员会渔业机械仪器分技术委员会(SAC/TC 156/SC 6)归口。

本标准起草单位:中国水产科学研究院渔业机械仪器研究所、全国水产技术推广总站、中国水产科学研究院珠江水产研究所、中国水产科学研究院长江水产研究所、华中农业大学、宁夏贺兰县新明水产养殖有限公司。

本标准主要起草人:刘兴国、刘翀、顾兆俊、刘忠松、谢骏、朱浩、李大鹏、梁宏伟、程果锋、王小冬、王旭军。

淡水池塘养殖清洁生产技术规范

1 范围

本标准规定了淡水池塘养殖清洁生产的场区环境与规划布局、清洁养殖生产工艺、节能减排及废弃物处理的要求。

本标准适用于淡水池塘养殖,其他类型的池塘养殖可参照执行。

2 规范性引用文件

下列文件对于本文件的应用是必不可少的。凡是注日期的引用文件,仅注日期的版本适用于本文件。凡是不注日期的引用文件,其最新版本(包括所有的修改单)适用于本文件。

GB 11607　渔业水质标准

GB 13078　饲料卫生标准

GB/T 22213　水产养殖术语

HJ 2005　人工湿地污水处理工程技术规范

NY 5051　无公害农产品　淡水养殖用水水质

NY 5072　无公害食品　渔用配合饲料安全限量

NY/T 5361　无公害农产品　淡水养殖产地环境条件

SC/T 1016　中国池塘养鱼技术规范

SC/T 1028　化肥养鱼技术要求

SC/T 1132　渔药使用规范

SC/T 6048　淡水养殖池塘设施要求

SC/T 6056　水产养殖设施名词术语

SC/T 9101　淡水池塘养殖水排放要求

3 术语和定义

GB/T 22213、SC/T 6056 界定的以及下列术语和定义适用于本文件。

3.1

淡水池塘养殖清洁生产　clean production of freshwater pond culture

在淡水池塘养殖生产过程中采取不断改进设计、使用清洁能源和原料、采用先进工艺技术与设备、改善管理、综合利用等措施,从源头削减污染,提高资源利用效率,减少或避免污染物产生和排放的一种水产养殖方式。

4 场区环境与规划布局

4.1 场区环境

4.1.1 养殖场选址应充分考虑当地的气候环境,不宜在气候条件恶劣的地区建设养殖场。

4.1.2 养殖场选址应充分考虑水源充足、周边无污染,水质应符合 GB 11607 的规定。

4.1.3 养殖场选址应充分考虑土壤、土质状况,应符合 NY/T 5361 的规定。

4.1.4 养殖场选址应充分考虑供水、供电、交通、通信等条件,应满足养殖生产需求。

4.2 规划布局

4.2.1 养殖场的规划应符合当地相关规划要求,不应在禁养区建设养殖场。

4.2.2 养殖场面积应大于 20 000 m²。场区应有明确的功能分区,包括养殖生产、办公生活、生态净化区等功能区,具体要求见表1。

表1 主要功能区域布局

类别	养殖生产区	生态净化区
面积比例,%	>60	>10

4.2.3 养殖设施应满足生产需要,充分利用清洁能源和自然条件。养殖设施的规划、设计、建设等应符合 SC/T 6048 的规定。

5 清洁养殖生产工艺

5.1 苗种购置与放养

5.1.1 购置和放养的苗种应体质健壮、规格整齐、无病无伤,不携带特定病原体。应从具有苗种生产资质的厂家采购苗种。

5.1.2 引进苗种应符合当地规定,不应存在生态环境风险。

5.1.3 苗种放养前应按 SC/T 1016 的规定消毒、筛分,不宜直接投放。

5.1.4 苗种放养时不应造成苗种损伤,宜采用试水放苗的方式。

5.2 饲料选购与配置

5.2.1 饲料应符合卫生要求,不应使用污染、变质的饲料。选购的饲料应符合 GB 13078 的规定。

5.2.2 饲料添加剂应选用获得批准文号的产品,符合安全要求。饲料添加剂使用应符合 NY 5072 的规定。

5.2.3 施用化肥不应造成水质恶化和环境污染,施肥应符合 SC/T 1028 的规定。

5.3 疾病防控与用药

5.3.1 养殖场应建立疾病预防和生态防控制度,按要求进行疫病防控。

5.3.2 养殖场使用改良剂、微生态制剂应考虑对水环境和养殖动物的影响,按照产品说明书或相关部门规定施用。

5.3.3 疫苗的采购和使用应符合当地规定,不应对养殖动物带来毒副作用。

5.3.4 养殖场应精准用药,不应使用过期渔药,用药应符合 SC/T 1132 的规定。

5.4 设施与设备配置

5.4.1 池塘建设应符合养殖需求,具体要求见表2。

表2 池塘建设

类别	面积,m²	水深,m	坡比	护坡形式	防逃设施
养鱼池塘	>400	>1.0	1:(1~3)	可硬化	无
养虾池塘	>1 500	>0.5	1:(1~3)	可硬化	按品种
养蟹池塘	>1 500	>0.5	1:(2~5)	土坡	有

5.4.2 养殖场应建设防护设施,防止有毒有害物质和敌害生物等进入。

5.4.3 养殖设备配置应符合养殖需要,具体要求见表3。

表3 设备配置

类别	增氧设备,kW/667 m²	投饲设备,台/6 670 m²	底质改良设备,台/6 670 m²
养鱼池塘	<1	≤1	>1
养虾池塘	<1	≤1	>1
养蟹池塘	<0.5	/	/

5.4.4 养殖设施设备的安装和运行不应对养殖动物和环境造成不良影响,设施设备的配置安装应符合 SC/T 6048 的规定。

5.5 过程管理与动物福利

5.5.1 投入品

应建立养殖投入品的采购、出入库、使用、分类存放等档案,生产过程中的投入品信息应可追溯,投入品管理应符合 SC/T 1016 的规定。

5.5.2 生产

应建立工具清洁、饲料投喂、水质调控、病害防治、抽样检验等管理制度,生产管理应符合 SC/T 1016 的规定。

5.5.3 设施设备

养殖设施设备应保持良好的运行与维护状态,宜参照相关产品说明书制定操作规程。

5.5.4 防控

养殖场应具备完善的防控体系。应建有养殖动物防逃、敌害生物防控、自然灾害预防、生产安全保障等制度和措施。

5.5.5 环境

养殖场应维持良好的生产环境,应符合 NY/T 5361 的规定。

5.5.6 动物福利

养殖场宜建立动物福利制度,不断改善养殖动物的生长环境。

6 节能减排及废弃物处理

6.1 节能减排

6.1.1 养殖场应采取节能措施,配电功率宜小于 1 kW/667 m²,应符合 SC/T 6048 的规定。

6.1.2 养殖场应采取节水减排措施,单位养殖动物用水宜小于 4 m³/kg。宜采用循环水、生态养殖等方式。人工湿地构建应符合 HJ 2005 的规定。

6.1.3 养殖场应具备基本的水质检测条件,宜配置水温、溶解氧、pH 等检测仪器。

6.2 废弃物处理

6.2.1 排放水

6.2.1.1 养殖排放水宜处理后循环利用,水质应符合 NY 5051 的规定。

6.2.1.2 排放到外部环境的排放水,排放前应进行处理,水质应符合 SC/T 9101 的规定。

6.2.2 沉积物

养殖沉积物应进行无害化处理,不应对环境造成污染,宜采用沉淀过滤、生物分解、生态循环等处理方式。

6.2.3 死亡动物

死亡动物应进行处理,不应对环境造成污染或疾病传播,应进行焚烧、填埋等无害化处理。

6.2.4 废物垃圾

养殖场的废弃物和垃圾应进行处理,不应对周边环境造成影响。饲料、药品包装等生产废弃物应回收处理;生活垃圾应按当地规定分类处理。

ICS 65.150
B 94

中华人民共和国水产行业标准

SC/T 6103—2020

渔业船舶船载天通卫星
终端技术规范

Specification for fishery shipborne terminals
based on TTsat satellite system

2020-07-27 发布

2020-11-01 实施

中华人民共和国农业农村部 发布

SC/T 6103—2020

前　言

本标准按照 GB/T 1.1—2009 给出的规则起草。

请注意本文件的某些内容可能涉及专利。本文件的发布机构不承担识别这些专利的责任。

本标准由农业农村部渔业渔政管理局提出。

本标准由全国水产标准化技术委员会渔业机械仪器分技术委员会(SAC/TC 156/SC 6)归口。

本标准起草单位:福建飞通通讯科技股份有限公司、中国电信股份有限公司卫星通信分公司、中国水产科学研究院渔业机械仪器研究所、中国水产科学研究院渔业工程研究所。

本标准主要起草人:林英狮、梁鹏、徐硕、石瑞、王宇、蔡灿辉、孟菲良、李奥、张彦卫、林英、李明光、李湃、苑九功、朱谞、杨荣超、王全振。

渔业船舶船载天通卫星终端技术规范

1 范围

本标准规定了渔业船舶船载天通卫星终端(以下简称终端)的术语、定义和缩略语,终端分类,一般要求,功能要求,性能要求,其他要求和测试方法。

本标准适用于在渔业船舶上安装使用的终端,终端可为渔业船舶提供包括位置监控、遇险求救、紧急救援指挥、航海通信、增值信息(如天气、海况、渔场、渔汛等信息)、渔业交易信息及物流运输信息等管理和服务。

本标准可作为该终端的选型、研制、生产和检验依据。

2 规范性引用文件

下列文件对于本文件的应用是必不可少的。凡是注日期的引用文件,仅注日期的版本适用于本文件。凡是不注日期的引用文件,其最新版本(包括所有的修改单)适用于本文件。

GB/T 2423.16—2008 电工电子产品环境试验 第2部分:试验方法 试验J及导则:长霉

GB/T 3594—2007 渔船电子设备电源的技术要求

GB 4208 外壳防护等级(IP代码)

GB/T 5080.1 可靠性试验 第1部分:试验条件和统计检验原理

GB/T 5080.7 设备可靠性试验 恒定失效率假设下的失效率与平均无故障时间的验证试验方案

GB/T 17626.2 电磁兼容 试验和测量技术 静电放电抗扰度试验

GB/T 17626.3 电磁兼容 试验和测量技术 射频电磁场辐射抗扰度试验

GB/T 17626.4 电磁兼容 试验和测量技术 电快速瞬变脉冲群抗扰度试验

GB/T 17626.5 电磁兼容 试验和测量技术 浪涌(冲击)抗扰度试验

GB/T 17626.6 电磁兼容 试验和测量技术 射频场感应的传导骚扰抗扰度

GB 50826 电磁波暗室工程技术规范

BD 420011—2015 北斗/全球卫星导航系统(GNSS)定位设备通用规范

GD22—2015 电气电子产品型式认可试验指南

ISO 7816 Identification cards-Integrated circuit cards

ITU-T P.64 p系列:电话传输质量,电话安装,本地线路网络 客观电声测量 本地电话系统灵敏度/频率特性的测定

ITU-T P.501 p系列:电话传输质量,电话安装,本地线路网络 客观测量仪器 电话测量用测试信号

IEC 60945—2002 CORR1—2008 海上导航和无线电通信设备及系统 一般要求 测试方法和要求的测试结果

IEC 61162-2 海上导航和无线电通信设备及系统 数字接口 第2部分:单通话器和多受话器,高速传输

3 术语、定义和缩略语

3.1 术语和定义

下列术语和定义适用于本文件。

3.1.1

天通卫星通信系统 TTsat satellite communication system

由天通卫星支持的,具备语音、短信、传真、视频回传、数据采集、短报文、定位服务等功能的,可与陆地

通信网的双向通信系统。

3.1.2

渔业船舶船载天通卫星终端 **TTsat fishery shipborne terminal**

基于天通卫星通信系统,安装在渔业船舶上,实现与陆地通信网互联互通的电子通信设备。

3.1.3

天通模块 **TTsat module**

由基带芯片、射频芯片、功放、电源管理及外围芯片等组成,用于渔业船舶船载天通卫星终端的卫星通信模块。

3.1.4

天通用户卡 **TTsat user card**

天通卫星通信用户身份单元。

3.1.5

天通定位 **TTsat positioning**

天通卫星终端获取 RNSS 位置信息,通过天通卫星传输通道实现与位置信息请求方的交互。

3.2 缩略语

表1给出了缩略语的英文全称及含义。

表 1 缩略语

缩略语	英文全称	含 义
AIS	Automatic Identification System	自动识别系统
ALR	Alarm	告警语句
EMC	Electro Magnetic Compatibility	电磁兼容
EUT	Equipment Under Test	被测设备
EIRP	Equivalent Isotropic Radiated Power	等效全向辐射功率
GGA	Global Positioning System Fix Data	GPS 定位信息
RNSS	Radio Navigation Satellite System	无线电导航卫星系统
GPS	Global positioning system	全球定位系统
OTA	Over The Air	空中下载技术
PER	Packet Error Rate	误包率
RMC	Recommended minimum specific GNSS data	推荐最小全球卫星定位数据
HDG	Heading	艏向
HDT	Heading true	真艏向
TXT	Text transmission	文本传输语句
VDM	VHF Data-link Message	(AIS 消息语句)甚高频数据链路信息

4 终端分类

终端根据产品功能的差异分类如下:

a) 独立式:仅具备天通卫星通信功能的终端;

b) 集成式:除具备天通卫星通信功能外,同时具备 AIS、北斗导航、甚高频或中高频等一种或者多种功能的集成终端。

5 一般要求

5.1 组成

终端至少应由通信单元、显控单元、连接电缆、安装配件等组成,各部分应满足以下要求:

a) 通信单元:由天通模块、北斗定位、收发天线、处理器、接口、电源等功能模块组成,通信单元通过接插件和电缆与显控单元连接,实现电源的馈电和数据信息的传送;

b) 显控单元:由处理器和应用程序及存储器的主板、显示屏、键盘、通话手柄、接口、电源等功能模

块组成,该单元应有与渔船上其他船载设备进行互联的接插件;

c) 安装配件:包括电源线、连接电缆、安装机架和紧固件等。

5.2 外观

外观质量应满足以下要求:

a) 应进行可靠有效的防腐蚀、防盐雾和防水"三防"处理;

b) 表面不应有明显凹痕、划伤、裂缝、变形、灌注物溢出等缺陷;金属零件不应有腐蚀和其他机械损伤;

c) 印刷的文字符号及标志应清晰。

5.3 标识

标识应满足以下要求:

a) 产品标识应至少包括制造商名称、型号、出厂时间、产品序列号、罗经安全距离和工作电压范围;

b) 文字符号及标志应清晰。

5.4 显示屏

显示屏应满足以下要求:

a) 至少带有1个显示屏,像素≥13万,整屏显示字符≥280个,独立式终端显示尺寸≥4.3英寸,集成式终端显示尺寸≥6英寸;

b) 显示屏应具备背光调节,能在夜间调至最低,不影响驾驶人员的视觉;

c) 接收或拨打电话时,显示屏应能正常显示位置及时间等信息;

d) 显示屏应有独立的显示栏,用于显示天通入网注册状态及信号强度。

5.5 键盘

键盘应满足以下要求:

a) 具备1个至少包括3×4数字键及用于基本功能操作的实体键盘;

b) 电源和遇险报警按键独立,报警按键采用红色字符并具有防止误操作保护措施,启动报警至少包括2个独立动作,若发生误操作应能通过手动方式撤销误操作;

c) 具有背光功能;

d) 支持英文字符、数字、简体中文(拼音输入法)及手写输入。

5.6 接口

终端至少包括显控单元接口、通信单元接口、电源接口、数据接口、升级接口和天线接口等,天线通信单元与显控单元为一体的终端,可不设通信与显控接口,但应有天线接口。接口应满足以下要求:

a) 通信单元接口:支持电源馈送及数据交互,数据格式为RS-422;

b) 显控单元接口:支持电源输入及数据交互,数据格式为RS-422;

c) 数据接口:至少有一路双向RS-232或RS-422数据接口,数据格式应满足IEC 61162-2要求,数据通信速率可选择,默认通信速率为38 400 bps,应至少能输出ALR、TXT语句,可输入VDM、GGA、RMC、HDG和HDT语句;

d) 电源接口:至少包括电源正极、负极和地线;

e) 升级接口:支持通过USB或SD卡等设备进行升级服务;

f) 天线接口:采用N型同轴连接器,阻抗50Ω。

5.7 天通模块

天通模块应满足以下要求:

a) 由供应商提供接入天通卫星通信系统的检测合格证明;

b) 可安装至通信单元或显控单元,当连接电缆长度为30 m时,应能保证终端正常工作;

c) 天通窄带模块最高通信速率为9.6 kbps,天通宽带模块最高通信速率为384 kbps。

5.8 天通用户卡

天通用户卡应符合ISO 7816接口要求,并由供应商提供检测合格证明。

6 功能要求

6.1 语音通话

语音通话功能要求应包括：

a) 支持在不同通信网络进行通话，完成终端的主叫建立和被叫建立；

b) 支持主叫拨号、通话、挂机；

c) 支持来电显示、来电提醒、来电接听；

d) 支持听筒通话和座机免提通话；

e) 通话过程中，显示实时通话时长；

f) 通话结束后，显示该通话的总时长；

g) 支持通话记录显示、查询、删除，区分已拨电话、已接电话、未接来电；

h) 支持电话簿功能，可新建、编辑、删除、查找、查看联系人；

i) 能实现电话密码锁，预防被随意拨打电话，该设置不影响接听和报警。

6.2 短信

短信功能要求应包括：

a) 能正常发送和接收短信；

b) 能在人机界面上编辑短信，能在不同系统间正确地接收和发送短信，并在人机界面上反馈消息状态报告；

c) 支持 7-bit、8-bit、UCS-2 编码的短信；

d) 每个普通短信的最大长度为 140 个拉丁字符或 70 个非拉丁字符；

e) 能记录已接收的短信条数≥100 条，已发送的短信保存条数≥100 条，预制的内置短信条数≥50 条，自定义的短信条数≥50 条；

f) 终端或用户识别卡中的短信应能进行删除、回复、转发等操作。

6.3 数据通信

终端应可利用天通卫星通信系统实现数据通信功能。

6.4 无线连接

终端宜配备下列无线连接：

a) WiFi 功能，支持其他终端 WiFi 热点连接或者通过 WiFi 热点支持 APP 短信收发、终端显示及操作；

b) 蓝牙通信，可实现 APP 语音电话主被叫通话。

6.5 定位

终端应能进行北斗卫星定位，并可兼容 GPS 卫星定位。

6.6 位置报告

位置报告应支持：

a) 能将位置信息转发到天通卫星通信系统，定位通信协议应满足附录 A 要求；

b) 支持天通定位平台单次定位和连续定位，连续定位的频度和时间由天通定位平台推送。

6.7 紧急报警

紧急报警功能应包括：

a) 能够利用天通卫星通信系统实现电话求救和短信求救；

b) 短信求救的优先级要高于电话求救，按下紧急报警键后，报警启动时能提供选择报警性质的操作界面，先发送短信求救信息，再通过电话进行求救；

c) 电话求救能够自动拨打预设目标号码，至少能够由用户设置 3 个电话求救号码，求救时，按优先顺序循环进行，第一个号码无法接通时自动转拨下一个；

d) 短信求救号码至少能够设置 3 个；

e) 遇险报警信息包含时间、位置等信息；在紧急报警发射成功后，可发出与遇险报警性质有关的附加信息。

6.8 信息类型优先级别

终端应支持信息类型分级发送：

a) 高优先级信息类型：紧急报警信息；

b) 中优先级信息类型：渔船位置报告；

c) 低优先级信息类型：渔船进出港报告和人员管理信息报告等。

6.9 检测

6.9.1 状态自动检测

终端正常工作时，应对以下状态进行实时监测，并给出以下的相应提示信息：

a) 对卫星信号的锁定状态及接收信号电平；

b) 入网、通话状态；

c) 未接来电或未读短信提示。

6.9.2 功能检测

功能检测应包括：

a) 具备自检功能，包括上电自检和周期性自检，并显示自检故障内容（包括天通通信、北斗定位等）；

b) 支持自检信息输出，输出符合 IEC 61162-2 中 ALR、TXT 语句的规定。

7 性能要求

7.1 通信性能

7.1.1 发射信号强度

终端发射信号强度应在连接天线情况下进行测试，天线的波束宽度应比手持终端提高 30°以上，其中，当波束宽度提高 20°时，终端 EIRP 要求与手持终端相同；当波束宽度提高 30°时，终端 EIRP 平均值与手持终端相同。

7.1.2 辐射接收灵敏度

终端辐射接收灵敏度应在连接天线情况下进行测试，天线的波束宽度应比手持终端提高 30°以上，其中，当波束宽度提高 20°时，终端辐射接收灵敏度要求与手持终端相同；当波束宽度提高 30°，终端辐射接收灵敏度平均值要求与手持终端相同。

7.1.3 开机入网时间

在具备天通卫星网络环境下，终端从开机到网络搜索并接入网络，总时间≤180 s。

7.1.4 语音电话接通率

语音电话接通率应≥90%。

7.1.5 短信成功率

短信成功率应≥90%。

7.1.6 最大音频输出功率

终端语音电话手柄接听，听筒音频输出功率应≥80 mW，阻抗 8 Ω。

终端语音电话免提接听，喇叭音频输出功率应≥3 W，阻抗 8 Ω。

7.1.7 音频时延

终端音频时延应≤220 ms。

7.1.8 发送响度评定值(SLR)

终端 SLR 应为(8±3)dB。

7.1.9 接收响度评定值(RLR)

终端 RLR 应为(2±3)dB，若有用户控制的接收音量控制器，对至少某一控制值(即手柄终端通常音量)，RLR 应满足上述要求，当控制器调至音量最大时，RLR 应≥-13 dB；当控制器调至音量最小时，

RLR应≤18 dB。

7.2 RNSS接收机

7.2.1 静态定位精度

终端静态定位精度应符合 BD 420011—2015 中 4.4.3.1 的要求。

7.2.2 首次定位时间

终端首次定位时间应符合 BD 420011—2015 中 4.4.4.1 的要求。

7.2.3 捕获灵敏度

终端捕获灵敏度应符合 BD 420011—2015 中 4.4.6.1 的要求。

7.2.4 定位更新率

终端定位更新率应符合 BD 420011—2015 中 4.4.7 的要求。

8 其他要求

8.1 电源要求

8.1.1 电源波动

额定电源电压:DC 12V 或 DC 24V,电压波动范围应满足 GB/T 3594—2007 中 3.1 的要求。

8.1.2 电源异常保护

终端应具备电源极性反接、过压、欠压情况的保护措施。欠压和过压能力应满足:

a) 欠压门限:额定值的−25％,持续 30 s;

b) 过压门限:额定值的＋50％,持续 30 s。

8.1.3 电源故障保护

5 min 内切断电源 3 次,每次断电 60 s。断电 3 次恢复供电后,终端应正常工作,用户数据无丢失。

8.2 环境适应性要求

8.2.1 总体要求

终端的环境适应性总体要求应符合 IEC 60945—2002 CORR1—2008 中 4.4 的要求。

8.2.2 高温

终端的高温适应性总体要求应符合 IEC 60945—2002 CORR1—2008 中 8.2 的要求。

8.2.3 低温

终端的低温适应性总体要求应符合 IEC 60945—2002 CORR1—2008 中 8.4 的要求。

8.2.4 湿热

终端的湿热适应性总体要求应符合 IEC 60945—2002 CORR1—2008 中 8.3 的要求。

8.2.5 振动

终端的抗振性应符合 IEC 60945—2002 CORR1—2008 中 8.7 的要求。

8.2.6 外壳防护

终端显控单元防护等级应达到 IP54,通信单元防护等级应达到 IP66。

8.2.7 防盐雾

终端的防盐雾性能应符合 IEC 60945—2002 CORR1—2008 中 8.12 的要求。

8.2.8 防霉菌

终端的长霉程度应不超过 2a 等级。

8.3 电磁兼容性要求

8.3.1 总体要求

终端的电磁兼容性性能应符合 IEC 60945—2002 CORR1—2008 中 4.5.1 的要求。

8.3.2 传导骚扰

终端传导骚扰极限值应符合 IEC 60945—2002 CORR1—2008 中 9.2 的要求。

8.3.3 外壳端口辐射骚扰

终端外壳端口辐射骚扰极限值应符合 IEC 60945—2002 CORR1—2008 中 9.3 的要求。

8.3.4 射频场感应的传导骚扰抗扰度

终端射频场感应的传导骚扰抗扰度应符合 IEC 60945—2002 CORR1—2008 中 10.3 的要求。

8.3.5 射频电磁场辐射抗扰度

终端射频电磁场辐射抗扰度应符合 IEC 60945—2002 CORR1—2008 中 10.4 的要求。

8.3.6 电快速瞬变脉冲群抗扰度

终端电快速瞬变脉冲群抗扰度应符合 IEC 60945—2002 CORR1—2008 中 10.5 的要求。

8.3.7 浪涌抗扰度

终端浪涌抗扰度应符合 IEC 60945—2002 CORR1—2008 中 10.6 的要求。

8.3.8 静电放电抗扰度

终端静电放电抗扰度应符合 IEC 60945—2002 CORR1—2008 中 10.9 的要求。

8.4 罗经安全距离要求

终端罗经安全距离应符合 IEC 60945—2002 CORR1—2008 中 4.5.3 的要求。

8.5 可靠性要求

终端的平均故障间隔时间（MTBF）应≥3 300 h。

8.6 安全性要求

8.6.1 绝缘电阻

对意外危害电压应进行防护。验证终端的绝缘电阻在规定的范围内。应在湿热试验、低温试验、和耐电压试验前后进行绝缘电阻测量，应符合 GD 22—2015 中 2.3 的要求，测得的绝缘电阻值在试验前应≥10 MΩ，在试验后应≥1 MΩ。

8.6.2 耐电压

验证终端的各独立电路之间和所有电路相对于机壳之间的绝缘特性。试验电压值为额定工作电压的两倍再加 500 V，试验时应无击穿或闪烁现象，试验后应立即测量绝缘电阻，其测量结果应符合 8.6.1 的有关规定。

8.7 安装要求

8.7.1 通信单元

通信单元的安装应满足以下要求：

a) 通信单元使用配套的固定支架，安装在舱外空旷位置，不宜安装在工作甲板周围的护栏杆上或烟囱附近；

b) 通信单元的安装点在保证不超出避雷保护范围的前提下，宜高出船舶上其他直立物体的顶部。船舶上直立金属物体对通信单元仰角方向的遮挡角宜≤10°；

c) 通信单元的安装位置应避开本船舶上雷达天线辐射波束的直接照射。

8.7.2 显控单元

显控单元的安装应满足以下要求：

a) 使用配套的固定支架，安装于舱内，其位置应便于观察和操作；

b) 能支持壁挂和嵌入安装方式，通话手柄应有加紧保护机制，防止摇晃掉落。

8.8 天线要求

若天通卫星通信收发天线为独立单元，则需进行有关天线的所有测试，天线性能应满足以下要求：

a) 频率范围：上行在 1 980 MHz～2 010 MHz，下行在 2 170 MHz～2 200 MHz；

b) 极化方式：同手持终端；

c) 圆极化轴比：同手持终端；

d) 电压驻波比：同手持终端；

　　e)　天线增益要求:同手持终端(当波束宽度较手持终端提高 20°时);

　　　　抽样均值同手持终端(当波束宽度较手持终端提高 30°时);

　　f)　输入阻抗:同手持终端。

8.9　型号核准和进网许可要求

终端应取得工业和信息化部颁发的无线电发射设备型号核准证和电信设备进网证(含试用批文)。

9　测试方法

9.1　测试条件

9.1.1　大气条件

除另有规定外,所有试验应在测试用的允许大气条件下进行:

a)　温度:15℃~35℃;

b)　相对湿度:45%~75%;

c)　大气压:86 kPa~106 kPa。

9.1.2　测试系统

终端测试应在系统完好情况下测试。除另有规定外,利用实际的卫星信号、实际的无线通信网络进行测试。试验期间施加于系统的电源电压应在额定电压的±5%范围内,周围应无明显的电磁干扰源。

9.1.3　测试用设备

所有测试用设备应有足够的分辨率、准确度和稳定度,其性能应满足被测技术性能指标的要求。除另有规定外,其精度应优于被测指标精度一个数量级或 1/3。所有测试用设备应经过计量合格并在有效期内。

9.1.4　测试环境

9.1.4.1　内场测试环境

全电波暗室,按照 GB 50826 的规定执行。

9.1.4.2　外场测试环境

在水平面上方 20°以上没有明显遮挡物,测试点无强电磁场干扰和多径反射。

9.1.5　被测设备

a)　数量:不少于 2 套;

b)　连接电缆:长度≥30 m;

c)　电源线:长度≥2 m;

d)　安装配件:应提供配套的安装配件。

9.2　一般要求测试

9.2.1　终端组成完备性检查

检查终端组成齐备性,配套是否完整,检查结果应满足 5.1 的要求。

9.2.2　外观检查

用目测法检查各部件的外观质量,检查结果应满足 5.2 的要求。

9.2.3　标识检查

用目测法检查终端的标识,检查结果应满足 5.3 的要求。

9.2.4　显示屏检查

检查终端显示屏是否满足 5.4 的要求。

9.2.5　键盘检查

检查终端键盘是否满足 5.5 的要求。

9.2.6　接口测试

检查结果应满足 5.6 的要求,测试步骤如下:

a) 通过目测检查端口数量；

b) 用示波器观测输出信号电平，将终端授权信息加注端口与计算机相连接，检查数据格式和内容；

c) 检查通过升级接口能否完成应用程序的升级。

9.2.7 天通模块检查

a) 连接电缆 30 m 时，检查终端天通通讯应能正常工作；

b) 检查天通模块供应商是否提供接入天通卫星通信系统的检测合格证明。

9.2.8 天通用户卡检查

检查天通用户卡供应商是否提供检测合格证明。

9.3 功能要求测试

9.3.1 语音电话测试

通过操作 EUT 的功能，检查结果应满足 6.1 规定的要求。

9.3.2 短信测试

通过操作 EUT 的功能，检查结果应满足 6.2 规定的要求。

9.3.3 数据通信测试

通过操作 EUT 的功能，检查结果应满足 6.3 规定的要求。

9.3.4 无线连接测试

通过操作 EUT 的功能，检查结果应满足 6.4 规定的要求。

9.3.5 定位测试

通过 RNSS 定位模拟器对 EUT 进行定位信号播发，检查结果应满足 6.5 规定的要求。

9.3.6 位置报告测试

通过操作管理平台进行位置请求指令发送，检查 EUT 是否响应，结果应满足 6.6 规定的要求。

9.3.7 紧急报警测试

通过操作 EUT 的功能，检查结果应满足 6.7 规定的要求。

9.3.8 信息类型优先级别

通过操作 EUT 信息发送的优先级别，检查结果应满足 6.8 规定的要求。

9.3.9 检测测试

9.3.9.1 状态自动检测测试

建立测试环境，通过操作目测检查 EUT 的状态显示，结果应满足 6.9.1 规定的要求。

9.3.9.2 功能检测测试

通过操作 EUT 的自检界面和查看串口输出语句，检查结果应满足 6.9.2 规定的要求。

9.4 性能要求测试

9.4.1 总则

性能要求测试应在连接电缆或天线电缆为 30 m 时进行。

9.4.2 天通通信性能测试

9.4.2.1 发射信号强度测试

在 9.1.4.1 的全电波暗室下，按图 1 建立测试环境，应将 EUT 与天线连接进行发射测试，信号强度平均值应满足 7.1.1 规定的要求，测试步骤如下：

a) 当波束宽度提高 20°时，在天线波束 15°、30°、45°各取水平方向 0°、90°、180°、270° 4 个点进行测试，发射信号强度应满足 7.1.1 规定的要求；

b) 当波束宽度提高 30°时，在天线波束 50°时，按 15°的间隔取水平方向 24 个点进行测试，记录 24 个点的测试结果，发射信号强度应满足 7.1.1 规定的要求。

9.4.2.2 辐射接收灵敏度测试

在 9.1.4.1 的全电波暗室下，按图 2 建立测试环境，应将 EUT 与天线连接进行接收误码率测试，接

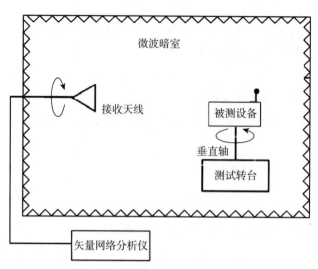

图 1　发射信号强度测试框图

收灵敏度应满足 7.1.2 规定的要求,50%以上的测试点误码率<10^{-3},测试步骤如下:

　　a)　当波束宽度提高 20°时,在天线波束 15°、30°、45°各取水平方向 0°、90°、180°、270° 4 个点进行测试,辐射接收灵敏度应满足 7.1.2 规定的要求,误码率<10^{-3};

　　b)　当波束宽度提高 30°时,在天线波束 50°时,按 15°的间隔取水平方向 24 个点进行测试,记录 24个点的测试结果,辐射接收灵敏度应满足 7.1.2 规定的要求。

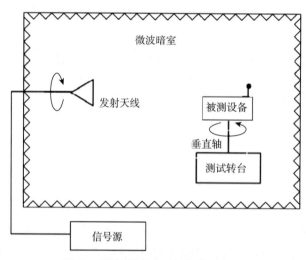

图 2　辐射接收灵敏度测试框图

9.4.2.3　开机入网时间测试

　　按 9.1.4.2 建立外场测试环境,接通 EUT 的电源,计算 EUT 进入入网状态的时间,检查结果应满足7.1.3 规定的要求。

9.4.2.4　语音电话接通率测试

　　按 9.1.4.2 建立外场测试环境,将 EUT 分别进行 100 次主叫与被叫,统计成功率,检查结果应满足7.1.4 规定的要求。

9.4.2.5　短信成功率测试

　　按 9.1.4.2 建立外场测试环境,将 EUT 分别进行 100 次短信发送与接收,统计成功率,检查结果应满足 7.1.5 规定的要求。

9.4.2.6　最大音频输出功率测试

　　将 EUT 音频输出端与音频电压表连接,建立通话连接,测量手柄听筒与免提喇叭的音频输出电压,音频输出功率按式(1)计算。

$$P = \frac{U^2}{R} \qquad \cdots\cdots\cdots\cdots\cdots\cdots\cdots\cdots\cdots\cdots\cdots\cdots\cdots\cdots\cdots\cdots\cdots\cdots\cdots\cdots \quad (1)$$

式中：

P ——音频功率，单位为瓦(W)；

U ——音频输出电压有效值，单位为伏(V)；

R ——音频阻抗，单位为欧姆(Ω)。

9.4.2.7 音频时延测试

检查结果应满足 7.1.7 规定的要求，测试步骤如下：

a) 在 EUT 中插入测试卫星用户卡；

b) EUT 与卫星终端综合测试仪建立通话连接；

c) 将 EUT 安放在 ITU-T P.64 建议中规定的位置，手柄对人工耳的压力应该在 ITU-T P.64 建议规定的范围之内；

d) 发送 ITU-T P.501 推荐的符合信号(CSS)，计算时延。

9.4.2.8 发送响度评定值(SLR)测试

检查结果应满足 7.1.8 规定的要求，测试步骤如下：

a) 按 9.4.2.7 中的步骤 a)～步骤 c)进行；

b) 发送 ITU-T P.501 规定的中文真人语音信号，计算发送响度 SLR。

9.4.2.9 接收响度评定值(RLR)测试

检查结果应满足 7.1.9 规定的要求，测试步骤如下：

a) 按 9.4.2.7 中的步骤 a)～步骤 c)进行；

b) 发送 ITU-T P.501 规定的中文真人语音信号，计算接收响度 RLR，若 EUT 有用户控制的接收音量控制器，调节控制器至音量最大，发送 ITU-T P.501 规定的中文真人语音信号，计算接收响度 RLR；调节控制器至音量最小，发送 ITU-T P.501 规定的中文真人语音信号，计算接收响度 RLR。

9.4.3 RNSS 接收机测试

9.4.3.1 静态定位精度测试

按 BD 420011—2015 中 5.6.6.1 规定的测试方法进行测试，检查结果应满足 7.2.1 的要求。

9.4.3.2 首次定位时间测试

按 BD 420011—2015 中 5.6.7.1 规定的测试方法进行测试，检查结果应满足 7.2.2 的要求。

9.4.3.3 捕获灵敏度测试

按 BD 420011—2015 中 5.6.9.1 规定的测试方法进行测试，检查结果应满足 7.2.3 的要求。

9.4.3.4 定位更新率测试

按 BD 420011—2015 中 5.6.11 规定的测试方法进行测试，检查结果应满足 7.2.4 的要求。

9.5 其他测试

9.5.1 电源试验

9.5.1.1 电源波动试验

试验结果应满足 8.1.1 的要求，测试步骤如下：

a) 终端供电电压调整至电源波动上限，工作 15 min，检查终端是否正常工作；

b) 终端供电电压调整至电源波动下限，工作 15 min，检查终端是否正常工作。

9.5.1.2 电源异常保护试验

试验中允许更换保险丝，试验结果应满足 8.1.2 的要求，测试步骤如下：

a) 终端供电电压调整至电源波动上限，极性反接并保持 5 min；

b) 终端供电电压调整至额定电压，极性正接，检查终端是否正常工作；

c) 终端供电电压调整至过压门限电压，并保持 30 s；

d) 终端供电电压调整至额定电压，检查终端是否正常工作；

e) 终端供电电压调整至欠压门限电压,并保持 30 s;

f) 终端供电电压调整至额定电压,检查终端是否正常工作。

9.5.1.3 电源故障保护

测试步骤:

a) 终端在额定电压供电情况下正常工作;

b) 切断电源 3 次,每次断电 60 s;

c) 恢复供电,检查 EUT 是否正常工作,且无故障和用户数据丢失。

9.5.2 环境适应性试验

9.5.2.1 总体要求

在进行环境适应性试验时,除另有规定外,终端不应加任何防护包装。在试验中改变温度时,升温或降温速率≤2℃/min,试验后测试终端功能。

9.5.2.2 高温试验

按 IEC 60945—2002 CORR1—2008 中 8.2 的规定进行测试。

9.5.2.3 低温试验

按 IEC 60945—2002 CORR1—2008 中 8.4 的规定进行测试。

9.5.2.4 湿热试验

按 IEC 60945—2002 CORR1—2008 中 8.3 的规定进行测试。

9.5.2.5 振动试验

按 IEC 60945—2002 CORR1—2008 中 8.7 的规定进行测试。

9.5.2.6 外壳防护试验

按 GB 4208 的规定进行测试。

9.5.2.7 防盐雾试验

按 IEC 60945—2002 CORR1—2008 中 8.12 的规定分别进行测试。

9.5.2.8 防霉菌试验

试验按 GB 2423.16 规定的方法进行,终端处于工作状态。

9.5.3 电磁兼容性试验

9.5.3.1 传导骚扰试验

试验按 IEC 60945—2002 CORR1—2008 中 9.2 规定的方法进行,终端处于工作状态,试验结果应符合 8.3.2 的要求。

9.5.3.2 外壳端口辐射骚扰试验

试验按 IEC 60945—2002 CORR1—2008 中 9.3 规定的方法进行,终端处于工作状态,试验结果应符合 8.3.3 的要求。

9.5.3.3 射频场感应的传导骚扰抗扰度试验

试验按 IEC 60945—2002 CORR1—2008 中 10.3 规定的方法进行,终端处于工作状态,试验结果应符合 8.3.4 的要求。

9.5.3.4 射频电磁场辐射抗扰度试验

试验按 IEC 60945—2002 CORR1—2008 中 10.4 规定的方法进行,终端处于工作状态,试验结果应符合 8.3.5 的要求。

9.5.3.5 电快速瞬变脉冲群抗扰度试验

试验按 IEC 60945—2002 CORR1—2008 中 10.5 规定的方法进行,终端处于工作状态,试验结果应符合 8.3.6 的要求。

9.5.3.6 浪涌抗扰度试验

试验按 IEC 60945—2002 CORR1—2008 中 10.6 规定的方法进行,终端处于工作状态,试验结果应符合 8.3.7 的要求。

9.5.3.7 静电放电抗扰度试验

试验按 IEC 60945—2002 CORR1—2008 中 10.9 规定的方法进行,终端处于工作状态,试验结果应符合 8.3.8 的要求。

9.5.4 罗经安全距离试验

试验按 IEC 60945—2002 CORR1—2008 中 11.2 规定的方法进行,试验结果应符合 8.4 的要求。

9.5.5 可靠性要求试验

9.5.5.1 试验方案

终端的可靠性试验方案,根据生产批量的多少和生产方可能提供的试验条件,由生产方和检验方按照下述试验方案协商确定:

a) 在终端定型时,应进行可靠性鉴定试验,以验证产品是否达到规定的可靠性要求。鉴定方案可选用 GB/T 5080.7 中标准型定时截尾试验方案;

b) 在终端批量生产验收且不需要估计 MTBF 的真值时,应以预定的判断风险率(α、β),对规定的 MTBF 值作合格与否的判决。方案可选用 GB/T 5080.7 中的序贯试验方案。

9.5.5.2 试验样本的数量

可靠性试验样本的数量应根据生产批量的多少确定,最佳试验样本数量见表 2。

表 2 最佳试验样本数量

批次数量,套	最佳试验样本数,个
1~3	全部
4~50	4
50~100	8

9.5.5.3 失效判决准则

按 GB/T 5080.1 的规定执行。

9.5.6 安全性试验

9.5.6.1 绝缘电阻试验

试验按 GD22—2015 中 2.3 规定的方法进行,试验结果应符合 8.6.1 的要求。

9.5.6.2 耐电压试验

试验按 GD22—2015 中 2.14 规定的方法进行,试验结果应符合 8.6.2 的要求。

9.5.7 安装检查

9.5.7.1 通信单元安装检查

终端的通信单元与显控单元为一体设计时,天线单元的安装应满足 8.7.1 的要求。

9.5.7.2 显控单元安装检查

显控单元的安装应满足 8.7.2 的要求。

9.5.8 天线试验

在 9.1.4.1 的全电波暗室下,按图 3 建立测试环境,测试天线极化方式、圆极化轴比、电压驻波比和输入阻抗,应满足 8.8 规定的要求,在 9.4.1.2 中规定的测试环境下,测试天线增益,测试步骤如下:

a) 在天线波束 15°、30°、45°各取水平方向 0°、90°、180°、270° 4 个点进行测试,天线增益应满足 8.8 规定的要求;

b) 在天线波束 50°时,按 15°的间隔取水平方向 24 个点进行测试,记录 24 个点的测试结果,天线增益平均值应满足 8.8 规定的要求。

9.5.9 型号核准和进网许可检查

终端在取得船用产品型式认可证书时应提交工信部设备型号核准证和电信设备进网证(含试用批文)。

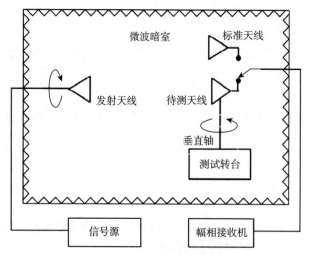

图 3 天线试验框图

附 录 A
（规范性附录）
终端定位通信协议

A.1 总则

A.1.1 定位描述

天通定位能力平台（以下简称定位平台）通过天通短信网关（以下简称短信网关）与天通终端（以下简称终端）之间交互位置请求和位置报告信息。

A.1.2 定位短信判定方法

为了使终端可以利用第二种判定方法，位置服务平台需要将发送的短信编码字段值设定为 0x1D。终端判断接收到短信是否为位置相关短信的依据为如下两种：

　　a) 短信源电话号码是否为位置服务平台专用号码，该号码定为 17400010490。

　　b) 短信 pdu 编码格式字段值为 0x1D 时，可认为接收短信为位置相关短信。

A.2 定位相关流程

A.2.1 单次定位流程

定位平台发给单次位置请求（Positioning Request）终端。终端收到请求之后，要在特定的时间 T3 内返回位置信息（Position Report）给定位平台。若 T3 时间内未返回，则定位平台认为定位失败。T3 一般设定为 5 min。单次定位流程图见图 A.1。

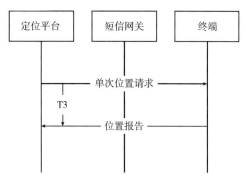

图 A.1　单次定位流程图

A.2.2 连续定位流程

定位平台发给连续位置请求终端。终端收到位置请求之后，周期性向定位平台报告位置信息。连续定位流程图见图 A.2。

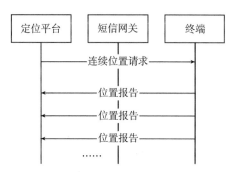

图 A.2　连续定位流程图

A.2.3 用户拒绝定位流程

终端用户收到定位平台发送的需要确认的单次位置请求时，可以选择拒绝本次请求，见图 A.3。

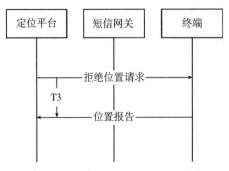

图 A.3 用户拒绝定位流程图

A.3 定位数据传输方式和格式

A.3.1 概述

终端与定位能力平台的交互过程中传输数据的方式及数据结构，接口所有域均以二进制编码，即字节拼接，以字节数组传输。

A.3.2 传输格式

A.3.2.1 定位平台向终端发起的指令

定位平台向终端发起的指令见表 A.1。

表 A.1 定位平台向终端发起的指令

消息类型	参数	长度(bit)	描述
发起位置请求	Version	8	值为'00000010'
	Message Type	8	值为'00000001'
	Length	8	消息字节数，为'Length'域后面所有的消息字节数
	Notification and Verification Indicator	8	该域指示终端是否需要通知终端用户和等待确认 '00000000'表示不需要通知用户和不需要等待确认 '00000001'表示需要通知用户和等待确认 '00000010'表示需要通知用户，但不需要等待用户确认 其他值保留
	Positioning Technology Indicator	8	定位技术指示值。北斗定位'00000000'，其他值保留
	Positioning QoS Indicator	8	定位 QoS 指示，'00000000'表示忽略定位 QoS；'00000001'表示使用定位 QoS，其他值保留
	Positioning QoS	8	定位 QoS 等级，本域定义从 0～255 的 QoS 等级，较大值代表更高的定位精度。默认'00000000'
	Number of Fixes	16	指示终端应执行单次定位还是连续定位；当为单次定位时，其值应设置为'1'，2 到 65 535 中的某一值代表连续定位
	Time Between Fixes	16	指示终端两次相邻定位间的时间间隔，其单位为秒(s)。有效取值范围为 90～65 535s。如 Number of Fixes 设置为连续定位（即值大于 1），本域值必填。当"Number of Fixes"等于 0 或 1 时，本域应被设为 0
	Positioning Mode	8	本域保留。默认为'00000000'
	Correlation Identifier	8	分配给本 MT SMS 的一个唯一 ID，用以识别与本"Positioning Request"相关联的所有消息。终端将在给定位平台的任何响应消息中回传该值，取值范围为 1～255

表 A.1（续）

消息类型	参数	长度(bit)	描述
发起位置请求	Requester ID Encoding	8	用以指示"Requester ID"域的编码方案。应将本域的最高三位设置为'000'，并按 TSB58-A 中的 MSG_ENCODING 定义设置其低五位。对于中国电信后 5 个比特应被定义为 GB13000('00100')
	Requester ID Length	8	本域定义'Requester ID'的长度，单位为字节(bit)，取值范围为 0～124
	Requester ID	Variable Length	用来表示分配给位置请求方名字的编码字符串，以通知用户谁发起位置请求。该字符串的长度和编码方法由前面两个字节定义
取消定位会话	Version	8	值为'00000010'
	Message Type	8	值为'00000010'
	Length	8	消息字节数，为'Length'域后面所有的消息字节数
	Correlation Identifier	8	其值为定位平台初始发送的 MT SMS Positioning Request(位置请求)中为该会话所分配"Correlation Identifier"

A.3.2.2 终端向定位平台回复的指令

终端向定位平台回复的指令见表 A.2。

表 A.2 终端向定位平台回复的指令

消息类型	参数	长度(bit)	描述		
拒绝定位	Version	8	值为'00000010'		
	Message Type	8	值为'00000001'		
	Length	8	消息字节数，为'Length'域后面所有的消息字节数		
	Correlation	8	其值为定位平台初始发送的 MT SMS Positioning Request(位置请求)		
	Reject Reason	8	含义	值	
			不支持协议版本	'00000000'	
			因启动隐私限制,终端拒绝,终端忙	'00000001'	
			用户同意,但终端无法定位	'00000010'	
			不同意-用户拒绝位置请求	'00000100'	
			未响应-弹出式会话窗超时	'00000101'	
			其他原因	'00000111'	
			保留	所有其他值	
	Reserved1	16	默认值为'00000000'		
	Reserved2	8			
	Reserved3	16			
	Reserved4	16			
	Reserved5	24			
	Reserved6	24			
	Time Stamp	48	年 / 月 / 日 / 时 / 分 / 秒 — 1Byte(year-2000) / 1B / 1B / 1B / 1B / 1B		

表 A.2（续）

消息类型	参数	长度(bit)	描述
取消定位会话	Version	8	值为'00000010'
	Message Type	8	值为'00000010'
	Length	8	消息字节数,为'Length'域后面所有的消息字节数
	Correlation	8	其值为定位平台初始发送的MT SMS Positioning Request(位置请求)
	Cancellation Reason	8	含义 / 值 表见下
位置信息报告	Version	8	值为'00000010'
	Message Type	8	值为'00000100'
	Length	8	消息字节数,为'Length'域后面所有的消息字节数
	Num of Fixes	16	Fix Number 该域为跟踪会话中的定位次数号,范围从1到65535。如果Positioning Request 消息中的 Number Of Fixes 域的取值为 N,则本域的取值范围为1到 N
	Correlation Identifier	8	其值为定位平台初始发送的MT SMS Positioning Request(位置请求)中为该会话所分配"Correlation Identifier"
	Message Body	N	Base64(IMSI+业务类型+时间+经度+纬度+海拔+速度+方位+业务状态),详见表 A.3

Cancellation Reason 含义与值：

含义	值
用户发起的取消	'00000000'
其他原因	'0000001'
保留	所有其他值

A.3.3 定位数据传输结构

位置报告内容格式如表 A.3 所示。

表 A.3 位置报告内容格式

内容	长度(bit)	描述
IMSI	15	IMSI 的 ASCII 码
业务类型	1	值为 F0H
时间信息	6	年:1Byte(year-2000)、月:1B、日:1B、时:1B、分:1B、秒:1B
经度	5	数据格式采用范围(1 bit,东经用 E 表示,西经用 W 表示)、度(1字节)、分(1字节)、秒(1字节)、0.1秒(1字节)格式
纬度	5	数据格式采用范围(1 bit,北纬用 N 表示,南纬用 S 表示)、度(1字节)、分(1字节)、秒(1字节)、0.1秒(1字节)格式
海拔	2	采用无符号数表示,单位为 m
速度	1	采用无符号数表示,单位为 0.1 m/s
方向	1	采用无符号数表示,表示范围为:0°～360°,0°表示正北方向,以此为准顺时针方向增大,单位为2°
业务状态	1	由定位状态、供电类别、电池剩余电量字段组成,按位定义如下所示: P:定位状态字段,指示对应采样点的定位状态,1说明定位成功,0说明定位不成功 B:响应波束号,B1～B6 表示波束1至波束6的接收强度,为0档～4档 T:为0时表示终端支持接口和功能为旧协议(不区分 CI 号归属,反馈给所有正在连续定位的 SP),为1时表示终端需要支持本文档规定的所有接口和功能 V:表示电池剩余电量字段,对应关系为($0x00:\leqslant25\%$;$0x01:25\%\sim50\%$;$0x10:50\%\sim75\%$;$0x11:\geqslant75\%$)。不需电池的终端,默认报告 0x11

ICS 65.020.30
B 41

中华人民共和国水产行业标准

SC/T 7021—2020

鱼类免疫接种技术规程

Code for fish immunization

2020-08-26 发布

2021-01-01 实施

中华人民共和国农业农村部 发布

前　言

本标准按照 GB/T 1.1—2009 给出的规则起草。

请注意本文件的某些内容可能涉及专利。本文件的发布机构不承担识别这些专利的责任。

本标准由农业农村部渔业渔政管理局提出。

本标准由全国水产标准化技术委员会(SAC/TC 156)归口。

本标准起草单位:中国水产科学研究院珠江水产研究所。

本标准主要起草人:巩华、陈总会、石存斌、付小哲、赵长臣、江小燕、赖迎迢、陶家发、黄志斌。

鱼类免疫接种技术规程

1 范围

本标准规定了鱼类免疫接种技术的接种前准备、免疫接种、接种后维护。

本标准适用于鱼类疫苗的免疫接种。

2 规范性引用文件

下列文件对于本文件的应用是必不可少的。凡是注日期的引用文件，仅注日期的版本适用于本文件。凡是不注日期的引用文件，其最新版本(包括所有的修改单)适用于本文件。

GB/T 18654.2 养殖鱼类种质检验 第2部分:抽样方法

NY 532—2002 兽医连续注射器2毫升

NY 5051 无公害食品 淡水养殖用水水质

NY 5052 无公害食品 海水养殖用水水质

3 术语和定义

下列术语和定义适用于本文件。

3.1

注射免疫 injection immunization

将疫苗通过针头途径注入鱼体，使之获得免疫力的方法。

3.2

浸泡免疫 immersion immunization

将疫苗稀释到水中，通过黏膜组织途径进入鱼体，使之获得免疫力的方法。

3.3

口服免疫 oral immunization

将疫苗或拌入疫苗的饵(饲)料，投喂给鱼类使之获得免疫力的方法。

4 接种前准备

4.1 疫苗选择

4.1.1 宜选择与流行病原株型相一致的疫苗产品。

4.1.2 疫苗使用前应检查外包装是否完好，标签信息是否完整，包括疫苗名称、生产批号、保存期或失效日期、生产厂家等，出现异常不得使用。

4.1.3 检查疫苗内包装是否完好，产品形状是否符合说明书要求，出现异常不得使用。

4.1.4 各类疫苗应按说明书规定条件保存，疫苗产品在运输、存放和使用过程中应遮光忌暴晒。冻干疫苗置于−18℃～−15℃条件下保存、运输，液体疫苗置于2℃～10℃条件下保存、运输。每批次的疫苗留样，应保留至疫苗有效期结束。

4.1.5 根据动物种类和疫苗产品特征选择合适的接种方法，科学准确操作。

4.2 接种动物要求

4.2.1 待免鱼临床表现健康，近期无患病，相应病原检验应为阴性。

4.2.2 注射、浸泡免疫接种疫苗的前、后1d内，不投喂饲(饵)料;使用活菌苗前、后1周内，不使用抗微生物药物。

4.2.3 待免鱼规格应符合该种疫苗接种要求。小于1cm体长的苗种不可进行免疫接种，免疫前鱼体宜麻醉。

4.2.4 首次使用疫苗,养殖批次按 GB/T 18654.2 要求随机抽取一定数量待免鱼,试用观察 7 d～10 d,临床无明显不良反应,方可大规模接种。

4.3 水环境要求

水质应符合 NY 5051 或 NY 5052 中养殖用水水质要求。

4.4 接种时机

在疫病流行季节前 1 个月～2 个月进行预防接种。根据待免鱼的合适水温、发病季节、养殖模式选择合适时机开展免疫操作。应选择天气晴朗、水温适宜的早晨或傍晚进行鱼体免疫,避免高温期间操作,如在 28℃ 以上高温期间操作,须避免阳光暴晒接种人员和疫苗产品。

4.5 接种器具准备

4.5.1 注射免疫接种使用的针头规格根据待免鱼规格选择,鱼体全长 5 cm 以下不建议注射,全长 5 cm～10 cm 选用 4# 注射针头,全长 10 cm～15 cm 选用 5# 注射针头,全长 15 cm～20 cm 的鱼适用 5.5# 注射针头,全长 20 cm 以上选择大于等于 6# 注射针头。

4.5.2 注射免疫用橡皮管、塑料管、注射器、针头等,按 NY 532—2002 中第 4 章的规定维护,使用前应用 75% 的酒精消毒或用开水煮沸 15 min～20 min。

4.5.3 浸泡免疫、口服免疫使用的容器应洁净,无抗微生物药物残留,忌用金属容器。浸泡免疫应全程充气增氧。

4.5.4 接触疫苗的免疫器具在同一次操作中只能用于同一种疫苗免疫接种,不可混用。

5 免疫接种

5.1 疫苗使用前的准备

疫苗产品稀释、配伍、混入时应充分混合均匀。对冻干苗,先将少量稀释液加入疫苗瓶中,待疫苗充分溶解后,再加入其余量的稀释液。如需将疫苗转入另一容器,用稀释液将原疫苗瓶漂洗 2 次～3 次,使全部疫苗都被洗下,全部移出。活菌疫苗稀释时,稀释液中不得含有抗微生物药物。接种前宜将液体疫苗产品升至室温。疫苗配伍成分之间不得互相干扰。所有疫苗充分摇匀,液体内不得有明显气泡。

5.2 接种剂量及免疫次数

按疫苗说明书规定使用。

5.3 免疫操作

5.3.1 注射免疫

5.3.1.1 背部肌肉注射

在鱼的背鳍基部肌肉处,针头与鱼体宜呈 45°角刺入鱼体 0.3 cm～0.5 cm。

5.3.1.2 腹腔注射

适用于熟练操作,在鱼的腹鳍基部腹腔处针头与鱼体呈 45°角刺入鱼体 0.2 cm～0.4 cm。注射时不可伤及鱼的脏器。

5.3.1.3 胸鳍基部注射

适用于大规格鱼接种,在鱼的胸鳍基部针头与鱼体呈 45°角刺入鱼体 0.2 cm～0.4 cm。不可伤及鱼的脏器。

5.3.2 浸泡免疫

5.3.2.1 高渗浸泡

大容器中配制 0.5% 的食盐水(如 100 L 养殖用水加 0.5 kg 盐),按疫苗产品使用剂量配制,搅拌均匀,放入待免鱼,浸泡至规定时间后,放回养殖水体。

5.3.2.2 鱼苗车(运鱼船、鱼苗仓等)浸泡

在运输前或运输途中,按规定时间和使用剂量加入鱼苗车(运鱼船、鱼苗仓等)中。高温期间宜缩短运

输时间。

5.3.2.3 养殖池低排浸泡

养殖池可直接排低水位到适量,按规定时间和使用剂量,全池均匀泼洒加入疫苗。浸泡免疫后,及时回升到日常的养殖水位。

5.3.2.4 挂网箱浸泡

对应激敏感品种,鱼苗放养前,在池塘暂养网箱外用塑料布等阻断与外界水体交换,按规定时间和使用剂量,均匀泼洒加入疫苗。免疫时间结束后及时撤开塑料布等。

5.3.3 口服免疫

5.3.3.1 喷洒混入

可溶性疫苗宜用,均匀喷入饲料颗粒,阴凉处晾干,立即投喂。忌用高压喷雾,忌用强光强热烘干。

5.3.3.2 黏合混入

选择合适黏合剂,加入疫苗产品搅拌均匀,立即投喂。

5.3.3.3 制粒混入

按使用剂量将疫苗产品加入饲料原料中,搅拌均匀挤压成粒,使用低温低压制粒,忌用高温高压制粒。

6 接种后维护

6.1 对剩余废弃疫苗、疫苗瓶及相关器具应无害化处理后集中销毁。

6.2 免疫接种当天不投饲(饵)料。施行免疫后须加强日常养殖管理工作,检测水质的理化因子,确保水质良好;免疫后的1周～2周内,可根据需要补充投喂复合维生素。

6.3 免疫后应建立免疫效果档案,记录发病率、死亡率、成活率、相对保护率、饵(饲)料系数、生长发育与生产性能等各项指标,初步评价免疫效果。

ICS 65.020.30
B 41

中华人民共和国水产行业标准

SC/T 7022—2020

对虾体内的病毒扩增和保存方法

In vivo proliferation and preservation method of viruses with penaeid shrimp

2020-08-26 发布   2021-01-01 实施

中华人民共和国农业农村部 发布

前　言

本标准按照 GB/T 1.1—2009 给出的规则起草。

请注意本文件的某些内容可能涉及专利。本文件的发布机构不承担识别这些专利的责任。

本标准由农业农村部渔业渔政管理局提出。

本标准由全国水产标准化技术委员会(SAC/TC 156)归口。

本标准起草单位:中国水产科学研究院黄海水产研究所。

本标准主要起草人:董宣、杨冰、黄倢、邱亮、李晨、张庆利、梁艳。

对虾体内的病毒扩增和保存方法

1　范围

本标准给出了对虾体内的病毒扩增和保存的缩略语、试剂和材料、器材和设备,规定了对虾体内的病毒扩增和保存的操作步骤。

本标准适用于对虾体内的病毒扩增和保存。

2　规范性引用文件

下列文件对于本文件的应用是必不可少的。凡是注日期的引用文件,仅注日期的版本适用于本文件。凡是不注日期的引用文件,其最新版本(包括所有的修改单)适用于本文件。

GB/T 25878　对虾传染性皮下及造血组织坏死病毒(IHHNV)检测　PCR法

GB/T 28630.1　白斑综合征(WSD)诊断规程　第1部分:核酸探针斑点杂交检测法

GB/T 28630.2　白斑综合征(WSD)诊断规程　第2部分:套式PCR检测法

GB/T 28630.3　白斑综合征(WSD)诊断规程　第3部分:原位杂交检测法

GB/T 28630.4　白斑综合征(WSD)诊断规程　第4部分:组织病理学诊断法

GB/T 28630.5　白斑综合征(WSD)诊断规程　第5部分:新鲜组织的T-E染色法

SC/T 7019—2015　水生动物病原微生物实验室保存规范

世界动物卫生组织(OIE)　《水生动物疾病诊断手册》第二部分　甲壳动物疾病

3　缩略语

下列缩略语适用于本文件。

NaN$_3$:叠氮化钠(sodium azide)

SPF:无特定病原(specific pathogen free)

TN:TN缓冲液(Tris-HCl and NaCl buffer)

Tris:三羟甲基氨基甲烷(tris hydroxymethyl aminomethane)

WSSV:白斑综合征病毒(white spot syndrome virus)

4　试剂和材料

4.1　除非另有说明,标准中使用的水为蒸馏水、去离子水或相当纯度的水。

4.2　TN缓冲液:见附录A中的A.1。

5　器材和设备

5.1　匀浆器。

5.2　高速冷冻离心机。

5.3　超速冷冻离心机。

5.4　电子显微镜。

6　操作步骤

6.1　实验动物选择

6.1.1　选择养成期阶段的SPF凡纳滨对虾(*Litopenaeus vannamei*)或其他品种SPF对虾,暂养7 d。

6.1.2　随机挑取对虾个体,按GB/T 28630.1、GB/T 28630.2、GB/T 28630.3、GB/T 28630.4、GB/T

28630.5、GB/T 25878 或 OIE《水生动物疾病诊断手册》第二部分的要求进行病原检测,确认实验动物无特定病原。

6.2 病毒扩增

6.2.1 采用肌肉注射方式,每尾对虾根据体重注射稀释的病毒液 10 μL/g,注射后针头在对虾体内短暂停留并缓慢拔出。也可使用病毒液进行反向灌肠或使用病毒感染组织进行投喂等方式,不同对虾病毒感染方式见表1。接种的病毒量需保证在对虾体内进行有效的病毒扩增。

表 1 对虾体内的病毒扩增方法参数说明

病毒名称	病毒粒子大小 nm	病毒粒子形状	靶组织	病毒扩增感染方式	病毒超速离心阶段宜使用的离心力(×g)和离心时间 min	病毒蔗糖梯度密度离心阶段宜使用的离心力(×g)和离心时间 min
白斑综合征病毒(WSSV)	(70~170)×(210~420)	椭杆状	鳃、胃、甲壳下上皮和结缔组织等	肌肉注射或投喂	30 000 和 30	82 000 和 120
传染性皮下及造血组织坏死病毒(IHHNV)	20~22	二十面体	鳃、造血组织、淋巴器官、甲壳下上皮和结缔组织等	肌肉注射或投喂	145 000 和 210	140 000 和 180
传染性肌坏死病毒(IMNV)	40	二十面体	肌肉、结缔组织、血淋巴、淋巴器官	肌肉注射或投喂	205 000 和 180	286 200 和 120
桃拉综合征病毒(TSV)	32	二十面体	鳃、造血组织、淋巴器官和甲壳下上皮等	肌肉注射或投喂	205 000 和 120	131 000 和 120
黄头病毒基因1型(YHV1)	(40~50)×(150~180)	杆状	鳃、造血组织、血淋巴和淋巴器官等	肌肉注射	100 000 和 90	100 000 和 90
十足目虹彩病毒1(DIV1)	150~160	二十面体	造血组织,血淋巴	肌肉注射、投喂或反向灌肠	36 300 和 120	50 200 和 180
偷死野田村病毒(CMNV)	17.1~37.6	二十面体	鳃、附肢、肝胰腺、淋巴器官	肌肉注射或投喂	130 000 和 240	160 000 和 240

6.2.2 对虾表现出病毒感染的典型临床症状时,按 6.1.2 步骤检测,确定病毒阳性后,取濒死对虾用于病毒粗提。

6.3 病毒粗提

6.3.1 取病毒感染的靶组织,切成小于 0.5 cm×0.5 cm×0.5 cm 的组织块。

6.3.2 加入 10 倍体积预冷的 TN 缓冲液,冰浴中 10 000 r/min 匀浆 10 s,重复匀浆 1 次~3 次。

6.3.3 匀浆后,若见匀浆液黏稠,再次加入适量预冷的 TN 缓冲液,搅拌均匀。

6.3.4 将匀浆液分装于离心管中,高速冷冻离心机 1 000 ×g,4℃离心 10 min。

6.3.5 收集上清,经 400 目筛绢过滤后,置于冰浴的烧杯中。

6.3.6 若病毒粒子大于等于 220 nm,滤过液依次经 1.0 μm 和 0.45 μm 孔径的滤器过滤后分装;若病毒粒子小于 220 nm,滤过液依次经 1.0 μm、0.45 μm 和 0.22 μm 孔径的滤器过滤后分装。

6.4 病毒纯化(以 WSSV 为例)

6.4.1 取 6.3.6 的病毒粗提液,根据黏稠程度加入适量预冷的 TN 缓冲液稀释,30 000 ×g,4℃超速离心 30 min,取出离心瓶,冰浴放置。

6.4.2 吸除部分上清液,用吸管轻轻吹去覆盖在底部致密沉淀上的松散杂质,并吸除残余上清液。

6.4.3 用预冷的 TN 缓冲液浸没沉淀部分,将离心瓶倾斜放置于冰面上,使沉淀部位冰浴 4 h~12 h。

6.4.4 观察沉淀基本悬浮时,轻轻吹洗,使沉淀全部悬浮,转移于新的离心管中,3 500 ×g,4℃离心 5 min。

6.4.5 收集上清液,30 000 ×g,4℃超速离心 30 min,吸除部分上清液,用吸管轻轻吹去覆盖在底部致密沉淀上的松散杂质,并吸除残余上清。

6.4.6 加 1 mL~2 mL 的 TN 缓冲液浸没沉淀,冰浴静置 2 h~4 h,待沉淀悬浮后,收集悬液。

6.4.7 于超速冷冻离心机专用离心管中自上而下铺设浓度(W/W)梯度介于 20%~66% 的蔗糖溶液, 4℃放置 8 h~12 h 后,顶部缓慢注入 6.4.6 的病毒悬液,82 000 ×g,4℃离心 2 h。

6.4.8 吸取病毒所在梯度层的蔗糖溶液,放置于洁净的超速离心管中,加入 10 倍体积的 TN 缓冲液, 30 000 ×g,4℃超速离心 30 min,吸除上清液。

6.4.9 加 1 mL~2 mL 的 TN 缓冲液浸没沉淀,冰浴静置 1 h~2 h,待沉淀悬浮起来之后,分装。

6.4.10 病毒纯化后,宜通过电子显微镜观察确认病毒颗粒完整性。

注:对于蔗糖梯度密度离心纯化效果不理想的病毒,宜采用氯化铯或其他介质的密度梯度离心进行纯化。

6.4.11 实验结束后,将实验中所有接触病原的实验材料均参照附录 B 的要求处理。

6.5 病毒保存

6.5.1 病毒感染的靶组织使用液氮超低温保存法保存,应符合 SC/T 7019—2015 中附录 A 的要求;或使用−80℃冻结法保存,应符合 SC/T 7019—2015 中附录 B 的要求。

6.5.2 病毒粗提液使用液氮超低温保存法保存,应符合 SC/T 7019—2015 中附录 A 的要求;或使用−80℃冻结法保存,应符合 SC/T 7019—2015 中附录 B 的要求。

6.5.3 纯化的病毒粒子宜立即使用,加入 10% NaN$_3$ 至终浓度为 0.1%,于 4℃可存放 2 个月;或使用液氮超低温保存法保存,应符合 SC/T 7019—2015 中附录 A 的要求;或使用−80℃冻结法保存,应符合 SC/T 7019—2015 中附录 B 的要求。

附　录　A
（规范性附录）
试剂配方

TN 缓冲液

Tris-HCl	3.15 g
NaCl	23.38 g
加水溶解定容至	1 000 mL

混匀后调整 pH 至 7.4,经 0.22 μm 孔径的滤器过滤除菌,储存于 4℃。

附　录　B
（资料性附录）
水产病害诊断实验室染病动物及病原污染物的处理方法

B.1　染病动物及病原污染物的范围

水产病害诊断实验室为了进行病害的诊断，需要对所诊断病害的病原生物在保持其活性的情况下进行必要的处理、富集、浓缩或增殖。在诊断实验完成后，产生可能携带有明显感染活性的该种病原生物的幸存的实验动物、实验材料、待清洗的实验用品或设备、暂养废水、废气等都属于染病动物及病原污染物。

B.2　各类染病动物及病原污染物的处理方法

B.2.1　幸存的实验动物

幸存的实验动物应该捕杀，对于传染性弱或容易丧失感染性的水生动物病原，在尸体上撒上含氯消毒剂粉末或用沸水浸烫，按普通垃圾处理；对于传染性强或耐受力强的病原，应将动物尸体进行高压蒸汽消毒，然后按普通垃圾处理。

B.2.2　实验材料

感染性污染的实验材料包括带有病原感染活性的实验动物尸体、试剂、培养基、少量废水和一次性实验用品等。少量的小型实验动物尸体、试剂、培养基、少量废水和一次性实验用品等可采用经高压蒸汽消毒后按普通垃圾处理。大批量的小型实验动物尸体和一次性实验用品等可集中焚化后按普通垃圾处理。大批量试剂和培养基等含液量高的材料可加入氯消毒剂至有效氯含量达 2 000 mg/L 的浓度保持30 min，然后按相应化学药品的废物处理要求处理。

B.2.3　待清洗的实验用品或设备

用含有 2 000 mg/L 有效氯的含氯消毒剂溶液清洗或擦净实验用品或设备的表面，并在该消毒剂溶液中浸泡或保持表面润湿 5 min，然后再用清水进行清洗或擦拭。对于不能经受上述浓度的含氯消毒剂腐蚀的实验用品或设备的表面，用 3% 的过氧化氢清洗或擦拭，然后再用清水进行清洗或擦拭。

B.2.4　暂养后的废水

暂养后的废水中加入含氯消毒剂，使有效氯浓度达到 2 000 mg/L，保持 30 min，然后按普通废水处理。若该废水不存在其他污染，可再加入硫代硫酸钠至 2 000 mg/L 浓度，搅拌混匀，放置 10 min 后排放。

B.2.5　气溶胶

诊断有高度传染力的烈性水生动物疾病或其病原对干燥、紫外线等耐受力强的水生动物疾病，不应该在邻近水产养殖或自然水域的地点进行可形成带有大量感染性污染的气溶胶的实验工作，如暂养时的大量充气。进行可形成大量气溶胶的实验，应在相应容器上覆盖防扩散薄膜，必要的情况下在实验室用塑料薄膜做成临时隔断，增加气溶胶扩散的难度。在经常进行该类工作的实验室安装紫外线灯，定时用紫外线进行消毒。

————————————

ICS 65.020.30
B 41

中华人民共和国水产行业标准

SC/T 7204.5—2020

对虾桃拉综合征诊断规程
第5部分：逆转录环介导核酸
等温扩增检测法

Diagnostic protocols for taura syndrome of penaeid shrimp—
Part 5: Reverse transcription loop–mediated isothermal amplification

2020-08-26 发布

2021-01-01 实施

中华人民共和国农业农村部 发布

前　　言

SC/T 7204—2007《对虾桃拉综合征诊断规程》拟分为如下部分：
——第1部分：外观症状诊断法；
——第2部分：组织病理学诊断法；
——第3部分：RT-PCR检测法；
——第4部分：指示生物检测法；
——第5部分：逆转录环介导核酸等温扩增检测法；
············
本部分为SC/T 7204.1的第5部分。

本部分按照GB/T 1.1—2009给出的规则起草。

请注意本文件的某些内容可能涉及专利。本文件的发布机构不承担识别这些专利的责任。

本部分由农业农村部渔业渔政管理局提出。

本部分由全国水产标准化技术委员会(SAC/TC 156)归口。

本部分起草单位：中国水产科学研究院黄海水产研究所。

本部分主要起草人：张庆利、黄倢、万晓媛、徐婷婷、梁艳、邱亮、桑松文、杨冰、李晨。

对虾桃拉综合征诊断规程 第5部分:逆转录环介导核酸等温扩增检测法

1 范围

本部分给出了对虾桃拉综合征病毒逆转录环介导核酸等温扩增检测法所需试剂和材料、器材和设备、操作步骤和结果判定的要求。

本部分适用于对虾桃拉综合征的初筛检测。

2 规范性引用文件

下列文件对于本文件的应用是必不可少的。凡是注日期的引用文件,仅注日期的版本适用于本文件。凡是不注日期的引用文件,其最新版本(包括所有的修改单)适用于本文件。

SC/T 7204.3—2007 对虾桃拉综合征诊断规程 第3部分:RT-PCR检测法

3 缩略语

下列缩略语适用于本文件。

Bst 酶:*Bst* 2.0 热启动 DNA 聚合酶(*Bst* 2.0 WarmStart DNA Polymerase)

dNTP:脱氧核苷三磷酸(deoxyribonucleoside triphosphate)

M-MLV 酶:M-MLV 逆转录酶(reverse transcriptase M-MLV RNase H-)

RT-LAMP:逆转录环介导等温扩增(reverse transcription loop-mediated isothermal amplification)

TSV:桃拉综合征病毒(taura syndrome virus)

4 试剂和材料

4.1 除非另有说明,在实验中仅使用确认为分析纯的试剂、去离子水或蒸馏水或相当纯度的水。

4.2 引物 TSV-F3:5′-AAC ART TTG TCT CTC TIA GA-3′,10 μmol/L,−20℃保存。

引物 TSV-B3:5′-TCG CCC TTA TTC TTI GGA AT-3′,10 μmol/L,−20℃保存。

引物 TSV-FIP:5′-CIG GCA AAG TAA CCA AAT CGC TTT TAT GKT IAC TAG ACG TTC CAG T-3′,20 μmol/L,−20℃保存。

引物 TSV-BIP:5′-CCT TTG GIA CIG ATA ATT CAY TAC GTT TTG CTA CCA TGA GTI AAI CTA-3′,20 μmol/L,−20℃保存。

4.3 10×Isothermal Amplification Buffer:商品化产品,稀释为1×工作液时内含 20 mmol/L Tris-HCl,50 mmol/L KCl,10 mmol/L (NH₄)₂SO₄,2 mmol/L MgSO₄,0.1% Tween® 20,或其他等效等温扩增缓冲液。

4.4 dNTP (各 20 mmol/L):含 dATP、dTTP、dCTP、dGTP 各 20 mmol/L,按附录 A 中 A.1 的规定执行,−20℃保存,避免反复冻融。

4.5 甜菜碱(Betaine):浓度 5 mol/L,按 A.2 规定执行,−20℃保存,避免反复冻融。

4.6 硫酸镁(MgSO₄):浓度 100 mmol/L,−20℃保存。

4.7 M-MLV 逆转录酶:酶浓度 200 U/μL,−20℃保存,避免反复冻融。

4.8 *Bst* DNA 聚合酶:酶浓度 8 U/μL,−20℃保存,避免反复冻融。

4.9 核酸染料:20× Eva Green,商品化试剂,4℃保存,或其他等效核酸染料。

4.10 阳性对照为已知感染 TSV 且 RT-PCR 结果显示明显阳性的对虾组织,−80℃保存。

4.11 阴性对照为已知未感染 TSV 且 RT-PCR 结果显示阴性的对虾组织,−80℃保存。

4.12 空白对照为 RNase-free 水。

5 器材和设备

5.1 微量移液器。

5.2 离心机。

5.3 手掌型离心机。

5.4 普通冰箱。

5.5 −80℃超低温冰箱。

5.6 涡旋振荡器。

5.7 无 RNA 酶的 1.5 mL 离心管。

5.8 无 RNA 酶的 0.2 mL PCR 管。

5.9 无 RNA 酶的微量移液枪头。

5.10 实时荧光定量 PCR 仪。

6 操作步骤

6.1 样品的准备和 RNA 的提取

6.1.1 样品准备方法和样品 RNA 提取按 SC/T 7204.3—2007 中 7.2 和 7.3 的要求,或采用等同效果的商品化试剂盒。

6.1.2 核酸提取完成后测定 RNA 浓度和质量,将 RNA 稀释为 10 ng/μL～100 ng/μL,取 10 μL 分装于 0.2 mL PCR 管中,在 65℃条件下保温 15 min,然后迅速置于冰上,完成核酸的变性。

6.2 RT-LAMP 检测

6.2.1 反应体系配制

按表 1 的要求,在冰盒上的低温状态下配制 RT-LAMP 检测反应体系,混匀后,分装为 24 μL/管;同时设置空白对照、阴性对照和阳性对照。空白对照中加入 1 μL RNase-free 水作为模板,阴性对照、待检样品、阳性对照中分别次序加入 1 μL、总量为 10 ng～100 ng 的变性 RNA 作为模板。

表 1 RT-LAMP 反应预混物所需试剂

试剂	加样量,μL	试剂终浓度
10×Isothermal Amplification Buffer	2.5	1×
MgSO$_4$（100 mmol/L）	1.0	4.0 mmol/L
Betaine（5 mol/L）	6.0	1.2 mol/L
dNTP（各 20 mmol/L）	1.5	1.2 mmol/L
TSV-FIP（20 μmol/L）	2.0	1.6 μmol/L
TSV-BIP（20 μmol/L）	2.0	1.6 μmol/L
TSV-F3（10 μmol/L）	0.5	0.2 μmol/L
TSV-B3（10 μmol/L）	0.5	0.2 μmol/L
M-MLV 逆转录酶（200 U/μL）	0.2	1.6 U/μL
Bst DNA 聚合酶（8 U/μL）	1.0	0.32 U/μL
Eva Green（25 μmol/L）	0.8	0.8 μmol/L
RNase-free 水	6.0	
反应体系配制也可采用同等效果的商业化 RT-LAMP 试剂盒代替。		
注:扩增靶序列参见附录 B,推荐实验室分区和污染控制措施见附录 C。		

6.2.2 反应条件

各样品置于实时荧光定量 PCR 仪中,选择 SYBR 通道,63℃ 反应 60 min。

7 结果判定

7.1 阳性对照反应产生典型"S"形扩增曲线且空白对照和阴性对照反应产生非"S"形扩增曲线时,检测实验成立。

7.2 待检样品反应产生典型"S"形扩增曲线,则判定该样品为TSV阳性。

7.3 待检样品反应产生类似平直的非扩增曲线,则判定该样品为TSV阴性。

附 录 A
（规范性附录）
检测相关试剂配方

A.1 dNTP(各 20 mmol/L)

商品化试剂含 dATP、dTTP、dCTP 和 dGTP 各 1 管,每管 400 μL,浓度为 100 mmol/L,化冻后将上述 dATP、dTTP、dCTP 和 dGTP 混合,再加入 400 μL 的无 RNA 酶水,充分混匀,分装到多个 1.5 mL 的 EP 管中,−20℃保存,避免反复冻融。

A.2 甜菜碱(5 mol/L)

称取 2.93 g 甜菜碱粉末,放入 15 mL 离心管中,加入无 RNA 酶水使溶液终体积为 5 mL,混匀并分装至多个 1.5 mL EP 管中,−20℃保存备用。

附　录　B
（资料性附录）
TSV RT-LAMP 检测引物设计及其在靶基因中的位置

RT-LAMP 引物在 TSV 靶基因中的位置见图 B.1。

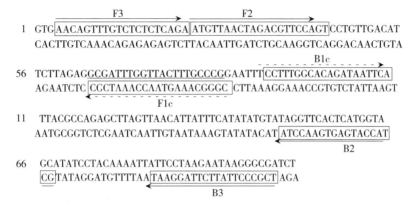

注：该序列的 GenBank 号为 AY997025；图中序列为对虾桃拉综合征病毒（TSV）核酸等温扩
　　增的产物序列，其中 TSV-FIP 由 F1c＋F2 组成，TSV-BIP 由 B1c＋B2 组成。

图 B.1　RT-LAMP 引物在 TSV 靶基因中的位置

附　录　C
（规范性附录）
等温扩增实验室要求及污染控制措施

C.1　等温扩增的实验室分区

RT-LAMP 方法扩增效率高，扩增终产物的量极大（为起始模板的 $10^9 \sim 10^{10}$ 倍），进行严格的实验室分区是切断产物污染的必要保障。检测过程中，须将等温扩增前的操作区与等温扩增后的工作分成相互隔离的实验室，所需试剂、仪器、实验室各种用品、工作服等均应独立使用。长期从事常规性等温扩增检测工作的人员也应进行专门分工。

专用于等温扩增检测的实验室应分为 4 个隔离的区域（房间），包括洁净区、样品区、扩增区、结果判断区。洁净区和样品区属于等温扩增前区，扩增区和结果判断区属于等温扩增后区。其中，洁净区专用于配制和分装等温扩增所用试剂，不应该接触任何样品；样品区专用于进行样品的处理，不应该接触任何可能存在的等温扩增产物；扩增区专用于进行等温扩增，结果判断区专用于等温扩增产物检测结果的判断。只允许从洁净区→样品区→扩增区→结果判断区的单向物流，同时等温扩增后区也应该尽可能避免扩增产物的污染。由于即使严格操作扩增区也存在产物污染的可能，所以应定期对扩增区和结果判断区进行产物污染的消除处理。

应定期（宜每月一次）对专门从事等温扩增检测的实验室各区的产物污染程度进行测试评估，并有针对性地进行消除产物污染的处理。

C.2　污染控制措施

等温扩增反应产物的不当处理会造成实验室的严重污染，含等温扩增反应产物的用品，如枪头、离心管、凝胶和手套等应用有效氯含量为 5.0×10^{-3} g/L 的含氯消毒剂溶液处理后，再以塑料自封袋密封包装后丢弃；含有等温扩增反应产物的溶液应加入含氯消毒剂并使终浓度达 5.0×10^{-3} g/L 以上，处理 10 min 以上方可直接倒入下水道口。等温扩增反应产物可能沾污的衣物、桌椅、拖把、扫帚、垃圾桶等严禁带入等温扩增的前区。等温扩增的产物只能密封保存在等温扩增的后区，不能出现在扩增前区的任何位置。

ICS 65.020.30
B 41

中华人民共和国水产行业标准

SC/T 7232—2020

虾肝肠胞虫病诊断规程

Code of diagnosis for *Enterocytozoon hepatopenaei* disease

2020-08-26 发布   2021-01-01 实施

中华人民共和国农业农村部 发布

前　言

本标准按照 GB/T 1.1—2009 给出的规则起草。

请注意本文件的某些内容可能涉及专利。本文件的发布机构不承担识别这些专利的责任。

本标准由农业农村部渔业渔政管理局提出。

本标准由全国水产标准化技术委员会(SAC/TC 156)归口。

本标准起草单位:天津市水生动物疫病预防控制中心、中国水产科学研究院黄海水产研究所。

本标准主要起草人:耿绪云、刘群、王菁、韩进刚、赵良炜、徐赟霞、梁艳。

虾肝肠胞虫病诊断规程

1 范围

本标准给出了虾肝肠胞虫病（*Enterocytozoon hepatopenaei* disease）诊断试剂和材料、器材和设备、临床症状，规定了采样、组织病理、套式 PCR 和 TaqMan 荧光定量 PCR 等病原检验的 3 种方法和综合判定。

本标准适用于虾肝肠胞虫病的诊断、监测、检疫和流行病学调查。

2 规范性引用文件

下列文件对于本文件的应用是必不可少的。凡是注日期的引用文件，仅注日期的版本适用于本文件。凡是不注日期的引用义件，其最新版本（包括所有的修改单）适用于本文件。

GB/T 28630.4—2012 白斑综合征（WSD）诊断规程 第 4 部分：组织病理学诊断法

SN/T 1193 基因检验实验室技术要求

3 缩略语

下列缩略语适用于本文件。

bp：碱基对（base pair）

DNA：脱氧核糖核酸（deoxyribonucleic acid）

EB：溴化乙啶（ethidium bromide）

EHP：虾肝肠胞虫（*Enterocytozoon hepatopenaei*）

PCR：聚合酶链反应（polymerase chain reaction）

SWP：孢子壁蛋白（spore wall protein）

SSU rRNA：小亚单位核糖体核糖核酸（Small subunit ribosomal ribonucleic acid）

Taq：水生栖热菌（*Thermus aquaticus*）

Tris：三羟甲基氨基甲烷（tris hydroxymethyl aminomethane）

4 试剂和材料

4.1 除非另有说明，在分析中仅使用确认为分析纯的试剂和蒸馏水或去离子水或相当纯度的水。

4.2 组织病理法所用试剂和材料：除阳性对照、阴性对照外，按照 GB/T 28630.4—2012 中第 3 章的规定执行。

4.3 无水乙醇：分析纯。

4.4 10×PCR 缓冲液：随 *Taq* DNA 聚合酶提供，－20℃保存。

4.5 $MgCl_2$（25 mmol/L）：－20℃保存。

4.6 dNTPs（各 2.5 mmol/L）：含 dCTP、dGTP、dATP、dTTP 各 2.5 mmol/L 的混合物，－20℃保存，用于 PCR。

4.7 *Taq* DNA 聚合酶（5 U/μL）：－20℃保存。

4.8 2×预混液（2×Premix Ex *Taq*）。

4.9 套式 PCR 引物的目的基因为 SWP 基因，对虾肝肠胞虫有很高的特异性，浓度为 10 μmol/L。序列如下：

514F：5′-TTG-CAG-AGT-GTT-GTT-AAG-GGT-TT-3′；

514R：5′-CAC-GAT-GTG-TCT-TTG-CAA-TTT-TC-3′；

147F：5′-TTG-GCG-GCA-CAA-TTC-TCA-AAC-A-3′；

147R:5′-GCT-GTT-TGT-CTC-CAA-CTG-TAT-TTG-A-3′。

4.10 TaqMan 荧光定量 PCR 引物和探针的目的基因为 SSU rRNA 基因,对肠胞虫属有较好的特异性,但对虾肝肠胞虫的特异性不高,浓度为 10 μmol/L。序列如下:

157F:5′-AGT-AAA-CTA-TGC-CGA-CAA-3′;

157R:5′-AAT-TAA-GCA-GCA-CAA-TCC-3′;

TaqMan 探针:5′-FAM-TCC-TGG-TAG-TGT-CCT-TCC-GT-TAMRA-3′。

4.11 矿物油:要求无 DNA 酶和 RNA 酶,用于无热盖的 PCR 扩增仪,还可以降低气溶胶产生的风险。

4.12 分子量标准:DL 2 000 Marker。

4.13 琼脂糖。

4.14 抽提液Ⅰ:按附录 A 中 A.2 的规定执行。

4.15 抽提液Ⅱ:按 A.3 的规定执行。

4.16 TE 缓冲液:按 A.4 的规定执行。

4.17 1×TAE 电泳缓冲液:按 A.8 的规定执行。

4.18 核酸凝胶染色剂:10 mg/mL 溴化乙锭(EB)储存液按 A.10 的规定,或其他 EB 替代品。

4.19 组织病理阳性对照:受 EHP 感染的对虾制成的组织切片。

4.20 组织病理阴性对照:未受 EHP 感染的对虾制成的组织切片。

4.21 套式 PCR 和 TaqMan 荧光定量 PCR 阳性对照:为已知 EHP 阳性的组织样品 DNA 模板,满足 PCR 分析需要,−20℃保存。

4.22 套式 PCR 和 TaqMan 荧光定量 PCR 阴性对照:为已知 EHP 阴性的组织样品 DNA 模板,−20℃保存。

4.23 套式 PCR 和 TaqMan 荧光定量 PCR 空白对照为无菌双蒸水。

5 器材和设备

5.1 组织病理法所用器材和设备:按照 GB/T 28630.4—2012 中第 4 章的规定执行。

5.2 PCR 扩增仪。

5.3 实时荧光定量 PCR 仪。

5.4 核酸浓度测定仪。

5.5 电泳仪。

5.6 水平电泳槽。

5.7 紫外观察仪或凝胶成像仪。

5.8 普通台式高速离心机。

5.9 手掌型离心机。

5.10 水浴锅或金属浴。

5.11 普通冰箱。

5.12 加热设备:电炉或微波炉等。

5.13 微量移液器:量程 0.1 μL～2.5 μL、0.5 μL～10 μL、2 μL～20 μL、20 μL～200 μL、100 μL～1 000 μL。

5.14 分析天平:可精确称量到 0.000 1 g 的天平。

6 临床症状

患病对虾肝胰腺和肠道颜色较深,严重者肝胰腺萎缩,生长缓慢,个体明显偏小,感染群体生长差异明显增大。在正常养殖条件下,摄食正常,肠胃充满食物,不出现大量、急性死亡。体长相同时,发病群体的平均体重约为 EHP 阴性群体的 70%(参见附录 B)。

7 采样

7.1 采样对象

凡纳滨对虾(*Litopenaeus vannamei*)、斑节对虾(*Penaeus monodon*)、日本囊对虾(*Marsupenaeus japonicus*)等对虾,参见附录 B。轮虫、卤虫等容易携带 EHP 的饵料生物。

7.2 采样数量、方法和保存运输

应符合 GB/T 28630.4—2012 中附录 B 的要求。

7.3 样品的采集

7.3.1 对虾受精卵、幼体、仔虾取完整个体;幼虾至成虾阶段取去除眼柄的头胸部(肝胰腺、鳃丝、心脏等)、肠组织或粪便。

7.3.2 受精卵、幼体、仔虾或达到 0.5 g 样品可以合并样本,个体稍大的虾可取个体进行检验。轮虫、卤虫取完整个体,可以合并样本进行检验。进行荧光定量 PCR 检验时,需要对样本进行称重;采集的粪便干燥后称重。所取样品分别置于 1.5 mL 离心管中,立即进行 DNA 提取操作或于−20℃暂时保存。

8 病原检验

8.1 组织病理

8.1.1 检验方法

按照 GB/T 28630.4—2012 中第 5 章的规定执行。选取肝胰腺和肠道进行组织病理检验。

8.1.2 结果判定

8.1.2.1 正常样品的肝胰腺或肠道组织切片经 H-E 染色后,核质反差明显,肝胰腺小管和肠道上皮细胞质染成紫红色,细胞核大而呈椭圆形或圆形,染色质和核仁明显,染成蓝紫色。

8.1.2.2 虾肝肠胞虫主要寄生在虾的肝胰腺和肠道组织中。

8.1.2.3 被感染的对虾肝胰腺小管上皮细胞胞质内有孢囊,高倍油镜下少量细胞可见嗜碱性胞质包涵体,并可见密集的大小在 1 μm 左右的粒状孢子。

8.2 DNA 提取

8.2.1 样品 DNA 的提取应在样品区独立完成,避免造成区域间污染。

8.2.2 称取 100 mg 组织样品,放入 1.5 mL 的离心管中,再加入 900 μL CTAB(见附录 A 中的 A.1,用前加巯基乙醇至终浓度 0.25%)并混匀。25℃ 作用 2 h。

8.2.3 上述混合溶液加入抽提液Ⅰ(见 A.2)500 μL,用力振摇 30 s。12 000 r/min 离心 5 min,分离两相。吸取上层水相 800 μL 置于灭菌 1.5 mL 离心管中。

8.2.4 再加入抽提液Ⅱ(见 A.3)700 μL,用力振摇 30 s。12 000 r/min 离心 5 min,分离两相。吸取上层水相 600 μL 置于灭菌 1.5 mL 离心管中。

8.2.5 再加入无水乙醇(−20℃ 预冷)900 μL (1.5 倍体积),颠倒混匀。−20℃过夜沉淀。12 000 r/min 离心 30 min。弃上清液,待干燥后加 TE 缓冲液(见 A.4)100 μL 溶解作为 PCR 模板。

8.2.6 除 CTAB 提取方法外,可使用达到同等效果的其他方法或商业化提取试剂盒。

8.2.7 采用荧光定量 PCR 法进行检验时,需以样品的 DNA 模板量或组织量作为基数进行样品的拷贝数对比。前者需要对提取的 DNA 进行浓度及纯度测定;后者应考虑样品提取中的回收率,按上述方法进行提取时,模板 DNA 样品中的相对组织量可按如下方法计算:100 mg/1 000 μL×800 μL/800 μL×600 μL/100 μL＝0.6 mg/μL。

8.3 套式 PCR

8.3.1 扩增区域

样品的 PCR 扩增应在 PCR 反应区独立完成,避免造成区域间污染。

8.3.2 套式 PCR 第一步

8.3.2.1 PCR 反应体系(25 μL)包括:514F 引物(10 μmol/L)和 514R 引物(10 μmol/L)各 0.5 μL,0.5 μL dNTPs(各 2.5 mmol/L),1.5 μL MgCl₂(25 mmol/L),2.5 μL 10× PCR Buffer,0.5 U *Taq* DNA 聚合酶,模板基因组 DNA 1 μL,最后用水定容至 25 μL。PCR 反应体系中的 dNTPs、MgCl₂ 和 PCR Buffer 等除模板以外的 PCR 体系组分应预先配制大样本量的预混物,以消除样品间的体系配制误差,增加体系配置精度,降低配制工作量。也可用等效的商品化预混 *Taq* 酶来代替。每管加 20 μL 矿物油。PCR 反应同时设置空白对照、阴性对照和阳性对照。

8.3.2.2 PCR 反应条件为:95℃ 5 min;95℃ 30 s、58℃ 30 s、68℃ 45 s,30 个循环;68℃ 延伸 5 min,最后 4℃保温。

8.3.3 套式 PCR 第二步

8.3.3.1 PCR 反应体系(25 μL)包括:147F 引物(10 μmol/L)和 147R 引物(10 μmol/L)各 0.5 μL,0.5 μL dNTPs(各 2.5 mmol/L),1.5 μL MgCl₂(25 mmol/L),2.5 μL 10× PCR Buffer,0.5 U *Taq* DNA 聚合酶及套式 PCR 第一步反应产物 1 μL,最后用水定容至 25 μL。PCR 反应体系中的 dNTPs、MgCl₂ 和 PCR Buffer 等除模板以外的 PCR 体系组分应预先配制大样本量的预混物,以消除样品间的体系配制误差,增加体系配置精度,降低配制工作量。也可用等效的商品化预混 *Taq* 酶来代替。每管加 20 μL 矿物油。PCR 反应同时设置空白对照、阴性对照和阳性对照。

8.3.3.2 PCR 反应条件为:95℃ 5 min;95℃ 30 s、58℃ 30 s、68℃ 45 s,35 个循环;68℃ 延伸 5 min,最后 4℃保温。

8.3.4 琼脂糖电泳

8.3.4.1 样品的电泳操作应在电泳区独立完成,电泳区所有设备、工具、药剂、工作服、鞋套、废物等均不得挪到其他工作区,避免造成区域间污染。

8.3.4.2 配制 1%的琼脂糖凝胶(见 A.9),加入 10 mg/mL EB(见 A.10)至终浓度 1 μg/mL,摇匀,制备琼脂糖凝胶。也可选用其他具良好染色效果的无毒核酸荧光染料。

8.3.4.3 将 6 μL PCR 产物和 2 μL 加样缓冲液(见 A.11)混匀后加入样品孔。同时,设立 DNA 分子量标准对照,紫外凝胶成像观察并判断结果。

8.3.5 结果判定

8.3.5.1 阳性对照第一步 PCR 在 514 bp 和/或第二步 PCR 在 147 bp 处有特定条带、阴性对照在 514 bp 和 147 bp 处无条带且空白对照不出现任何条带,实验有效。

8.3.5.2 待测样品第一步 PCR 在 514 bp 处有条带和/或第二步 PCR 在 147 bp 处有条带,且 PCR 产物测序结果同参考序列(参见附录 C)进行比对,结果符合的判定套式 PCR 结果阳性;检验样品第一步 PCR 在 514 bp 处无条带且第二步 PCR 在 147 bp 处无条带,判定套式 PCR 结果阴性。

8.3.5.3 结果判定可疑时,建议采用其他检验方法进行确认。

8.4 TaqMan 荧光定量 PCR

8.4.1 样品的 TaqMan 荧光定量 PCR 应在 PCR 反应区独立完成,避免造成区域间污染。

8.4.2 TaqMan 荧光定量 PCR 反应体系(25 μL)包括:2×预混液(2×Premix Ex *Taq*)12.5 μL,157F 引物(10 μmol/L)和 157R 引物(10 μmol/L)各 1 μL,TaqMan 探针 0.5 μL,模板 1 μL,用水定容至 25 μL。除模板以外的 PCR 体系组分应预先配制大样本量的预混体系,以消除样品间的体系配制误差,增加体系配置精度,降低配制工作量。预混体系分装到 PCR 反应管后,加入模板 DNA,瞬时离心,将 PCR 管置于实时荧光定量 PCR 仪。同时设置阳性对照、阴性对照、空白对照。

8.4.3 TaqMan 荧光定量 PCR 反应条件为:95℃ 30 s;95℃ 5 s,60℃ 30 s,40 个循环。

8.4.4 结果判定

阴性对照和空白对照应无 *Ct* 值;阳性对照 *Ct* 值<35,且出现典型扩增曲线,反应成立。待测样品 *Ct* 值≤35 且出现典型扩增曲线,可判为阳性;若待测样品无 *Ct* 值,或无扩增曲线,可判定为阴性。待测样品

Ct 值＞35,应进行一次重复检验。若重复检验后结果相同,可判为阳性;否则,判为阴性。

9 综合判定

9.1 可疑判定

9.1.1 出现典型的临床症状(参见附录 B)的对虾,组织病理学检验或套式 PCR 检验或 TaqMan 荧光定量 PCR 检验中任一结果为阳性,判定为虾肝肠胞虫病疑似,需要进一步确认。

9.1.2 饵料生物样品,套式 PCR 检验或 TaqMan 荧光定量 PCR 检验中有一个结果为阳性,判定为虾肝肠胞虫核酸疑似阳性,应进行一次重复检验以确认。

9.2 确诊判定

9.2.1 出现典型的临床症状(参见附录 B)的对虾,组织病理学检验、套式 PCR 检验或 TaqMan 荧光定量 PCR 检验中有 2 个以上(含 2 个)结果为阳性,判定患虾肝肠胞虫病。

9.2.2 无临床症状的对虾,组织病理学检验和/或套式 PCR 检验结果为阳性,且 TaqMan 荧光定量 PCR 检验为阳性,判定 EHP 感染。

9.2.3 无临床症状的对虾,组织病理学检验和套式 PCR 检验结果为阴性,判定虾肝肠胞虫病阴性。

9.2.4 饵料生物样品,套式 PCR 检验和 TaqMan 荧光定量 PCR 检验结果均为阳性,判定 EHP 核酸阳性;否则,判定阴性。

9.2.5 TaqMan 荧光定量 PCR 检测结果为阳性,但套式 PCR 为阴性,说明可能是肠胞虫属阳性结果,判为虾肝肠胞虫阴性。

附 录 A

（规范性附录）

试剂配制

本附录中所有化学试剂，除特别注明外，全部为分析纯试剂。

A.1 CTAB 溶液

NaCl	8.19 g
EDTA	0.744 g
Tris-HCl	1.21 g
CTAB	2 g
水	100 mL

配制方法是在 60 mL 水中顺序加入 8.19 g NaCl、0.744 g EDTA、1.21 g Tris、0.25 mL~0.3 mL 浓 HCl，使 pH 7.5~8.0，再加入 2 g CTAB，完全溶解后加水至 100 mL。其中含 CTAB 2%、NaCl 1.4 moL/L、EDTA 20 mmoL/L、Tris-HCl(pH 7.5)20 mmoL/L。CTAB 溶液使用前加巯基乙醇至终浓度为 0.25%。

A.2 抽提液 I

异戊醇、氯仿、1 mol/L Tris-HCl 饱和酚分别按体积比 1:24:25 的比例混合，4℃密闭避光保存。

A.3 抽提液 II

异戊醇与氯仿按体积比 1:24 的比例混合，4℃密闭避光保存。

A.4 TE 缓冲液(pH 8.0)

1 mol/L Tris-HCl(pH 8.0)	10 mL
0.5 mol/L EDTA(pH 8.0)	2 mL

加水定容至 1 000 mL，高压蒸气灭菌，4℃储存。

A.5 1 mol/L Tris-HCl(pH 8.0)

Tris	121.1 g
水	800 mL

溶解后加入约 42 mL 浓盐酸调 pH 接近 8.0，冷却至室温，再用 2.5 mol/L HCl 调整 pH 至 8.0。加水定容至 1 000 mL，分装后，高压蒸气灭菌，室温储存。

A.6 0.5 mol/L EDTA(pH 8.0)

乙二胺四乙酸二钠(EDTA-Na$_2$·2H$_2$O)	18.6 g
水	80 mL

磁力搅拌，用 2.5 mol/L NaOH 调节溶液 pH 至 8.0，完全溶解，定容至 100 mL。高压蒸气灭菌，室温储存。

A.7 50×TAE 电泳缓冲液

Tris	242 g

冰乙酸	57.1 mL
0.5 mol/L EDTA(pH 8.0)	100 mL

加水定容至 1 000 mL,室温储存。

A.8 1×TAE 电泳缓冲液

50×TAE 电泳缓冲液	20 mL

加水定容至 1 000 mL,室温储存。

A.9 1%琼脂糖凝胶

琼脂糖粉	1 g
1×TAE 电泳缓冲液	加至 100 mL

将琼脂糖粉加入 100 mL TAE 电泳缓冲液(1×)中,加热融化。温度降至 60℃左右时,加入 5 μL 核酸染料,均匀铺板,厚度为 3 mm～5 mm。

A.10 10 mg/mL 溴化乙锭(EB)储存液

溴化乙锭(EB)	10 mg
水	1 mL

磁力搅拌数小时以确保其完全溶解。室温保存于棕色瓶或用铝铂包裹的瓶中。

溴化乙锭是强诱变剂并有中度毒性,称量时应戴面罩和手套,避免溅洒,试剂瓶应注明,使用时应戴手套。

A.11 加样缓冲液

每 100 mL 1×TAE 电泳缓冲液加入溴酚蓝 0.25 g、蔗糖 40 g。

附　录　B
（资料性附录）
虾肝肠胞虫病

B.1　虾肝肠胞虫病的发生与流行

虾肝肠胞虫病（*Enterocytozoon hepatopenaei* disease）也称作肝胰腺微孢子虫病（Hepatopancreatic microsporidiosis，HPM），由虾肝肠胞虫（*Enterocytozoon hepatopenaei*，EHP）感染对虾所引发。养殖虾个体小，产量低，几乎没有销售价值，经济损失严重。虾肝肠胞虫可通过受精卵垂直传播，也可以通过污染养殖水体水平传播。对虾感染虾肝肠胞虫后难以消除，常常终身携带，该病现已经在泰国、中国、印度尼西亚、马来西亚、越南、印度等国广泛发生，严重影响对虾产业的健康发展。

B.2　宿主

凡纳滨对虾（*Litopenaeus vannamei*）、斑节对虾（*Penaeus monodon*）、日本囊对虾（*Marsupenaeus japonic*us）等对虾。

B.3　临床症状

患病对虾肝胰腺和肠道颜色较深，严重者肝胰腺萎缩，生长缓慢，个体明显偏小，感染群体生长差异明显增大。正常养殖条件下，摄食正常，肠胃充满食物，不出现大量、急性死亡。体长相同时，发病群体的平均体重约为 EHP 阴性群体的 70%。

B.4　病原

虾肝肠胞虫（*Enterocytozoon hepatopenaei*，EHP），属于肠胞虫科（Enterocytozoonidae）、肠胞虫属（*Enterocytozoon*），是一种可感染多种真核生物的专性细胞内寄生真菌。成熟的虾肝肠胞虫孢子呈椭圆形，具有极丝、1 个细胞核和 1 个后位空泡，由几丁质构成的孢壁包裹，大小为 $(1.1\pm0.2)\ \mu m \times (0.7\pm0.1)\ \mu m$。

B.5　虾肝肠胞虫组织病理学图例

见图 B.1。

B.6　EHP 的电镜图片

见图 B.2、图 B.3。图片来源：乔毅，等，2018.南美白对虾肝肠胞虫的分离及形态学观

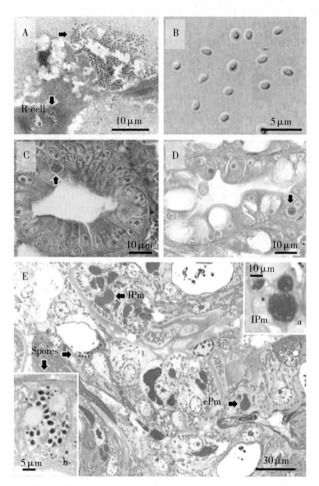

A：箭头示肝胰腺组织经 H-E 染色涂片后的诸多微孢子；B：经密度梯度离心制备的微孢子；C & D：箭头示肝胰腺小管上皮细胞细胞质中的嗜酸性包涵体；E：肝胰腺小管上皮细胞细胞质内的早期和晚期虾肝肠胞虫(a)以及成熟孢子(b)。ePm：早期虾肝肠胞虫；LPm：晚期虾肝肠胞虫。

注：图片引自 Tourtip S, Wongtripop S, Stentiford G D, et al, 2009. *Enterocytozoon hepatopenaei*, sp. nov. (Microsporida: Enterocytozoonidae), a parasite of the black tiger shrimp *penaeus monodon*, (Decapoda; Penaeidae); fine structure and phylogenetic relationships[J]. Journal of Invertebrate Pathology, 102(1);21-29.

图 B.1　斑节对虾肝胰腺小管上皮细胞内的虾肝肠胞虫显微照片

察[J]. 中国水产科学,25(5):1051-1058.

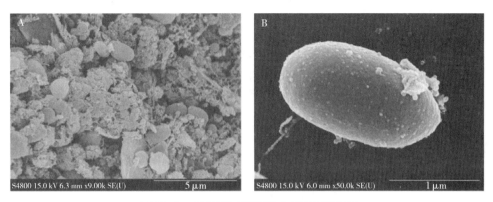

图 B.2　EHP 孢子扫描电镜观察结果

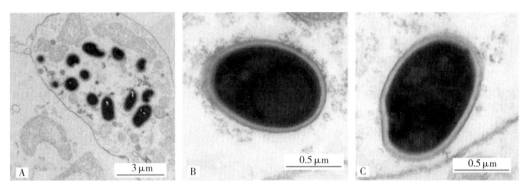

图 B.3　EHP 孢子透射电镜观察结果

B.7　TaqMan 荧光定量 PCR 标准曲线

见图 B.4。图片来源:Liu Y-M,Qiu L,Sheng A-Z,et al. Quantitative detection method of *Enterocytozoon hepatopenaei* using Taqman probe real-time PCR[J]. Journal of Invertebrate Pathology,2018 (151):191-196.

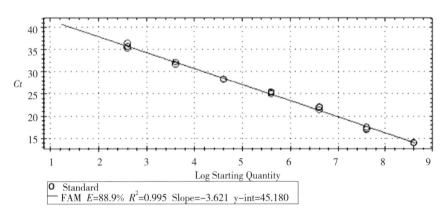

SQ:初始模板量　Ct:扩增阈值循环数　R^2:相关系数　E:扩增效率

由标准曲线所得回归方程为:$Ct=-3.621\log(SQ)+45.180$,$R^2=0.995$,$E=88.9\%$。

图 B.4　EHP TaqMan 荧光定量 PCR 标准曲线

附　录　C
（资料性附录）
EHP 扩增产物参考序列

C.1 扩增虾肝肠胞虫孢子壁蛋白(SWP)基因 514 bp 片段核酸序列

TTGCAGAGTG TTGTTAAGGG TTT AAGTAAT TACGAGTTTG GCGGCACAAT TCTCAAACAT TTTCACCATT GGTCAAATAC

AATTTCAAAC ACTGTAAACC TTAAAGCATT AAAAAGAGAC GATATTTACA CAGACACAGC ATTTGTAGGA TATGAGCTTT

CAAATACAGT TGGAGACAAA CAGCTTAAAG AAGTTTGCAA TGATTTTTCT AAAGCATATG AATGCATATC AGAAGATAAA

AGGAAAATGA ATGAAAAAAT GGGAGATATT TTTGAAGAAT TAAGTATTTT AAAAAAGAAG TGCAAACAAA TTGATCATCA

ACGCAAAACT GTAAATAACC TAAGATATGA TTTAGAAGAA ATATTGCAAT CAAACATTTA TAAAGAAGAT CAAAAAGAAA

ATTTAGAAAA AAAATTAGGA GAAACATCTG AAAAAACACT AGTAGAAATG GATGAATTTA TGCATTTAAG TATGATAAAT

GGAGTAATCA A GAAAATTGC AAAGACACAT CGTG

C.2 扩增虾肝肠胞虫孢子壁蛋白(SWP)基因 147 bp 片段核酸序列

TTGGCGGCAC AATTCTCAAA CA TTTTCACC ATTGGTCAAA TACAATTTCA AACACTGTAA ACCTTAAAGC ATTAAAAAGA

GACGATATTT ACACAGACAC AGCATTTGTA GGATATGAGC TT TCAAATAC AGTTGGAGAC AAACAGC

ICS 65.020.30
B 41

中华人民共和国水产行业标准

SC/T 7233—2020

急性肝胰腺坏死病诊断规程

Code of diagnosis for acute hepatopancreatic necrosis disease

2020-08-26 发布

2021-01-01 实施

中华人民共和国农业农村部 发布

前　　言

本标准按照 GB/T 1.1—2009 给出的规则起草。

请注意本文件的某些内容可能涉及专利。本文件的发布机构不承担识别这些专利的责任。

本标准由农业农村部渔业渔政管理局提出。

本标准由全国水产标准化技术委员会(SAC/TC 156)归口。

本标准起草单位:中国水产科学研究院黄海水产研究所。

本标准主要起草人:万晓媛、杨冰、黄倢、张庆利、谢国驷、王海亮、梁艳、李晨、刘莉、董宣。

急性肝胰腺坏死病诊断规程

1 范围

本标准给出了急性肝胰腺坏死病诊断(acute hepatopancreatic necrosis disease，AHPND)的术语和定义、缩略语、试剂和材料、器材和设备、临床症状，规定了采样、组织病理学检测、分子生物学检测、菌种鉴定和综合判定。

本标准适用于致急性肝胰腺坏死病副溶血性弧菌(AHPND-causing *Vibrio parahaemolyticus*，Vp_{AHPND})引起的对虾急性肝胰腺坏死病流行病学调查、诊断和监测。

2 规范性引用文件

下列文件对于本文件的应用是必不可少的。凡是注日期的引用文件，仅注日期的版本适用于本文件。凡是不注日期的引用文件，其最新版本(包括所有的修改单)适用于本文件。

GB 4789.7　食品安全国家标准　食品微生物学检验　副溶血性弧菌检验

GB/T 28630.2—2012　白斑综合征(WSD)诊断规程　第2部分:套式PCR检测法

GB/T 28630.4—2012　白斑综合征(WSD)诊断规程　第4部分:组织病理学诊断

SC/T 7011　水生动物疾病术语与命名规则

3 术语和定义

SC/T 7011界定的术语和定义适用于本文件。

4 缩略语

下列缩略语适用于本文件:

bp:碱基对(base pair)

Ct 值:阈值循环数，即荧光信号达到设定的阈值时所经历的循环数(cycle-threshold value)

DAFA:戴维森氏乙醇-福尔马林-乙酸固定液(davidson's alcohol-formalin-acetic acid fixative)

DNA:脱氧核糖核酸(deoxyribonucleic acid)

dNTPs:脱氧核糖核苷三磷酸(deoxyribonucleoside triphosphate)

PCR:聚合酶链式反应(polymerase chain reaction)

Pir toxin:杀昆虫发光杆菌同源的毒素(*Photorhabdus* insect-related toxin)

qPCR:实时荧光定量PCR(quantitative real-time polymerase chain reaction)

SPF:无特定病原体(specific pathogen free)

Taq 酶:水生栖热菌DNA聚合酶(*Thermus aquaticus* DNA polymerase)

V_{AHPND}:致急性肝胰腺坏死病弧菌(AHPND-causing *Vibrio* spp.)

5 试剂和材料

5.1　除非另有说明，标准中使用的水为蒸馏水、去离子水或相当纯度的水。

5.2　二甲苯:分析纯。

5.3　中性树胶。

5.4　DAFA固定液:见附录A中的A.1。

5.5　苏木精染色液:见A.2。

5.6　1%伊红储存液:见A.3。

5.7 1%焰红储存液:见 A.4。

5.8 伊红-焰红染色液:见 A.5。

5.9 粘片剂:见 A.6。

5.10 95%乙醇:分析纯。

5.11 85%乙醇:见 A.7。

5.12 80%乙醇:见 A.8。

5.13 75%乙醇:见 A.9。

5.14 70%乙醇:见 A.10。

5.15 50%乙醇:见 A.11。

5.16 组织病理学检测阳性对照为受 Vp_{AHPND} 感染且显示明显病理变化的对虾肝胰腺组织切片。

5.17 组织病理学检测阴性对照为未受 Vp_{AHPND} 感染的健康对虾肝胰腺组织切片。

5.18 dNTPs(各 2.5 mmol/L),含 dATP、dTTP、dGTP、dCTP 各 2.5 mmol/L 的混合物,—20℃保存。

5.19 10×PCR 缓冲液,无 Mg^{2+},—20℃保存。

5.20 $MgCl_2$(25 mmol/L),—20℃保存。

5.21 *Taq* 酶(5 U/μL),—20℃保存。

5.22 分子生物学检测阳性对照为已知受 Vp_{AHPND} 感染的对虾肝胰腺组织 DNA,或 Vp_{AHPND} 菌液 DNA,或含有 $pirA^{vp}$、$pirB^{vp}$ 基因的质粒 DNA,—20℃以下保存。

5.23 分子生物学检测阴性对照为 SPF 对虾组织 DNA,—20℃以下保存。

5.24 分子生物学检测空白对照为灭菌双蒸水。

5.25 50×电泳缓冲液:见 A.12。

5.26 1×电泳缓冲液:见 A.13。

5.27 6×载样缓冲液。

5.28 琼脂糖。

5.29 DNA 分子量标准。

5.30 琼脂糖凝胶电泳核酸染料及其他等效产品。

6 器材和设备

6.1 切片机。

6.2 组织脱水机。

6.3 包埋机。

6.4 染色机。

6.5 展片水浴锅。

6.6 平板烘片机。

6.7 显微镜。

6.8 PCR 仪。

6.9 电泳仪。

6.10 水平电泳槽。

6.11 紫外观察仪或凝胶成像仪。

6.12 荧光定量 PCR 仪。

6.13 高速离心机。

6.14　微量移液器。

7　临床症状

患病对虾甲壳发软,空肠空胃或肠道内食物不连续,肝胰腺色浅发白,萎缩变小,表面常见黑色斑点和条纹,不易用手指捏破。参见附录 B。

8　采样

8.1　采样对象

凡纳滨对虾(*Litopenaeus vannamei*)和斑节对虾(*Penaeus monodon*)等易感品种,优先选择濒死虾或具有临床症状的对虾。参见附录 B。

8.2　采样数量、方法和保存运输

应符合 GB/T 28630.4—2012 中附录 B 的要求。

8.3　样品采集

8.3.1　组织病理学检测的样本,选取肝胰腺,快速浸入 DAFA 固定液中固定,24 h 后换入 70％乙醇中长期保存。

8.3.2　分子生物学检测的组织样本,选取肝胰腺、胃、中肠及后肠。亲虾的非致死检测取粪便。所取样品立即进行 DNA 提取,或暂存于 95％乙醇中,或保存于 −20℃。采样时,稍大的虾取个体检测,仔虾或未达到 0.5 g 的样品可合并样本。

8.3.3　对于细菌分离的样品,用无菌牙签从肝胰腺或胃部蘸取微量液体,按 GB 4789.7 进行分离和增菌培养。

9　组织病理学检测

9.1　操作方式

使用 6.1～6.6 中设备或手动操作完成。

9.2　修块

样品切片前的取材修整,应符合 GB/T 28630.4—2012 中附录 B 的要求,保证病灶部位能被有效地切片。

9.3　脱水

75％乙醇(1 h 45 min)→85％乙醇(1 h 45 min)→85％乙醇(1 h 45 min)→95％乙醇(45 min)→95％乙醇(45 min)→无水乙醇(45 min)→无水乙醇(45 min)。

9.4　透明

无水乙醇：二甲苯(1：1)(25 min)→二甲苯(20 min)→二甲苯(20 min)。

9.5　浸蜡

纯石蜡(1 h 20 min)→纯石蜡(1 h 20 min)。

9.6　包埋

9.7　切片

厚度 5 μm。对每个石蜡包埋块至少切取 2 片不连续的切片。

9.8　展片

宜 40℃展片,用涂有一层粘片剂的载玻片捞出,置于平板烘片机上于 45℃烘片 2 h。

9.9　染色

二甲苯(5 min)→二甲苯(5 min)→无水乙醇(2 min)→无水乙醇(2 min)→95％乙醇(2 min)→95％乙醇(2 min)→80％乙醇(2 min)→80％乙醇(2 min)→50％乙醇(2 min)→蒸馏水(2 min)→蒸馏水(2 min)→蒸馏水(2 min)→苏木精染色液(5 min)→缓慢流动的自来水(6 min)→伊红-焰红染色液

(2 min)→95%乙醇(1 min 20 s)→95%乙醇(2 min)→无水乙醇(2 min)→无水乙醇(2 min)→二甲苯(2 min 30 s)→二甲苯(2 min 30 s)→二甲苯(2 min 30 s)。

9.10 封片

滴加2滴中性树胶封片。

9.11 观察

显微镜下观察。

9.12 病理诊断

急性感染期,可见虾肝胰腺小管从近端到末端大量的、渐进性变性,部分细胞核膨大,伴随明显的上皮细胞圆化和脱落,细胞脱落至肝胰腺管腔、收集管及后胃。感染末期,可见明显的小管间血细胞浸润和大量的继发性细菌感染,与肝胰腺小管细胞坏死和脱落联合发生。判定为疑似Vp_{AHPND}感染。急性肝胰腺坏死病组织病理学图例,参见附录C。

10 分子生物学检测

10.1 DNA 提取

10.1.1 对于组织或粪便样品,取30 mg~50 mg,按GB/T 28630.2—2012中6.3提取总DNA。

10.1.2 对于菌落培养的细菌样品,取1 mL培养菌液置于1.5 mL无菌离心管中,8 000 r/min离心5 min,尽量弃掉上清液,加入1 mL灭菌双蒸水清洗1次后离心,沉淀加入100 μL灭菌双蒸水充分混匀,煮沸10 min,10 000 r/min离心5 min,将上清液转移至新管备用。

10.1.3 可采用同等抽提效果的其他方法或使用商品化DNA提取试剂盒。

10.2 DNA 提取质量监控

10.2.1 按GB/T 28630.2—2012中6.4的规定,监控十足目生物组织样品的DNA提取质量。

10.2.2 以细菌16S rRNA基因,监控细菌样品的DNA提取质量。

10.3 套式 PCR 检测

10.3.1 第一步 PCR 体系配制

按照表1中引物序列配制第一步PCR反应体系,分装到PCR管中。分别加入提取的样品DNA,同时设立阳性对照、阴性对照和空白对照。25 μL PCR反应体系,包括10×PCR缓冲液(无 Mg^{2+})2.5 μL、$MgCl_2$(25 mmol/L)3 μL、dNTPs(各2.5 mmol/L)2 μL、引物AP4-F1(10 μmol/L)0.5 μL、引物AP4-R1(10 μmol/L)0.5 μL、Taq 酶(5 U/μL)0.3 μL、模板DNA(浓度为50 ng/μL~100 ng/μL)1 μL、灭菌双蒸水15.2 μL。

表 1 套式 PCR 检测引物

扩增基因	引物名称	引物序列(5'-3')	产物片段大小
$pir\text{A}^{vp}$、$pir\text{B}^{vp}$	AP4-F1	ATGAGTAACAATATAAAACATGAAAC	1 269 bp
	AP4-R1	ACGATTTCGACGTTCCCCAA	
	AP4-F2	TTGAGAATACGGGACGTGGG	230 bp
	AP4-R2	GTTAGTCATGTGAGCACCTTC	

10.3.2 第一步 PCR 反应程序

将上述PCR管置于PCR仪中,按以下反应程序进行扩增:94℃ 2 min;94℃ 30 s、55℃ 30 s、72℃ 1 min 30 s,30个循环;72℃延伸2 min;4℃保温。

10.3.3 第二步 PCR 体系配制

按照表1中引物序列配制第二步PCR反应体系,分装到PCR管中。25 μL PCR反应体系,包括10×PCR缓冲液(无 Mg^{2+})2.5 μL、$MgCl_2$(25 mmol/L)3 μL、dNTPs(各2.5 mmol/L)2 μL、引物AP4-F2(10 μmol/L)0.375 μL、引物AP4-R2(10 μmol/L)0.375 μL、Taq 酶(5 U/μL)0.3 μL、模板DNA(第一步PCR反应产物)1 μL、灭菌双蒸水15.45 μL。

10.3.4 第二步 PCR 反应程序

将上述 PCR 管置于 PCR 仪中,按以下反应程序进行扩增:94℃ 2 min;94℃ 20 s、55℃ 20 s、72℃ 20 s,25 个循环;72℃延伸 2 min;4℃保温。

10.3.5 琼脂糖凝胶电泳及测序

10.3.5.1 配制 1.5%的琼脂糖凝胶,按比例加入电泳核酸染料。

10.3.5.2 将 5 μL PCR 反应产物与 1 μL 6×载样缓冲液(宜含电泳核酸染料)混匀后加入到加样孔中。同时,设立 DNA 分子量标准对照。

10.3.5.3 在 1 V/cm～5 V/cm 的电压下电泳,使 DNA 由负极向正极移动。当载样缓冲液中溴酚蓝指示剂的色带迁移至琼脂糖凝胶的 1/2～2/3 处时停止电泳,将凝胶置于紫外观察仪或凝胶成像仪下观察或拍照。

10.3.5.4 如果观察到预期大小条带,对 PCR 扩增产物进行测序。

10.3.6 结果判定

10.3.6.1 DNA 提取质量监控成立时,阳性对照第一步 PCR 后在 1 269 bp 和/或第二步 PCR 后在 230 bp 处有特定条带,阴性对照在 1 269 bp 和 230 bp 处均无条带且空白对照不出现任何条带,实验有效。

10.3.6.2 检测样品第一步 PCR 后在 1 269 bp 处有条带和/或第二步 PCR 后在 230 bp 处有条带,且 PCR 产物测序结果符合参考序列(参见附录 D),判为 V_{AHPND} 套式 PCR 结果阳性;检测样品第一步 PCR 后在 1 269 bp 处无条带且第二步 PCR 后在 230 bp 处无条带,判为 V_{AHPND} 套式 PCR 结果阴性。

10.4 qPCR 检测

10.4.1 qPCR 反应体系配制

按照表 2 中引物和探针配制 qPCR 反应体系,分装到 PCR 管中。分别加入各样品模板 DNA,同时设立阳性对照、阴性对照和空白对照。25 μL PCR 反应体系,包括 2×PCR Premix(Probe qPCR)12.5 μL、引物 VpPirA-F(10 μmol/L)0.75 μL、引物 VpPirA-R(10 μmol/L)0.75 μL、Taqman Probe(10 μmol/L)0.25 μL、模板 DNA(浓度为 50 ng/μL～100 ng/μL)1 μL、灭菌双蒸水 9.75 μL。qPCR 反应体系配制可采用同等效果的商品化探针法 qPCR 试剂盒。

表 2 qPCR 检测引物和探针

扩增基因	引物和探针名称	引物和探针序列(5′-3′)
$pirA^{vp}$	VpPirA-F	TTGGACTGTCGAACCAAACG
	VpPirA-R	GCACCCCATTGGTATTGAATG
	Taqman Probe	6FAM-AGACAGCAAACATACACCTATCATCCCGGA-TAMRA

10.4.2 qPCR 反应程序

将上述 PCR 管置于荧光定量 PCR 仪中。按以下反应程序进行扩增:95℃ 20 s;95℃ 3 s、60℃ 30 s,45 个循环,在每个循环结束后收集荧光信号。

10.4.3 结果判定

10.4.3.1 DNA 提取质量监控成立时,阴性对照和空白对照应无 Ct 值,阳性对照 Ct 值≤35,且出现 S 形典型扩增曲线,实验有效。

10.4.3.2 检测样品 Ct 值≤35 且出现典型扩增曲线,判定为 V_{AHPND} qPCR 结果阳性;检测样品无扩增曲线,或 Ct 值≥40,判定为 V_{AHPND} qPCR 结果阴性。

10.4.3.3 对于 35<Ct 值<40 的样品,应进行重复检测。若复检后,Ct 值≤35 且出现典型扩增曲线,判定为 V_{AHPND} qPCR 结果阳性;否则,判定为 V_{AHPND} qPCR 结果阴性。

11 菌种鉴定

套式 PCR 或 qPCR 检测结果为阳性的样品,按照 GB 4789.7 的规定进行鉴定,确定为副溶血性弧菌。

12 综合判定

12.1 疑似病例的判定

符合以下一条以上，判定为疑似病例：

a) 易感对虾在发病条件下出现 AHPND 临床症状；

b) 具有 AHPND 典型的组织病理学特征；

c) 套式 PCR 或 qPCR 检出 Pir 毒素基因。

12.2 确诊病例的判定

具有 AHPND 临床症状和组织病理学特征，套式 PCR 或 qPCR 检测结果阳性，且菌种鉴定为副溶血性弧菌时，判定为确诊病例。

附　录　A
（规范性附录）
试剂配方

A.1　DAFA 固定液

95%乙醇	330 mL
甲醛（37%）	220 mL
冰醋酸	115 mL
过滤海水	335 mL

混匀,室温密封储存。

A.2　苏木精染色液

温水（50℃~60℃）	1 000 mL
苏木素	1 g
碘酸钠	0.2 g
钾明矾	90 g
柠檬酸	1 g
水合三氯乙醛	50 g

按上述顺序混合,溶解后即可使用,室温储存。

A.3　1%伊红储存液

伊红 Y（水溶性）	5 g
水	500 mL

溶解后置于棕色瓶中,室温储存。

A.4　1%焰红储存液

焰红 B（水溶性）	1 g
水	100 mL

溶解后置于棕色瓶中,室温储存。

A.5　伊红-焰红染色液

1%伊红储存液	100 mL
1%焰红储存液	10 mL
95%乙醇	780 mL
冰醋酸	4 mL

混匀后即可使用,室温储存。

A.6　粘片剂

明胶	1 g
热水	100 mL

溶解后,加入:

苯酚   2 g
甘油   15 mL
混匀,在棕色瓶中室温储存。

A.7　85%乙醇

95%乙醇   850 mL
加水定容至   950 mL
混匀,室温储存。

A.8　80%乙醇

95%乙醇   800 mL
加水定容至   950 mL
混匀,室温储存。

A.9　75%乙醇

95%乙醇   750 mL
加水定容至   950 mL
混匀,室温储存。

A.10　70%乙醇

95%乙醇   700 mL
加水定容至   950 mL
混匀,室温储存。

A.11　50%乙醇

95%乙醇   500 mL
加水定容至   950 mL
混匀,室温储存。

A.12　50×电泳缓冲液

Tris   242 g
冰乙酸   57.1 mL
0.5 mol/L EDTA(pH 8.0)   100 mL
加水定容至   1 000 mL
室温储存。

A.13　1×电泳缓冲液

50×电泳缓冲液   20 mL
加水定容至   1 000 mL
室温储存。

附 录 B
（资料性附录）
急性肝胰腺坏死病

B.1 急性肝胰腺坏死病的发生与流行

急性肝胰腺坏死病（Acute hepatopancreatic necrosis disease，AHPND）是由副溶血性弧菌（*Vibrio parahaemolyticus*）的特定毒力株（*Vp* AHPND）引起的对虾细菌性疫病。其他已报道可引起该病的弧菌种类包括哈维氏弧菌（*V. harveyi*）、欧文斯氏弧菌（*V. owensii*）、坎贝氏弧菌（*V. campbellii*）。

通常，在养殖池放苗（仔虾或幼虾）后的 7 d～35 d 内突发大规模死亡（高达 100%）。患病后的对虾表现出甲壳发软，体色变浅，尾扇或附肢发蓝，空肠空胃或肠道内食物不连续。发病初期，肝胰腺白膜消失，色浅发白，萎缩可达 50% 以上且不易用手指捏破，晚期表面常可见黑色斑点和条纹，见图 B.1。显微镜下观察散开的肝胰腺小管，可见由于小管壁肌丝圈异常收缩而导致小管形态上出现分节的勒痕。

因临床症状及死亡最早始于放苗后 1 周左右，该病曾被称为早期死亡综合征（Early mortality syndrome，EMS）。发病虾通常死于池底，也曾称作"偷死病"；快速发病的虾会出现跳出水面后沉底死亡的现象，又称"跳跳死（Last jump）"。2010 年，AHPND 首次发现于中国和越南境内，随后马来西亚、泰国、墨西哥和菲律宾等地相继出现，造成巨额经济损失。

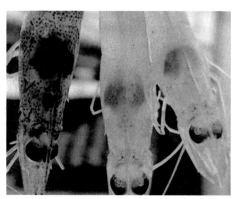 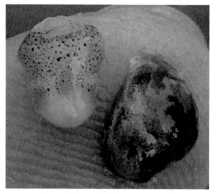

<table>
<tr><td align="center">a） 患病对虾临床表现
注：（左1、左2）患有AHPND的凡纳滨对虾幼虾；
（右1）正常对虾。</td><td align="center">b） 患病对虾解剖后肝胰腺
注：（左）发白、表面可见黑色斑点；
（右）患病初期，白膜消失。</td></tr>
</table>

图 B.1 AHPND 患病对虾临床表现

Vp AHPND已通过浸浴、投喂（经口）、反向灌肠和共居等模拟自然水平传播方式实现了人工感染。有证据表明，在 AHPND 流行的养殖对虾中流行率可达到近 100%。低盐度（<6）的水源似乎能减少疫病的发生。4 月～7 月干热的季节是发病高峰时期。过多投喂、劣质苗种、底质或水质恶化、劣质饲料、藻华暴发或倒藻也是导致 AHPND 在流行区域发生的诱因。实验研究显示，*Vp* AHPND不能由冰冻过的受感染对虾传播。

B.2 病原和病理学特征

AHPND 由副溶血性弧菌的特定毒力株（*Vp* AHPND）引起，该毒株携带一个约 70 kbp 的质粒，可编码与杀昆虫发光杆菌毒素同源（Pir toxin）的 PirA 和 PirB 双亚基复合毒素。*Vp* AHPND中的该质粒被称为 pVA1 同源质粒，其大小可能有少许差异。去除 pVA1 能使 *Vp* AHPND株失去致 AHPND 能力。在 *Vp* AHPND菌群中，个别细菌能发生 Pir 毒素基因 Pir^{vp} 的自然删除。该删除是因为 Pir 毒素基因 Pir^{vp} 两侧重复序列或转座酶的不稳定性所致。当删除发生时，意味着 *Vp* AHPND株将失去诱发 AHPND 的能力。质粒

pVA1 也携带一个接合转移相关的基因簇,意味着该质粒具有转移到其他细菌的潜在能力。

AHPND 引起的组织病理学变化仅限于对虾消化系统的肝胰腺。正常肝胰腺小管末端封闭,E 细胞数量众多,排列紧密,偶见分裂相,细胞质嗜酸和嗜碱性混合着色;小管中段到基部可见 B、F 和 R 细胞分布,前段有细胞质强嗜碱性着色的 F 细胞和较小脂滴的 R 细胞;中段 F 细胞数量逐渐减少,出现细胞内有较大分泌泡的 B 细胞,R 细胞内脂滴增多;后端 R 细胞脂滴变的较大而数量丰富,B 细胞分泌泡很大并向管腔分泌,基部多个小管融合,管腔增大并通向后胃。AHPND 分为急性期和末期两个明显的病理特征阶段。模拟自然的浸浴感染表明,感染后 2 d～9 d,对虾的肝胰腺、鳃、肠道、肌肉组织均能检测到 Pir^{vp},最早的高峰出现在鳃中,肝胰腺在感染后第 4 d 达到高峰,随后肌肉、肠道分别在第 4 d～5 d 达到高峰。早期感染鳃组织中。在高死亡发生期,Vp_{AHPND} 主要分布在肝胰腺和肠道,在死亡数量逐渐下降的后期,各组织中的 Vp_{AHPND} 均快速下降,肠道、肝胰腺和肌肉中的 Vp_{AHPND} 水平趋于接近。

B.3 宿主

易感宿主种类包括凡纳滨对虾(*Litopenaeus vannamei*)、斑节对虾(*Penaeus monodon*)。非完全确认易感性的宿主种类有中国明对虾(*Fenneropenaeus chinensis*)。另外,有报道在日本囊对虾(*Marsupenaeus japonicus*)、三疣梭子蟹(*Portunus trituberculatus*)的 PCR 检测结果出现阳性,但其易感性尚未明确。

附　录　C
（资料性附录）
急性肝胰腺坏死病组织病理学图例

Vp_{AHPND}感染凡纳滨对虾的组织病理变化见图C.1。

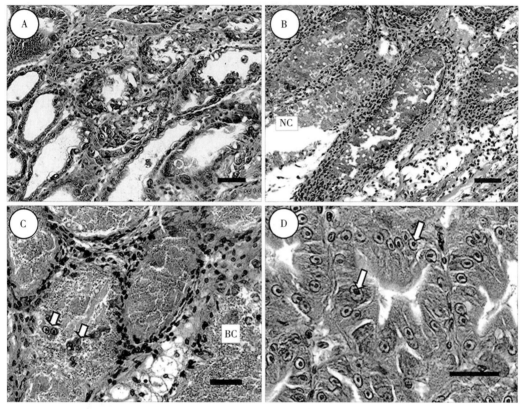

注1：图（A）为H-E染色，标尺：50 μm。急性期，无B细胞、F细胞和R细胞，肝胰腺小管上皮细胞脱落。

注2：图（B）为H-E染色，标尺：100 μm。末期的早期阶段，坏死并脱落的肝胰腺小管上皮细胞（NC）和被血细胞浸润包围的肝胰腺小管残余。

注3：图（C）为H-E染色，标尺：50 μm。末期，肝胰腺小管管腔可见脱落细胞（箭头）且伴随着明显的细菌定植（BC）及被血细胞浸润包围的肝胰腺小管残余。

注4：图（D）为H-E染色，标尺：30 μm。受影响的小管无B细胞、F细胞和R细胞，肝胰腺小管上皮细胞的部分细胞核膨大（箭头）。

图C.1　Vp_{AHPND}感染凡纳滨对虾的组织病理变化

附　录　D
（资料性附录）
致急性肝胰腺坏死病副溶血性弧菌（*Vp*AHPND）分子生物学检测产物序列

```
   1   ATGAGTAACA ATATAAAACA TGAAACTGAC TATTCTCACG ATTGGACTGT CGAACCAAAC
  61   GGAGGCGTCA CAGAAGTAGA CAGCAAACAT ACACCTATCA TCCCGGAAGT CGGTCGTAGT
 121   GTAGACATTG AGAATACGGG ACGTGGGGAG CTTACCATTC AATACCAATG GGGTGCGCCA
 181   TTTATGGCTG GCGGCTGGAA AGTGGCTAAA TCACATGTGG TACAACGTGA TGAAACTTAC
 241   CATTTACAAC GCCCTGATAA TGCATTCTAT CATCAGCGTA TTGTTGTAAT TAACAATGGC
 301   GCTAGTCGTG GTTTCTGTAC AATCTATTAC CACTAAGAAG GTGCTCACAT GACTAACGAA
 361   TACGTTGTAA CAATGTCATC TTTGACGGAA TTTAACCCTA ACAATGCTCG TAAAAGTTAT
 421   TTATTTGATA ACTATGAAGT TGATCCTAAC TATGCTTTCA AAGCAATGGT TTCATTTGGT
 481   CTTTCAAATA TTCCTTACGC GGGTGGTTTT TTATCAACGT TATGGAATAT CTTTTGGCCA
 541   AATACGCCAA ATGAGCCAGA TATTGAAAAC ATTTGGGAAC AATTACGTGA CAGAATCCAA
 601   GATTTAGTAG ATGAATCGAT TATAGATGCC ATCAATGGAA TATTGGATAG CAAAATCAAA
 661   GAGACACGCG ATAAAATTCA AGACATTAAT GAGACTATCG AAAACTTCGG TTATGCTGCG
 721   GCAAAAGATG ATTACATTGG TTTAGTTACT CATTACTTGA TTGGACTTGA AGAGAACTTT
 781   AAGCGCGAGC TAGACGGTGA TGAATGGCTT GGTTATGCGA TATTGCCTCT ATTAGCAACA
 841   ACTGTAAGTC TTCAAATTAC TTACATGGCT TGTGGTCTGG ATTATAAGGA TGAATTCGGT
 901   TTCACCGATT CTGATGTGCA TAAGCTAACA CGTAATATTG ATAAGCTTTA TGATGATGTA
 961   TCGTCTTACA TTACAGAACT CGCTGCGTGG GCTGATAACG ACTCTTACAA TAATGCAAAC
1 021   CAAGATAACG TGTATGATGA AGTGATGGGT GCTCGTAGTT GGTGTACGGT TCACGGCTTT
1 081   GAACATATGC TTATTTGGCA AAAAATCAAA GAGTTGAAAA AAGTTGATGT GTTTGTTCAC
1 141   AGTAATTTAA TTTCATATTC ACCTGCTGTT GGTTTTCCTA GTGGTAATTT CAACTATATT
1 201   GCTACAGGTA CGGAAGATGA AATACCTCAA CCATTAAAAC CAAATATGTT TGGGGAACGT
1 261   CGAAATCGT
```

注:"———"（横线加粗）为套式 PCR 引物序列（外侧）；
　　"═══"（双横线加粗）为套式 PCR 引物序列（内侧）；
　　"———"（横线灰底色）为荧光定量 PCR 引物序列；
　　"〜〜〜"（波浪线灰底色）为荧光定量 PCR TaqMan 探针序列。

ICS 65.020.30
B 41

中华人民共和国水产行业标准

SC/T 7234—2020

白斑综合征病毒(WSSV)环介导等温
扩增检测方法

Detection method by loop-mediated isothermal amplification for
white spot syndrome virus

2020-08-26 发布

2021-01-01 实施

中华人民共和国农业农村部 发布

前　言

本标准按照 GB/T 1.1—2009 给出的规则起草。

请注意本文件的某些内容可能涉及专利。本文件的发布机构不承担识别这些专利的责任。

本标准由农业农村部渔业渔政管理局提出。

本标准由全国水产标准化技术委员会(SAC/TC 156)归口。

本标准起草单位:中国水产科学研究院黄海水产研究所。

本标准主要起草人:黄倢、张庆利、邱亮、徐婷婷、桑松文、万晓媛、梁艳、杨冰、李晨。

白斑综合征病毒(WSSV)环介导等温扩增检测方法

1 范围

本标准给出了白斑综合征病毒(WSSV)环介导等温扩增检测所需试剂和材料、器材和设备、操作步骤和结果判定的要求。

本标准适用于白斑综合征病毒的初筛检测。

2 规范性引用文件

下列文件对于本文件的应用是必不可少的。凡是注日期的引用文件,仅注日期的版本适用于本文件。凡是不注日期的引用文件,其最新版本(包括所有的修改单)适用于本文件。

GB/T 28630.2—2012 白斑综合征(WSD)诊断规程 第2部分:套式PCR检测法

3 缩略语

下列缩略语适用于本文件。

Bst 酶:*Bst* 2.0 热启动 DNA 聚合酶(*Bst* 2.0 WarmStart DNA Polymerase)

dNTP:脱氧核苷三磷酸(deoxyribonucleoside triphosphate)

LAMP:环介导等温扩增(loop-mediated isothermal amplification)

WSSV:白斑综合征病毒(white spot syndrome virus)

4 试剂和材料

4.1 除非另有说明,在分析中仅使用确认为分析纯的试剂和去离子水或蒸馏水或相当纯度的水。

4.2 引物:

WSSV-F3:5′- ACG GAC GGA GGA CCC AAA TCG A-3′,10 μmol/L,−20℃保存;

WSSV-B3:5′- GCC TCT GCA ACA TCC TTT CC-3′,10 μmol/L,−20℃保存;

WSSV-FIP:5′- GGG TCG TCG AAT GTT GCC CAT TTT GCC TAC GCA CCA ATC TGT G-3′,20 μmol/L,−20℃保存;

WSSV-BIP:5′- AAA GGA CAA TCC CTC TCC TGC GTT TTA GAA CGG AAG AAA CTG CCT T-3′,20 μmol/L,−20℃保存。

4.3 10× Isothermal Amplification Buffer:商品化产品,稀释为1×工作液时内含 20 mmol/L Tris-HCl,50 mmol/L KCl,10 mmol/L (NH$_4$)$_2$SO$_4$,2 mmol/L MgSO$_4$,0.1% Tween® 20,或其他等效等温扩增缓冲液。

4.4 dNTP (各 20 mmol/L):含 dATP、dTTP、dCTP、dGTP 各 20 mmol/L,按附录A中A.1的规定执行,−20℃保存,避免反复冻融。

4.5 甜菜碱(Betaine):浓度 5 mol/L,按A.2的规定执行,−20℃保存,避免反复冻融。

4.6 硫酸镁(MgSO$_4$):浓度 100 mmol/L,−20℃保存。

4.7 *Bst* DNA 聚合酶:浓度 8 U/μL,−20℃保存。

4.8 核酸染料:20 × Eva Green,商品化试剂,4℃保存,或使用其他等效试剂。

4.9 阳性对照为已知感染 WSSV 且 PCR 结果显示明显阳性的对虾组织,−20℃保存。

4.10 阴性对照为已知未感染 WSSV 且 PCR 结果显示阴性的对虾组织,−20℃保存。

4.11 空白对照为灭菌的去离子水。

5 器材和设备

5.1 微量移液器。

5.2 离心机。

5.3 手掌型离心机。

5.4 普通冰箱。

5.5 —20℃低温冰箱。

5.6 涡旋振荡器。

5.7 实时荧光定量 PCR 仪。

6 操作步骤

6.1 样品准备

样品准备按 GB/T 28630.2—2012 中 6.2 的规定执行。

6.2 样品核酸提取及变性

6.2.1 样品核酸提取按 GB/T 28630.2—2012 中 6.3 的规定执行,也可采用等同效果的商品化试剂盒。

6.2.2 核酸提取完成后稀释为 150 ng/μL~200 ng/μL,取 10 μL 分装于 0.2 mL PCR 管中在 95℃条件下保温 5 min,然后迅速冰浴。

6.3 LAMP 检测

6.3.1 反应体系配制

按表 1 的要求配制 LAMP 检测反应体系,混匀后,分装为 24 μL/管;同时设置空白对照、阴性对照和阳性对照。加样需按空白对照、阴性对照、待检样品、阳性对照的次序分别加入 1 μL、总量为 10 ng~100 ng 的模板。待检样品 DNA 制备见 6.2。反应体系配制须在冰盒上进行,务必使试剂及反应混合物在操作时处于低温状态。

表 1 LAMP 反应预混物所需试剂

试剂	加样量,μL	试剂终浓度
10× Isothermal Amplification Buffer	2.5	1×
MgSO₄ (100 mmol/L)	1.0	4.0 mmol/L
Betaine (5 mol/L)	6.0	1.2 mol/L
dNTP (各 20 mmol/L)	1.75	1.4 mmol/L
WSSV-FIP (20 μmol/L)	2.0	1.6 μmol/L
WSSV-BIP (20 μmol/L)	2.0	1.6 μmol/L
WSSV-F3 (10 μmol/L)	0.5	0.2 μmol/L
WSSV-B3 (10 μmol/L)	0.5	0.2 μmol/L
Bst DNA 聚合酶 (8 U/μL)	1.0	0.32 U/μL
Eva Green (25 μmol/L)	0.8	0.8 μmol/L
水	5.95	

反应体系配制也可采用同等效果的商业化 LAMP 试剂盒代替。

注:扩增靶序列参见附录 B,推荐实验室分区和污染控制措施见附录 C。

6.3.2 反应条件

各样品置于实时荧光定量 PCR 仪中,选择 SYBR 通道,65℃反应 60 min。

7 结果判定

7.1 阳性对照反应产生典型"S"形扩增曲线且空白对照和阴性对照无"S"形扩增曲线时,实验结果有效,可以进行检测结果判定。

7.2 若待检样品反应产生典型"S"形扩增曲线,则判定该样品为 WSSV 阳性。

7.3 若待检样品反应产生类似平直的非扩增曲线,则判定该样品为 WSSV 阴性。

附　录　A
（规范性附录）
检测相关试剂配方

A.1　dNTP(各 20 mmol/L)

商品化试剂含 dATP、dTTP、dCTP 和 dGTP 各 1 管，每管 400 μL，浓度为 100 mmol/L。化冻后，将上述 dATP、dTTP、dCTP 和 dGTP 混合，再加入 400 μL 的水，充分混匀，分装到多个 1.5 mL 的 EP 管中，－20℃保存，避免反复冻融。

A.2　甜菜碱(5 mol/L)

称取 2.93 g 甜菜碱粉末，放入 15 mL 离心管中，加入水使溶液终体积为 5 mL，混匀并分装至多个 1.5 mL EP 管中，－20℃保存备用。

附 录 B
(资料性附录)
WSSV LAMP 检测方法引物设计及其在靶基因中的位置

LAMP 引物在 WSSV 靶基因中的位置见图 B.1。

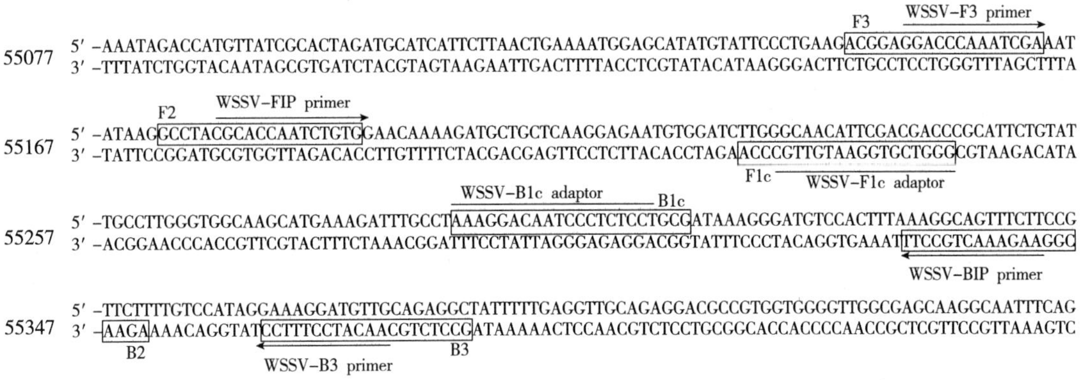
F3
WSSV–F3 primer
55077
5′ –AAATAGACCATGTTATCGCACTAGATGCATCATTCTTAACTGAAAATGGAGCATATGTATTCCCTGAAGACGGAGGACCCAAATCGAAAT
3′ –TTTATCTGGTACAATAGCGTGATCTACGTAGTAAGAATTGACTTTTACCTCGTATACATAAGGGACTTCTGCCTCCTGGGTTTAGCTTTA
F2
WSSV–FIP primer
55167
5′ –ATAAGGCCTACGCACCAATCTGTGGAACAAAAGATGCTGCTCAAGGAGAATGTGGATCTTGGGCAACATTCGACGACCCGCATTCTGTAT
3′ –TATTCCGGATGCGTGGTTAGACACCTTGTTTTCTACGACGAGTTCCTCTTACACCTAGAACCCGTTGTAAGGTGCTGGGCGTAAGACATA
F1c
WSSV–F1c adaptor
WSSV–B1c adaptor
B1c
55257
5′ –TGCCTTGGGTGGCAAGCATGAAAGATTTGCCTAAAGGACAATCCCTCTCCTGCGATAAAGGGATGTCCACTTTAAAGGCAGTTTCTTCCG
3′ –ACGGAACCCACCGTTCGTACTTTCTAAACGGATTTCCTATTAGGGAGAGGACGGTATTTCCCTACAGGTGAAATTTCCGTCAAAGAAGGC
WSSV–BIP primer
55347
5′ –TTCTTTTGTCCATAGGAAAGGATGTTGCAGAGGCTATTTTTGAGGTTGCAGAGGACGCCGTGGTGGGGTTGGCGAGCAAGGCAATTTCAG
3′ –AAGAAAACAGGTATCCTTTCCTACAACGTCTCCGATAAAAACTCCAACGTCTCCTGCGGCACCACCCCAACCGCTCGTTCCGTTAAAGTC
B2
B3
WSSV–B3 primer

图 B.1 LAMP 引物在 WSSV 靶基因中的位置

注:该序列的 GenBank 号为 AF369029;其中 WSSV-FIP 由 F1c+F2 组成,WSSV-BIP 由 B1c+B2 组成(KONO et al.,2004)。

附　录　C
（规范性附录）
等温扩增实验室要求及污染控制措施

C.1　等温扩增的实验室分区

本标准采用的 LAMP 方法扩增效率高,扩增终产物的量极大(为起始模板的 10^9 倍~10^{10} 倍),进行严格的实验室分区是切断产物污染的必要保障;将等温扩增前的操作区与等温扩增后的工作区分成相互隔离的实验室,所需试剂、仪器、实验室各种用品、工作服等均应独立使用。长期从事常规性等温扩增检测工作的人员也应进行专门分工。

专用于等温扩增检测的实验室应分为 4 个隔离的区域(房间),即洁净区、样品区、扩增区、电泳区。洁净区和样品区属于等温扩增前区,扩增区和电泳区属于等温扩增后区。其中,洁净区专用于配制和分装等温扩增所用试剂,不应该接触任何样品;样品区专用于进行样品的处理,不应接触任何可能存在的等温扩增产物;扩增区专用于进行等温扩增,电泳区专用于等温扩增产物的检测。只允许从洁净区→样品区→扩增区→电泳区的单向物流,同时等温扩增后的工作后区也应该尽可能避免扩增产物的污染。由于即使严格操作扩增区也存在产物污染的可能,所以应经常对扩增区和电泳区进行产物污染的消除处理。

应定期对专门从事等温扩增检测的实验室各区的产物污染程度进行测试评估,并有针对性地进行消除产物污染的处理。

C.2　污染控制措施

等温扩增反应产物的不当处理会造成实验室的严重污染。含等温扩增反应产物的用品,如枪头、离心管、凝胶和手套等应用 3.0×10^{-3} g/L 的含氯消毒剂溶液处理后,再以塑料袋密封包装后丢弃;含有等温扩增反应产物的溶液应加入含氯消毒剂,并使终浓度达 3.0×10^{-3} g/L 以上,处理 10 min 以上后方可直接倒入下水道口。可能沾污等温扩增反应产物的衣物、桌椅、拖把、扫帚、垃圾桶等严禁带入等温扩增的前区。等温扩增的产物只能密封保存在等温扩增的后区。

ICS 65.020.30
B 41

中华人民共和国水产行业标准

SC/T 7235—2020

罗非鱼链球菌病诊断规程

Code of diagnosis for tilapia streptococcosis

2020-08-26 发布

2021-01-01 实施

中华人民共和国农业农村部 发布

前　言

本标准按照 GB/T 1.1—2009 给出的规则起草。

请注意本文件的某些内容可能涉及专利。本文件的发布机构不承担识别这些专利的责任。

本标准由农业农村部渔业渔政管理局提出。

本标准由全国水产标准化技术委员会(SAC/TC 156)归口。

本标准起草单位:中国水产科学研究院珠江水产研究所。

本标准主要起草人:张德锋、石存斌、刘鹏威、任燕、王庆、曾伟伟、潘厚军、常藕琴。

罗非鱼链球菌病诊断规程

1 范围

本标准给出了罗非鱼链球菌病诊断所需试剂和材料、器材和设备、临床症状,规定了采样、细菌分离与纯化培养、生理生化鉴定、PCR 检测与综合判定等方法。

本标准适用于罗非鱼链球菌病的流行病学调查、诊断和监测。

2 规范性引用文件

下列文件对于本文件的应用是必不可少的。凡是注日期的引用文件,仅注日期的版本适用于本文件。凡是不注日期的引用文件,其最新版本(包括所有的修改单)适用于本文件。

GB 4789.9 食品安全国家标准 食品微生物学检验 空肠弯曲菌检验

GB 4789.28 食品安全国家标准 食品微生物学检验 培养基和试剂的质量要求

SC/T 7014—2006 水生动物检疫实验技术规范

SC/T 7201.1—2006 鱼类细菌病检疫技术规程 第1部分:通用技术

3 缩略语

下列缩略语适用于本文件:

16S rRNA:16S 核糖体 RNA(16S ribosomal RNA)

BHI:脑心浸液肉汤培养基(brain heart infusion)

bp:碱基对(base pair)

CTAB:十六烷基三甲基溴化铵(cetyltrimethylammonium ammonium bromide)

DNA:脱氧核糖核酸(deoxyribonucleic acid)

dNTPs:脱氧核糖核苷三磷酸(deoxy-ribonucleoside triphosphate)

EDTA:乙二胺四乙酸(ethylenediaminetetraacetic acid)

H_2O_2:过氧化氢(hydrogen peroxide)

PCR:聚合酶链式反应(polymerase chain reaction)

SDS:十二烷基硫酸钠(sodium dodecyl sulfate)

Taq 酶:水生栖热菌 DNA 聚合酶(*Thermus aquaticus* DNA polymerase)

Tris:三羟甲基氨基甲烷(tris hydroxymethyl aminomethane)

V.P:伏-普反应(Voges-Proskauer test),又名乙酰甲基甲醇试验

4 试剂和材料

4.1 除非另有说明,标准中使用的水为蒸馏水、去离子水或与其相当纯度的水。

4.2 16S rRNA 基因序列扩增引物 27F:5'-AGAGTTTGATCMTGGCTCAG-3',1492R:5'-TACG-GYTACCTTGTTACGACTT-3',−20℃保存。

4.3 dNTPs(各 10 mmol/L),含 dATP、dTTP、dGTP、dCTP 各 10 mmol/L 的混合物,−20℃保存。

4.4 10×PCR 缓冲液,无 Mg^{2+} 离子,−20℃保存。

4.5 *Taq* DNA 聚合酶(5 U/μL),−20℃保存。

4.6 细菌生化鉴定管或生化鉴定卡,商品化试剂。

4.7 脑心浸液肉汤琼脂培养基见附录 A 中的 A.1。

4.8 血琼脂平板见 A.2。

4.9 TE 缓冲液(pH 8.0)见 A.3。

4.10 10% SDS 溶液见 A.4。

4.11 蛋白酶 K(20 mg/mL)见 A.5。

4.12 CTAB/NaCl 溶液见 A.6。

4.13 50×TAE 电泳缓冲液见 A.7。

4.14 3%过氧化氢(H₂O₂)溶液见 A.8

4.15 半固体琼脂应符合 GB 4789.28—2013 中 2.8 的规定。

5 器材和设备

5.1 超净工作台。

5.2 生物显微镜。

5.3 PCR 扩增仪。

5.4 电泳仪及水平电泳槽。

5.5 凝胶成像仪。

5.6 微量移液器。

5.7 涡旋振荡器。

5.8 恒温培养箱。

5.9 离心机。

5.10 微生物检测其他辅助设备和器械应符合 SC/T 7201.1—2006 中第 4 章的要求。

6 临床症状

患病罗非鱼缺乏活力,行动缓慢,食欲减退,离群独游于水面,死前出现间断性狂游、翻滚或转圈。患病鱼体色发黑,单侧或双侧眼球突出,眼球充血,角膜浑浊,肛门红肿。鳃盖内侧和下缘、胸鳍基部和体表其他部位有出血现象。有时急性患病鱼无明显外部症状。解剖可见肝脏淤血,严重时有坏死灶;脾脏肿大,呈暗红色;胆囊肿大,肠道积水。罗非鱼链球菌病的流行特点参见附录 B 中的 B.1。

7 采样

7.1 采样对象

罗非鱼及其变种(参见 B.2)。

7.2 采样数量

应符合 SC/T 7014—2006 中 6.1 的规定。

7.3 个体要求

应符合 SC/T 7014—2006 中 6.2 的规定。

8 细菌分离与纯化培养

以无菌操作方式,分别从脑、肾脏、肝脏、脾脏等器官组织中取少量组织划线接种于血琼脂平板(见 A.2),28℃~30℃倒置培养 24 h~48 h。待长出菌落后,用无菌接种环挑取单个菌落接种于脑心浸液肉汤培养基平板(见 A.1)上,28℃~30℃倒置培养 24 h,重复划线至少 3 次,直至菌落完全纯化。

9 生理生化鉴定

9.1 革兰氏染色

应符合 SC/T 7014—2006 中 9.3 的规定。

9.2 运动性试验

待检菌穿刺接种于半固体琼脂,28℃培养48 h。

9.3 糖类醇类发酵试验

用接种环挑取单个菌落少许,分别接种甘露醇、山梨醇、棉子糖、乳糖、菊糖、水杨苷、海藻糖、蔗糖、葡萄糖、淀粉10种发酵试验管。28℃培养24 h后观察。

9.4 七叶苷水解试验

待检菌株接种于七叶苷培养基中(见A.9),35℃培养24 h后观察。

9.5 过氧化氢酶(接触酶)试验

挑取待检菌落于洁净的载玻片上,滴加适量的3%过氧化氢溶液(见A.8),观察是否有气泡产生。

9.6 CAMP试验

在血琼脂平板上,先将金黄色葡萄球菌(ATCC25923)沿直径划线接种,再沿该线垂直方向接种待测菌,两线不得相接,间隔3 mm~4 mm,35℃孵育过夜。

9.7 V.P试验

应符合SC/T 7014—2006中9.4的规定。

9.8 精氨酸水解试验

挑取单个菌落少许接种到精氨酸双水解酶细菌生化鉴定管中,35℃培养24 h~48 h。

9.9 马尿酸水解试验

应符合GB 4789.9—2014中5.4.2.2的规定。

9.10 表型和生理生化鉴定结果判定

9.10.1 分离菌株的表型和生理生化反应结果的判定见表1。

表1 细菌染色和生理生化试验结果判定

生理生化反应	阳性(+)	阴性(-)
革兰氏染色	菌体呈紫色	菌体呈红色
运动性试验	待检菌由穿刺线向四周扩散生长,其边缘呈云雾状	待检菌只生长在穿刺线上,边缘清晰
糖类醇类发酵试验	试验管颜色呈黄色	试验管颜色呈紫色
七叶苷水解试验	培养基颜色呈棕黑色	培养基颜色呈褐色
过氧化氢酶试验	有大量气泡产生	无气泡产生
CAMP试验	划线交界处出现箭头状溶血	不出现箭头状溶血
V.P试验	培养基变为红色	培养基不变为红色
精氨酸水解试验	培养基呈红色	培养基呈黄色或不变色
马尿酸水解试验	培养基呈深紫色	培养基不变色或呈淡紫色

9.10.2 分离菌株在脑心浸液琼脂培养基上28℃~30℃培养48 h后,形成灰白色、湿润、易乳化的菌落,菌体革兰氏染色为阳性,生理生化试验结果与表2相符,可初步判定为无乳链球菌。

注:无乳链球菌的生理生化鉴定可采用同等鉴定效果的商品化细菌生化鉴定试剂条。

表2 无乳链球菌的生理生化特征

反应项目	结果	反应项目	结果	反应项目	结果
运动性	-	水杨苷	d	七叶苷	-
甘露醇	-	海藻糖	+	过氧化氢酶	+
山梨醇	-	D-核糖	+	CAMP试验	+
棉子糖	-	蔗糖	+	V.P试验	+
乳糖	d	葡萄糖	+	精氨酸水解	+
菊糖	-	淀粉	-	马尿酸水解	+

注:+表示≥90%菌株为阳性;-表示≥90%菌株为阴性;d表示11%~89%菌株为阳性。

9.10.3 分离菌株在脑心浸液琼脂培养基上28℃~30℃培养48 h后,形成灰白色、湿润、易乳化的菌落,菌体革兰氏染色为阳性,生理生化试验结果与表3相符,可初步判定为海豚链球菌。

注:海豚链球菌的生理生化鉴定可采用同等鉴定效果的商品化细菌生化鉴定试剂条。

表3　海豚链球菌的生理生化特征

反应项目	结果	反应项目	结果	反应项目	结果
运动性	－	水杨苷	＋	七叶苷	＋
甘露醇	＋	海藻糖	＋	过氧化氢酶	－
山梨醇	－	D-核糖	＋	CAMP 试验	＋
棉子糖	－	蔗糖	＋	V.P 试验	－
乳糖	－	葡萄糖	＋	精氨酸水解	＋
菊糖	－	淀粉	＋	马尿酸水解	－

注：＋表示≥90％菌株为阳性；－表示≥90％菌株为阴性。

10　PCR 检测

10.1　DNA 提取

10.1.1　将分离纯化的待检菌接种于 BHI 液体培养基中以 28℃摇床培养 48 h。

10.1.2　取 2 mL 待检菌培养液，12 000 r/min 离心 1 min 收集菌体。

10.1.3　菌体悬浮于 500 μL TE 缓冲液(pH 8.0)(见 A.3)，振荡悬浮，加入 50 μL 10％的 SDS 溶液(见 A.4)，10 μL 20 mg/mL 的蛋白酶 K(见 A.5)，混匀，37℃温育 1 h。

10.1.4　加入 100 μL 5 mol/L 的 NaCl 溶液(见 A.10)，充分混匀，再加入 100 μL CTAB/NaCl 溶液(见 A.6)，混匀，65℃温育 20 min。

10.1.5　加入等体积的酚：氯仿：异戊醇(25：24：1)(见 A.11)，混匀，12 000 r/min 离心 5 min。

10.1.6　取上清液加入等体积的氯仿：异戊醇(24：1)(见 A.12)，混匀，12 000 r/min 离心 5 min。

10.1.7　取上清液，加入 1 倍体积异丙醇，颠倒混合，室温下静止 10 min，10 000 r/min 离心 10 min；沉淀用 70％酒精洗涤 2 次，室温晾干。

10.1.8　加入 50 μL 的 TE 缓冲液溶解，－20℃保存，备用。

注：细菌基因组 DNA 的提取可以采用商品化的细菌基因组 DNA 提取试剂盒，按照说明书方法进行提取。

10.2　PCR 扩增

10.2.1　引物

16S rRNA 基因 DNA 序列 PCR 扩增引物分别为 27F 和 1492R，引物用无菌去离子水稀释后于－20℃保存备用。

10.2.2　PCR 反应体系

按照表 4 的要求，在 PCR 管中加入相应的试剂，混匀后 3 000 r/min 离心 30 s。如使用无热盖的 PCR 扩增仪，需在反应混合物上加 2 滴矿物油。设阳性对照和阴性对照，阳性对照的模板为无乳链球菌参考菌株基因组 DNA，阴性对照取等体积的双蒸水代替 DNA 模板。

表4　PCR 反应预混物所需试剂与组成

试剂	50 μL 体系	试剂终浓度
10× PCR 缓冲液(无 Mg²⁺)	5.0 μL	1× PCR 缓冲液
MgCl$_2$(25 mmol/L)	5.0 μL	2.5 mmol/L
dNTPs(各 10 mmol/L)	4.0 μL	800 μmol/L
引物 1(20 μmol/L)	1.0 μL	0.4 μmol/L
引物 2(20 μmol/L)	1.0 μL	0.4 μmol/L
灭菌双蒸水	32.5 μL	—
TaqDNA 聚合酶(5 U/μL)	0.5 μL	2.5 U

注：DNA 模板(浓度为 30 ng/μL～100 ng/μL)为 1.0 μL。

10.2.3　PCR 反应条件

将反应管置于 PCR 扩增仪，按下列程序进行 PCR 扩增：95℃预变性 5 min；94℃变性 1 min，55℃退火 1 min,72℃延伸 2 min,30 个循环;72℃延伸 10 min;4℃保温。

10.2.4 琼脂糖凝胶电泳

用 1×TAE 电泳缓冲液(见 A.7)配制 1‰的琼脂糖(含溴化乙啶的替代品)凝胶。将上述 5 μL PCR 产物加入 1 μL 6×上样缓冲液(见 A.13)混匀后加入样品孔,使用 DNA Marker 作对照。120 V 电泳约 20 min,当溴酚蓝到达底部时停止。于紫外光下观察电泳条带的数量和位置。在长波紫外灯下用刀片切下含有目的条带(约 1 500 bp)的胶块,放入无菌离心管中称重。

10.2.5 PCR 扩增产物纯化、测序及序列比对

PCR 产物回收纯化后,进行克隆、测序。测序结果与参考序列(附录 C 和附录 D)进行比对,或者与 GenBank 数据库中的已知序列进行比对分析。

注:PCR 产物的回收可以使用琼脂糖凝胶 DNA 回收试剂盒,按相关说明进行 PCR 产物回收。

10.3 分子鉴定结果判定

10.3.1 阳性对照(模板分别为无乳链球菌和海豚链球菌参考菌株 DNA)的 PCR 产物经琼脂糖凝胶电泳后在约 1 500 bp 处有特定条带,阴性对照(无 DNA 模板)的 PCR 产物电泳结果不显示任何条带,实验结果有效。

10.3.2 在实验结果有效的条件下,测定的 16S rRNA 基因 DNA 序列(去除两端引物后的序列)与附录 C 所列的基因序列比对,同源性≥99%,或者与 GenBank 数据库中已登录的无乳链球菌序列相同,可基本判定分离菌株为无乳链球菌。

10.3.3 在实验结果有效的条件下,测定的 16S rRNA 基因 DNA 序列(去除两端引物后的序列)与附录 D 所列的基因序列比对,同源性≥99%,或者与 GenBank 数据库中已登录的海豚链球菌序列相同,可基本判定分离菌株为海豚链球菌。

11 综合判定

11.1 分离菌株符合 9.10.2 和 10.3.2 的规定,可判定为无乳链球菌。

11.2 分离菌株符合 9.10.3 和 10.3.3 的规定,可判定为海豚链球菌。

11.3 临床症状符合第 6 章的规定,流行特点符合附录 B,分离菌株符合 11.1 或 11.2 的要求,可判定为罗非鱼链球菌病。

附　录　A

（规范性附录）

培养基和试剂配制方法

A.1　脑心浸液肉汤(BHI)琼脂培养基

脑心浸出液粉末	3.7 g
琼脂	1.4 g
蒸馏水	100 mL

将上述成分溶解后,121℃高压灭菌 20 min,待培养基冷却至约50℃时,倒入无菌处理的平皿中冷凝制备平板。4℃~10℃备用。

A.2　血琼脂平板

蛋白胨	10 g
牛肉膏	5 g
氯化钠	5 g
琼脂	15 g
蒸馏水	1 000 mL

将上述成分煮沸至充分溶解,121℃高压灭菌 20 min,待冷却至50℃左右时加入 50 mL 无菌脱纤维羊血或兔血,摇匀或搅匀后倒入无菌处理的平皿中冷凝制备平板。4℃~10℃备用。

A.3　TE 缓冲液(pH 8.0)

将 0.121 g Tris 碱(相对分子量 121.1),0.037 2 g 乙二胺四乙酸二钠(相对分子量 372.24)加入 80 mL 双蒸水中,加浓盐酸调节 pH 至 8.0,加双蒸水定容至 100 mL,室温保存。

A.4　10% SDS 溶液

将 10 g 十二烷基硫酸钠加入 80 mL 双蒸水中,加热至68℃助溶,再加双蒸水定容至 100 mL,室温保存。

A.5　蛋白酶 K(20 mg/mL)

将蛋白酶 K 溶解于双蒸水中,至终浓度 20 mg/mL,分装入小管,置−20℃保存。

A.6　CTAB/NaCl 溶液

4.1 g NaCl 溶解于 80 mL 双蒸水中,缓慢加入 10 g CTAB,再加双蒸水定容至 100 mL,室温保存。

A.7　50×TAE 电泳缓冲液

在 400 mL 双蒸水中溶解 121 g Tris 碱,加入 28.55 mL 冰乙酸和 50 mL 0.5 mol/L EDTA,再加双蒸水定容至 500 mL,室温保存。

A.8　3%过氧化氢溶液

30%过氧化氢溶液	100 mL
蒸馏水	900 mL

吸取 100 mL 30%过氧化氢溶液,溶于蒸馏水中,混匀,分装备用。

A.9 七叶苷培养基

蛋白胨	5.0 g
七叶苷	3.0 g
磷酸氢二钾	1.0 g
枸橼酸铁	0.5 g
蒸馏水	1 000 mL

将上述成分溶解后,121℃高压灭菌 20 min。

A.10 5 mol/L NaCl 溶液

将 29.22 g NaCl(相对分子量58.44)溶解于80 mL 双蒸水中,再加双蒸水定容至100 mL,室温保存。

A.11 酚:氯仿:异戊醇(25:24:1)

将 25 体积的酚、24 体积的氯仿和 1 体积的异戊醇混合即可,室温储存于不透光的瓶中,上面加上 TE 缓冲液,置 4℃保存。

A.12 氯仿:异戊醇(24:1)

将 24 体积的氯仿和 1 体积的异戊醇混合即可,室温储存于不透光的瓶中。

A.13 溴酚蓝指示剂溶液(6×上样缓冲液)

溴酚蓝 100 mg,加双蒸水 5 mL,在室温下过夜,待溶解后再称取蔗糖 25 g,加双蒸水溶解后移入溴酚蓝溶液中,摇匀后定容至 50 mL,加入 NaOH 溶液 1 滴,调至蓝色。

附 录 B
（资料性附录）
罗非鱼链球菌病流行特征

B.1 罗非鱼链球菌病的发生与流行

罗非鱼链球菌病是由无乳链球菌（*Streptococcus agalactiae*）或海豚链球菌（*Streptococcus iniae*）感染引起的细菌性疾病。该病在我国南方地区主要流行于春季、夏季和秋季，发病高峰期通常为每年的 5 月～9 月高温季节，流行水温 25℃～35℃，当水温高于 30℃时容易暴发；该病传染性强，发病率达 20％～30％，发病鱼的死亡率可达 80％以上；罗非鱼鱼苗和成鱼均可被感染。

B.2 宿主

易感宿主种类主要有尼罗罗非鱼（*Oreochromis niloticus*）、奥利亚罗非鱼（*Oreochromisco aureus*）、莫桑比克罗非鱼（*Oreochroms mossambcus*）等，以及新吉富罗非鱼等选育或杂交品种。

附 录 C

（资料性附录）

无乳链球菌 16S rRNA 基因 DNA 的参考序列（GenBank 登录号：AB023574）

```
    1   gacgaacgct ggcggcgtgc ctaatacatg caagtagaac gctgaggttt ggtgtttaca
   61   ctagactgat gagttgcgaa cgggtgagta acgcgtaggt aacctgcctc atagcggggg
  121   ataactattg gaaacgatag ctaataccgc ataagagtaa ttaacacatg ttagttattt
  181   aaaaggagca attgcttcac tgtgagatgg acctgcgttg tattagctag ttggtgaggt
  241   aaaggctcac caaggcgacg atacatagcc gacctgagag ggtgatcggc cacactggga
  301   ctgagacacg gcccagactc ctacgggagg cagcagtagg gaatcttcgg caatggacgg
  361   aagtctgacc gagcaacgcc gcgtgagtga agaaggtttt cggatcgtaa agctctgttg
  421   ttagagaaga acgttggtag gagtggaaaa tctaccaagt gacggtaact aaccagaaag
  481   ggacggctaa ctacgtgcca gcagccgcgg taatacgtag gtcccgagcg ttgtccggat
  541   ttattgggcg taaagcgagc gcaggcggtt ctttaagtct gaagttaaag gcagtggctt
  601   aaccattgta cgctttggaa actggaggac ttgagtgcag aaggggagag tggaattcca
  661   tgtgtagcgg tgaaatgcgt agatatatgg aggaacaccg gtggcgaaag cggctctctg
  721   gtctgtaact gacgctgagg ctcgaaagcg tggggagcaa acaggattag ataccctggt
  781   agtccacgcc gtaaacgatg agtgctaggt gttaggccct ttccggggct tagtgccgca
  841   gctaacgcat taagcactcc gcctggggag tacgaccgca aggttgaaac tcaaaggaat
  901   tgacgggggc ccgcacaagc ggtggagcat gtggtttaat tcgaagcaac gcgaagaacc
  961   ttaccaggtc ttgacatcct tctgaccggc ctagagatag gctttctctt cggagcagaa
 1021   gtgacaggtg gtgcatggtt gtcgtcagct cgtgtcgtga gatgttgggt taagtcccgc
 1081   aacgagcgca acccctattg ttagttgcca tcattaagtt gggcactcta gcgagactgc
 1141   cggtaataaa ccggaggaag gtggggatga cgtcaaatca tcatgcccct tatgacctgg
 1201   gctacacacg tgctacaatg gttggtacaa cgagtcgcaa gccggtgacg gcaagctaat
 1261   ctcttaaagc caatctcagt tcggattgta ggctgcaact cgcctacatg aagtcggaat
 1321   cgctagtaat cgcggatcag cacgccgcgg tgaatacgtt cccgggcctt gtacacaccg
 1381   cccgtcacac cacgagagtt tgtaacaccc gaagtcggtg aggtaacctt ttaggagcca
 1441   gccgcctaag gtgggataga tgattggggt g
```

附　录　D
（资料性附录）
海豚链球菌 16S rRNA 基因 DNA 的参考序列（GenBank 登录号：AF335572）

```
   1  gacgaacgct ggcggcgtgc ctaatacatg caagtagaac gctgaggatt ggtgcttgca
  61  ctaatccaaa gagttgcgaa cgggtgagta acgcgtaggt aacctacctc atagcgggggg
 121  ataactattg gaaacgatag ctaataccgc atgacactag agtacacatg tacttaattt
 181  aaaaggagca attgcttcac tatgagatgg acctgcgttg tattagctag ttggtgaggt
 241  aacggctcac caaggcgacg atacatagcc gacctgagag ggtgatcggc cacactggga
 301  ctgagacacg gcccagactc ctacgggagg cagcagtagg gaatcttcgg caatggacgg
 361  aagtctgacc gagcaacgcc gcgtgagtga agaaggtttt cggatcgtaa agctctgttg
 421  ttagagaaga acggtaatgg gagtggaaaa tccattacgt gacggtaact aaccagaaag
 481  ggacggctaa ctacgtgcca gcagccgcgg taatacgtag gtctcgagcg ttgtccggat
 541  ttattgggcg taaagcgagc gcaggcggtt ctataagtct gaagtaaaag gcagtggctc
 601  aaccattgta tgctttggaa actgtagaac ttgagtgcag aaggggagag tggaattcca
 661  tgtgtagcgg tgaaatgcgt agatatatgg aggaacaccg gtggcgaaag cggctctctg
 721  gtctgtaact gacgctgagg ctcgaaagcg tggggagcaa acaggattag ataccctggt
 781  agtccacgcc gtaaacgatg agtgctaggt gttaggccct ttccgggggct tagtgccgca
 841  gctaacgcat taagcactcc gcctggggag tacgaccgca aggttgaaac tcaaaggaat
 901  tgacgggggc ccgcacaagc ggtggagcat gtggtttaat tcgaagcaac gcgaagaacc
 961  ttaccaggtc ttgacatccc tctgaccgtc ctagagatag gattttcctt cgggacagag
1 021  gagacaggtg gtgcatggtt gtcgtcagct cgtgtcgtga gatgttgggt taagtcccgc
1 081  aacgagcgca acccctattg ttagttgcca tcattaagtt gggcactcta gcgagactgc
1 141  cggtaataaa ccggaggaag gtgggggatga cgtcaaatca tcatgcccct tatgacctgg
1 201  gctacacacg tgctacaatg gttggtacaa cgagtcgcaa gccggtgacg gcaagctaat
1 261  ctcttaaagc caatctcagt tcggattgta ggctgcaact cgcctacatg aagtcggaat
1 321  cgctagtaat cgcggatcag cacgccgcgg tgaatacgtt cccgggcctt gtacacaccg
1 381  cccgtcacac cacgagagtt tgtaacaccc gaagtcggtg aggtaacctt ttaggagcca
1 441  gccgcctaag gtgggatага tgattggggg g
```

ICS 65.020.30
B 41

中华人民共和国水产行业标准

SC/T 7236—2020

对虾黄头病诊断规程

Code of diagnosis for infection with yellow head virus genotype 1

2020-08-26 发布

2021-01-01 实施

中华人民共和国农业农村部 发布

前　言

本标准按照 GB/T 1.1—2009 给出的规则起草。

请注意本文件的某些内容可能涉及专利。本文件的发布机构不承担识别这些专利的责任。

本标准由农业农村部渔业渔政管理局提出。

本标准由全国水产标准化技术委员会(SAC/TC 156)归口。

本标准起草单位:中国水产科学研究院黄海水产研究所。

本标准主要起草人:杨冰、万晓媛、董宣、黄倢、梁艳、张庆利、李晨、刘莉。

对虾黄头病诊断规程

1 范围

本标准给出了对虾黄头病诊断(Infection with yellow head virus genotype 1)的术语和定义、缩略语、试剂和材料、器材和设备、临床症状,规定了采样、组织病理学检测、套式 RT-PCR 检测和综合判定。

本标准适用于黄头病毒基因 1 型(Yellow head virus genotype 1,YHV 1)引起的对虾黄头病流行病学调查、诊断和监测。

2 规范性引用文件

下列文件对于本文件的应用是必不可少的。凡是注日期的引用文件,仅注日期的版本适用于本文件。凡是不注日期的引用文件,其最新版本(包括所有的修改单)适用于本文件。

GB/T 28630.4—2012 白斑综合征(WSD)诊断规程 第 4 部分:组织病理学诊断

SC/T 7011 水生动物疾病术语与命名规则

SC/T 7228—2019 传染性肌坏死病诊断规程

3 术语和定义

SC/T 7011 界定的术语和定义适用于本文件。

4 缩略语

下列缩略语适用于本文件。

bp:碱基对(base pair)

cDNA:互补脱氧核糖核酸(complementary DNA)

DAFA:戴维森氏乙醇-福尔马林-乙酸固定液(davidson's alcohol-formalin-acetic acid fixative)

DEPC:焦碳酸二乙酯(diethy pyrocarbonate)

DNA:脱氧核糖核酸(deoxyribonucleic acid)

dNTPs:脱氧核糖核苷三磷酸(deoxyribonucleoside triphosphate)

EDTA:乙二胺四乙酸(ethylenediaminetetraacetic acid)

GAV:鳃联病毒(gill-associated virus)

M-MLV:莫洛尼鼠白血病病毒(moloney-murine leukemin virus)

PCR:聚合酶链式反应(polymerase chain reaction)

RNA:核糖核酸(ribonucleic acid)

RT-PCR:逆转录-聚合酶链式反应(reverse transcription-polymerase chain reaction)

SPF:无特定病原体(specific pathogen free)

Taq 酶:水生栖热菌 DNA 聚合酶(*Thermus aquaticus* DNA polymerase)

5 试剂和材料

5.1 除非另有说明,文件中使用的水为蒸馏水、去离子水或相当纯度的水。

5.2 二甲苯:分析纯。

5.3 中性树胶。

5.4 DAFA 固定液:见附录 A 中的 A.1。

5.5　苏木精染色液:见 A.2。

5.6　1％伊红储存液:见 A.3。

5.7　1％焰红储存液:见 A.4。

5.8　伊红-焰红染色液:见 A.5。

5.9　粘片剂:见 A.6。

5.10　95％乙醇:分析纯。

5.11　85％乙醇:见 A.7。

5.12　80％乙醇:见 A.8。

5.13　75％乙醇:见 A.9。

5.14　70％乙醇:见 A.10。

5.15　50％乙醇:见 A.11。

5.16　组织病理学检测阳性对照为受 YHV 1 感染且显示明显病理变化的对虾头胸甲组织切片。

5.17　组织病理学检测阴性对照为未受 YHV 1 感染的健康对虾头胸甲组织切片。

5.18　DEPC 水:见 A.12 的规定或商品化试剂。

5.19　总 RNA 提取试剂或其他等效产品。

5.20　RNA 酶抑制剂(RNasin 或 RNase Inhibitor,40 U/μL),—20℃保存。

5.21　M-MLV 逆转录酶(200 U/μL),—20℃保存。

5.22　5×M-MLV 逆转录酶缓冲液,—20℃保存。

5.23　dNTPs(各 10 mmol/L),含 dATP、dTTP、dGTP、dCTP 各 10 mmol/L 的混合物,—20℃保存,用于逆转录。

5.24　dNTPs(各 2.5 mmol/L),含 dATP、dTTP、dGTP、dCTP 各 2.5 mmol/L 的混合物,—20℃保存,用于 PCR。

5.25　10×PCR 缓冲液,无 Mg^{2+},—20℃保存。

5.26　$MgCl_2$(25 mmol/L),—20℃保存。

5.27　Taq 酶(5 U/μL),—20℃保存。

5.28　套式 RT-PCR 检测阳性对照为已知受 YHV 1 感染且套式 RT-PCR 结果显示阳性的对虾组织 RNA,—70℃保存。

5.29　套式 RT-PCR 检测阴性对照为 SPF 对虾组织 RNA,—70℃保存。

5.30　套式 RT-PCR 检测空白对照为 DEPC 水。

5.31　50×电泳缓冲液:见 A.13。

5.32　1×电泳缓冲液:见 A.14。

5.33　6×载样缓冲液。

5.34　琼脂糖。

5.35　DNA 分子量标准。

5.36　琼脂糖凝胶电泳核酸染料及其他等效产品。

6　器材和设备

6.1　切片机。

6.2　组织脱水机。

6.3　包埋机。

6.4　染色机。

6.5 展片水浴锅。

6.6 平板烘片机。

6.7 显微镜。

6.8 PCR 仪。

6.9 电泳仪。

6.10 水平电泳槽。

6.11 紫外观察仪或凝胶成像仪。

6.12 高速冷冻离心机。

6.13 水浴锅或金属浴。

6.14 微量移液器。

7 临床症状

濒死虾体表发白，头胸甲因肝胰腺变黄而呈黄色，与正常虾的褐色肝胰腺相比较软。参见附录 B。

8 采样

8.1 采样对象

斑节对虾（*Penaeus monodon*）、凡纳滨对虾（*Litopenaeus vannamei*）、细角滨对虾（*L. stylirostris*）、短刀小长臂虾（*Palaemonetes pugio*）和近缘新对虾（*Metapenaeus affinis*）等易感品种，优先选择濒死虾或具有临床症状的虾。参见附录 B。

8.2 采样数量、方法和保存运输

应符合 GB/T 28630.4—2012 中附录 B 的要求。

8.3 样品采集

组织病理学检测的样本，选取鳃、淋巴器官、胃、触角腺、性腺、神经管和神经节及肠道。快速浸入 DAFA 固定液中固定，24 h 后换入 70％乙醇中长期保存。

套式 RT-PCR 检测的样本，优先选取淋巴器官和鳃，也可选取血淋巴、触角腺、性腺、神经管和神经节及肠道。亲虾的非致死检测取鳃和血淋巴。所取样品立即进行 RNA 提取或暂时保存于－20℃以下。采样时，稍大的虾取个体检测，仔虾或未达到 0.5 g 的样品可合并样本。

9 组织病理学检测

9.1 操作方式

使用 6.1～6.6 中设备或手动操作完成。

9.2 修块

样品切片前的取材修整，应符合 GB/T 28630.4—2012 中附录 B 的要求，保证病灶部位能被有效地切片。

9.3 脱水

75％乙醇（1 h 45 min）→85％乙醇（1 h 45 min）→85％乙醇（1 h 45 min）→95％乙醇（45 min）→95％乙醇（45 min）→无水乙醇（45 min）→无水乙醇（45 min）。

9.4 透明

无水乙醇∶二甲苯（1∶1）（25 min）→二甲苯（20 min）→二甲苯（20 min）。

9.5 浸蜡

纯石蜡（1 h 20 min）→纯石蜡（1 h 20 min）。

9.6 包埋

9.7 切片

厚度 5 μm。对每个石蜡包埋块至少切取 2 片不连续的切片。

9.8 展片

宜 40℃ 展片,用涂有一层粘片剂的载玻片捞出,置于平板烘片机上于 45℃ 烘片 2 h。

9.9 染色

二甲苯(5 min)→二甲苯(5 min)→无水乙醇(2 min)→无水乙醇(2 min)→95%乙醇(2 min)→95%乙醇(2 min)→80%乙醇(2 min)→80%乙醇(2 min)→50%乙醇(2 min)→蒸馏水(2 min)→蒸馏水(2 min)→蒸馏水(2 min)→苏木精染色液(5 min)→缓慢流动的自来水(6 min)→伊红-焰红染色液(2 min)→95%乙醇(1 min 20 s)→95%乙醇(2 min)→无水乙醇(2 min)→无水乙醇(2 min)→二甲苯(2 min 30 s)→二甲苯(2 min 30 s)→二甲苯(2 min 30 s)。

9.10 封片

滴加 2 滴中性树胶封片。

9.11 观察

显微镜下观察。

9.12 病理诊断

虾外胚层和中胚层组织器官(鳃、淋巴器官、血淋巴、胃、触角腺、性腺、神经管和神经节及肠道)出现广泛坏死,坏死区域可见中到大量强嗜碱性细胞质内包涵体,着色均匀、球形、直径约 2 μm 或略小,淋巴器官、胃上皮组织和鳃组织尤其典型,判定为疑似 YHV 1 感染。对虾黄头病组织病理学图例,参见附录 C。

10 套式 RT-PCR 检测

10.1 RNA 的提取

10.1.1 取 30 mg～50 mg 组织或 50 μL 血淋巴样品,按 SC/T 7228—2019 中 9.1 的规定提取 RNA。

10.1.2 可采用同等抽提效果的其他方法或使用商品化 RNA 提取试剂盒。

10.2 套式 RT-PCR

10.2.1 逆转录

在每个 0.2 mL 无酶 PCR 管中,配制逆转录反应体系。加入逆转录引物 GY5(50 μmol/L)0.7 μL、DEPC 水 4.3 μL 和 1 μL(浓度为 1 ng/μL～1 000 ng/μL)待测 RNA 样品,同时设阳性对照、阴性对照和空白对照。混匀后,稍离心,70℃ 预变性 10 min 后,立即放入冰浴中冷却 2 min 以上。各管中依次加入 5×M-MLV 逆转录酶缓冲液 2 μL、dNTPs(各 10 mmol/L)0.5 μL、M-MLV 逆转录酶(200 U/μL)0.5 μL、RNase Inhibitor(40 U/μL)0.25 μL 和 DEPC 水 0.75 μL。混匀后,置于水浴锅或金属浴中 42℃ 1 h,70℃ 15 min 后,可获得 cDNA 模板。

10.2.2 第一步 PCR

按照表 1 中引物序列,配制第一步 PCR 反应体系,分装到 PCR 管中。分别加入 cDNA 模板。25 μL PCR 反应体系,包括 10×PCR 缓冲液(无 Mg^{2+})2.5 μL、MgCl$_2$(25 mmol/L)1.5 μL、dNTPs(各 2.5 mmol/L)0.5 μL、引物 GY1(50 μmol/L)0.35 μL、引物 GY4(50 μmol/L)0.35 μL、Taq 酶(5 U/μL)0.1 μL、灭菌双蒸水 18.7 μL 和 10.2.1 的逆转录产物 1 μL。将上述 PCR 管置于 PCR 仪中,按以下反应程序进行扩增:95℃ 3 min;95℃ 30 s,66℃ 30 s,72℃ 45 s,35 个循环;72℃ 延伸 7 min;4℃ 保温。

表 1 套式 RT-PCR 检测引物

引物名称	引物序列(5′-3′)	产物片段大小
GY5	GAG-CTG-GAA-TTC-AGT-GAG-AGA-ACA	/
GY1	GAC-ATC-ACT-CCA-GAC-AAC-ATC-TG	794 bp
GY4	GTG-AAG-TCC-ATG-TGT-GTG-AGA-CG	
GY2	CAT-CTG-TCC-AGA-AGG-CGT-CTA-TGA	YHV 1:277 bp
Y3	ACG-CTC-TGT-GAC-AAG-CAT-GAA-GTT	GAV:406 bp
G6	GTA-GTA-GAG-ACG-AGT-GAC-ACC-TAT	

10.2.3 第二步 PCR

按照表 1 中引物序列，配制第二步 PCR 反应体系，分装到 PCR 管中。25 μL PCR 反应体系，包括 10×PCR 缓冲液（无 Mg^{2+}）2.5 μL、MgCl$_2$（25 mmol/L）1.5 μL、dNTPs（各 2.5 mmol/L）0.5 μL、引物 GY2（50 μmol/L）0.35 μL、引物 Y3（50 μmol/L）0.35 μL、引物 G6（50 μmol/L）0.35 μL、Taq 酶（5 U/μL）0.1 μL、灭菌双蒸水 18.35 μL，模板 DNA（第一步 PCR 反应产物）1 μL。将上述 PCR 管置于 PCR 仪中，按 10.2.2 反应程序进行扩增。

10.2.4 可以使用同等逆转录或一步法 RT-PCR 效果的商品化试剂盒进行操作。

10.3 琼脂糖凝胶电泳及测序

10.3.1 配制 1.5%的琼脂糖凝胶，按比例加入电泳核酸染料。

10.3.2 将 5 μL PCR 反应产物与 1 μL 6×载样缓冲液（宜含电泳核酸染料）混匀后加入到加样孔中。同时，设立 DNA 分子量标准对照。

10.3.3 在 1 V/cm~5 V/cm 的电压下电泳，使 DNA 由负极向正极移动。当载样缓冲液中溴酚蓝指示剂的色带迁移至琼脂糖凝胶的 1/2~2/3 处时停止电泳，将凝胶置于紫外观察仪或凝胶成像仪下观察或拍照。

10.3.4 如果观察到预期大小条带，对 PCR 扩增产物进行测序。

10.4 结果判定

10.4.1 阳性对照第一步 PCR 后在 794 bp 和/或第二步 PCR 后在 277 bp 处有特定条带；阴性对照在 794 bp 和 277 bp 处均无条带且空白对照不出现任何条带，实验有效。

10.4.2 检测样品第一步 PCR 后在 794 bp 和/或第二步 PCR 后在 277 bp/406 bp 处有特定条带，且 PCR 产物测序结果符合参考序列（参见附录 D），分别判为 YHV 1/GAV 套式 RT-PCR 结果阳性。检测样品第一步 PCR 后在 794 bp 处无条带，当第二步 PCR 后在 277 bp 处无条带，判为 YHV 1 套式 RT-PCR 结果阴性；当第二步 PCR 后在 406 bp 处无条带，判为 GAV 套式 RT-PCR 结果阴性。

11 综合判定

11.1 疑似病例的判定

符合以下一条以上，判定为疑似病例：

a) 易感对虾在发病条件下出现临床症状；

b) 具有典型的病理学特征；

c) YHV 1 套式 RT-PCR 结果阳性。

11.2 确诊病例的判定

具有临床症状和病理学特征且 YHV 1 套式 RT-PCR 检测结果阳性，判定为确诊病例。

附 录 A

（规范性附录）

试剂配方

A.1 DAFA 固定液

95％乙醇	330 mL
甲醛(37％)	220 mL
冰醋酸	115 mL
过滤海水	335 mL

混匀,室温密封储存。

A.2 苏木精染色液

温水(50℃～60℃)	1 000 mL
苏木素	1 g
碘酸钠	0.2 g
钾明矾	90 g
柠檬酸	1 g
水合三氯乙醛	50 g

按上述顺序混合,溶解后即可使用,室温储存。

A.3 1%伊红储存液

伊红 Y(水溶性)	5 g
水	500 mL

溶解后置于棕色瓶中,室温储存。

A.4 1%焰红储存液

焰红 B(水溶性)	1 g
水	100 mL

溶解后置于棕色瓶中,室温储存。

A.5 伊红-焰红染色液

1％伊红储存液	100 mL
1％焰红储存液	10 mL
95％乙醇	780 mL
冰醋酸	4 mL

混匀后即可使用,室温储存。

A.6 粘片剂

明胶	1 g
热水	100 mL

溶解后,加入：

苯酚	2 g
甘油	15 mL

混匀,在棕色瓶中室温储存。

A.7 85%乙醇

95%乙醇	850 mL
加水定容至	950 mL

混匀,室温储存。

A.8 80%乙醇

95%乙醇	800 mL
加水定容至	950 mL

混匀,室温储存。

A.9 75%乙醇

95%乙醇	750 mL
加水定容至	950 mL

混匀,室温储存。

A.10 70%乙醇

95%乙醇	700 mL
加水定容至	950 mL

混匀,室温储存。

A.11 50%乙醇

95%乙醇	500 mL
加水定容至	950 mL

混匀,室温储存。

A.12 DEPC水

灭菌双蒸水	1 000 mL
DEPC	1 mL

盖上瓶塞,用磁力搅拌器于37℃剧烈搅拌12 h,按50 mL/瓶～200 mL/瓶分装于无RNA酶的试剂瓶内,103.4 kPa 121℃高压蒸汽灭菌15 min,冷却后密封保存。

注:DEPC有毒,应避免吸入、吞食和沾着皮肤,操作在通风橱中进行。

A.13 50×电泳缓冲液

Tris	242 g
冰乙酸	57.1 mL
0.5 mol/L EDTA (pH 8.0)	100 mL
加水定容至	1 000 mL

室温储存。

A.14 1×电泳缓冲液

50×电泳缓冲液	20 mL

加水定容至　　　　　　　　　　　　　　　　　　1 000 mL

室温储存。

附　录　B
（资料性附录）
对虾黄头病

B.1　对虾黄头病的发生与流行

对虾黄头病(Infection with yellow head virus genotype 1)是由黄头病毒基因 1 型(YHV 1)感染引起的虾类疾病,黄头病毒群属套式病毒目(Nidovirales)杆套病毒科(*Roniviridae*)头甲病毒属(*Okavirus*)。目前已知黄头病毒群有 8 种基因型,YHV 1 是唯一确定的可引起黄头病的病原,鳃联病毒(Gill-associat-cd virus,GAV)为基因 2 型,另外 4 种基因型(3 型~6 型)病毒通常存在于东非、亚洲和澳大利亚的健康斑节对虾(*Penaeus monodon*)中,但很少或者从未引起发病,不同基因型间存在基因重组。近年来,在澳大利亚斑节对虾亲虾中发现了黄头病毒基因 7 型(yellow head virus genotype 7,YHV 7);在中国疑患急性肝胰腺坏死病的中国明对虾(*Fenneropenaeus chinensis*)中发现了黄头病毒基因 8 型(yellow head virus genotype 8,YHV 8)。

患病对虾摄食量增大,突然停止吃食,在 2 d~4 d 内出现死亡,许多濒死虾聚集在池塘角落的水面附近。濒死虾体表发白,头胸甲因肝胰腺变黄而呈黄色,与正常虾的褐色肝胰腺相比较软。其他疾病也可引起类似的临床症状及表现。

B.2　病原和病理学特征

病毒颗粒有 3 层囊膜,呈杆状,表面上有纤突样突起。病毒粒子大小(150~180) nm×(40~50) nm,核衣壳螺旋对称。病毒基因组为正意义链线状单链 RNA。60℃,15 min 可灭活。

黄头病毒感染外胚层和中胚层的靶组织,包括淋巴器官、造血组织、鳃丝、血淋巴、胃、皮下结缔组织、肠道、触角腺、性腺、神经管和神经节。淋巴器官、胃上皮组织和鳃组织尤其典型,坏死组织中有中到大量强嗜碱性细胞质内包涵体,着色均匀,球形,直径约 2 μm 或略小。

B.3　宿主

易感宿主种类:斑节对虾(*Penaeus monodon*)、凡纳滨对虾(*Litopenaeus vannamei*)、细角滨对虾(*L. stylirostris*)、短刀小长臂虾(*Palaemonetes pugio*)和近缘新对虾(*Metapenaeus affinis*)等易感虾。

附　录　C
（资料性附录）
对虾黄头病组织病理学图例

对虾黄头病组织病理学图例见图 C.1 和图 C.2。

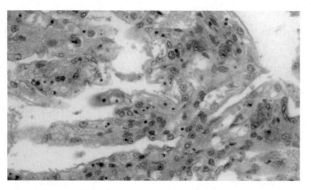

注：图为 H-E 染色,标尺:15 μm。鳃组织可见大量大小不等的
　　嗜碱性细胞质内包涵体,并有较大程度的空泡化和明显的
　　细胞坏死。

图 C.1

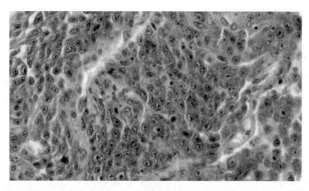

注：图为 H-E 染色,标尺:15 μm。造血组织中大量强嗜碱性细胞质内包涵体。

图 C.2

附　录　D

（资料性附录）

对虾黄头病毒套式 RT-PCR 检测产物序列

```
GAV 12794 TCAACATACAATTTCGACATCACTCCAGACAACATCTGCCCAGAAGGCGTCTATGATTTC
YHV 12845 ACAATATACAACTTCGACATCACTCCAGACAACATCTGTCCAGAAGGCGTCTATGACTTC
                    ──────────────────→          ──────────────────────→
                              GY1                        GY2

GAV 12854 GAGACCTTTAGAATCGGCACTCGCGATCCCATCAAAGCGCTCAACGCCGTATTCTACTGT
YHV 12905 GAGACATATCGTCCCGGCAATTGTGATCCCATCAAAGCTCTCAACGCCGTCACGTATTGC


GAV 12914 ATCGAACGTCACTGGTTCTTTTCTGGCCTCTCCATCTCATGTGCATCCATCTATCCTAAT
YHV 12965 ATCGAACGTCACTGGTTCTCCGCTGGTCTCTCACTCTCCTGCGCATCTATTTACCCACAT


GAV 12974 GCAAACATGACAATTCATCAATACAAGGAAGCATTCAACCTTTACACTAATGAACTTGCA
YHV 13025 GAAGACATGACAATTCATCAGTACAAAGAAGCATTCGCACTCTACACTACAGAATTGAAC


GAV 13034 ACAGAGGTCACACTCAAACACCAGCCAACATTCGACTCCTATCTCTCATTTATGCTCACA
YHV 13085 ACAGAAGTCACTCTCAAACACCAACCTACTTTCGACTCCTATCTCAACTTCATGCTTGTC
                                                    ←───────────────────────
                                                              Y3

GAV 13094 AAGGAACGCCATAACATCAACATCGACATTGGTACAGGCGCAAACACTTTCTACACCTCC
YHV 13145 ACAGAGCGTCACAACATCAACATTGACATCGGCACAGGAGCAGACACCTTCTACACTTCC
          ─────────────

GAV 13154 TTCGACACAATCAACTCTGCTCCATGCACAGACGAACGTTACGAAGAAGTCATGATAGGT
YHV 13205 TTCGACAACATCACATCAGCTCCGTGTACAGAAGAACGATACAACGAAGTCATGGCCGGG
                                                                  ←──────────

GAV 13214 GTCACTCGTCTCTACTACGCCTATCAGTATGATCGCGGTGACTTCCCTTGTAAATACACA
YHV 13265 GTTACTCGCTTATATTATGCCTACCAGTATGATAGAGGTGATTTTCCTTGCAAATACACA
          ──────────────────────
                    G6

GAV 13274 GTCACACAAACACACATCAAATACCCAGTAATCGGCGATGTTGCTGTTGAGCCTGAAGAG
YHV 13325 GTCACTCAAACTCACGTCAAATACCCTGTAATTGGCGATGTTGCTGTGGAACCTGAAGAA


GAV 13334 TGTTCTTATCCCACATGTAACGGTTATCCGCCAGTTTACAGTGCCCTCGTTTCCATCCAG
YHV 13385 TGCAAAAATCCGATCTGCAACAGTTACCCACCAGTCTACAGTGCTCTGATCTCCATCCAG


GAV 13394 AAATTCACAACTTGGGCACGTCTCATGGGATATAACGTTCTCAAGCGCGTCTTCAATCAC
YHV 13445 AAATTCAGCACCTGGGCTCGTCTCATGTGTCATGATATTCTCAAGCGAGTCTTCAATCAC


GAV 13454 TGTCGCAACTGTGAACATCTCAACTGTAAGATCTCACGGCAGCTAGCGCGATTCAAGAAT
YHV 13505 TGTCGTGACTGTGACCATCTTAACTGCAAGATCTCACGGCAACTCATGCGCTTCAAGAAT


GAV 13514 CCACTCTCCAACATCCAACCAGTCGCTTACACTAAACTACACGAAGACCGTCACCTCATT
YHV 13565 CCACTTTCCAACATTCAGCCAGTCGCATACACTAAACTACACGAAGATCGTCACCTAATC


GAV 13574 CGTGATCGTCTCACACACATGGACTTCACATCAGGACAGGAATTCTATGCCGCTGAATTC
YHV 13625 CGTGACCGTCTCACACACATGGACTTCACCTCAGGTCAAGAGTTCTACGCTACTGAATTC
                ←───────────────────────
                          GY4

GAV 13634 ATAAAAGAGTTTAACGACATCGAGTTCACTACAACACACGGCGACAAGCTACACTTCAAT
YHV 13685 ATCAATGAGTTCAATGACGTCGAATTCAAGACACTGAACGGTGATACCATTCACTTCAAC


GAV 13694 CTCACACACATCCTTATGACGCTCTCCTTGAACCTCTACTCCCTTCTAACACACTTGTCGGA
YHV 13745 CTCACGCATCCCTATGACGCTCTCCTCGAACCTCTACTTCCTCCTAACACTCTCGTCGGA
```

```
GAV 13754  AATTCAGTAGCAGCATCAGGGGTCATCAGTGATCTAGATGATAACTTCAAGAACTATGAC
YHV 13805  AATTCAGTGGCAGCATCAGGCGTTATTAGTGATCTTGACGCTAATTTCAAAAACTACGAC


GAV 13814  CGAAACACCGGCATATCCTGTTCTCTCACTGAATTCCAGCTCTCTCTCTCG
YHV 13865  AGAAACACCGGCATGTCCTGTTCTCTCACTGAATTCCAGCTCTCTCTCTCT
                         ←━━━━━━━━━━━━━━━━━━━━━━━━━━━
                                    GY5
```

注:箭头为套式 PCR 引物序列。

ICS 65.020.30
B 41

中华人民共和国水产行业标准

SC/T 7237—2020

虾虹彩病毒病诊断规程

Code of diagnosis for infection with Decapod iridescent virus 1

2020-08-26 发布

2021-01-01 实施

中华人民共和国农业农村部 发布

前　言

本标准按照 GB/T 1.1—2009 给出的规则起草。

请注意本文件的某些内容可能涉及专利。本文件的发布机构不承担识别这些专利的责任。

本标准由农业农村部渔业渔政管理局提出。

本标准由全国水产标准化技术委员会(SAC/TC 156)归口。

本标准起草单位:中国水产科学研究院黄海水产研究所。

本标准主要起草人:邱亮、梁艳、黄倢、陈蒙蒙、杨冰、万晓媛、张庆利。

虾虹彩病毒病诊断规程

1 范围

本标准给出了虾虹彩病毒病(infection with Decapod iridescent virus 1)诊断所需试剂和材料、器材和设备、临床症状,规定了采样、组织病理学检测、套式 PCR 检测和综合判定的要求。

本标准适用于虾虹彩病毒病的流行病学调查、诊断和监测。

2 规范性引用文件

下列文件对于本文件的应用是必不可少的。凡是注日期的引用文件,仅注日期的版本适用于本文件。凡是不注日期的引用文件,其最新版本(包括所有的修改单)适用于本文件。

GB/T 28630.4—2012 白斑综合征(WSD)诊断规程 第4部分:组织病理学诊断法

3 缩略语

下列缩略语适用于本文件。

bp:碱基对(base pair)

DIV1:十足目虹彩病毒1(decapod iridescent virus 1)

DNA:脱氧核糖核酸(deoxyribonucleic acid)

dNTPs:脱氧核糖核苷三磷酸(deoxy-ribonucleoside triphosphate)

EDTA:乙二胺四乙酸(ethylenediaminetetraacetic acid)

PCR:聚合酶链式反应(polymerase chain reaction)

SDS:十二烷基硫酸(sodium dodecyl sulfate)

Taq 酶:水生栖热菌 DNA 聚合酶(Thermus aquaticus DNA polymerase)

Tris:三羟甲基氨基甲烷(tris hydroxymethyl aminomethane)

TE:Tris 盐酸和 EDTA 缓冲液(EDTA Tris·HCl)

4 试剂和材料

4.1 除非另有说明,标准中使用的水为蒸馏水、去离子水或相当纯度的水。

4.2 二甲苯:分析纯。

4.3 石蜡(熔点 52℃～54℃):切片级。

4.4 中性树胶。

4.5 戴维森氏 AFA(Davidson's AFA)固定液:见附录 A 中的 A.1。

4.6 苏木精染色液:见 A.2。

4.7 1%伊红储存液:见 A.3。

4.8 1%焰红储存液:见 A.4。

4.9 伊红-焰红染色液:见 A.5。

4.10 粘片剂:见 A.6。

4.11 无水乙醇:分析纯。

4.12 95%乙醇:分析纯。

4.13 85%乙醇:见 A.7。

4.14 80%乙醇:见 A.8。

4.15　75%乙醇:见 A.9。

4.16　50%乙醇:见 A.10。

4.17　组织病理学检测阳性对照为感染 DIV1 且有明显病理变化的对虾头胸部组织切片。

4.18　组织病理学检测阴性对照为未感染 DIV1 的正常对虾头胸部组织切片。

4.19　TE 缓冲液:见 A.11。

4.20　抽提缓冲液:见 A.12。

4.21　蛋白酶 K:见 A.13。

4.22　10 mol/L 乙酸铵:见 A.14。

4.23　Tris 饱和酚(pH≥7.8):分析纯。

4.24　酚/氯仿/异戊醇(25:24:1):分析纯。

4.25　氯仿/异戊醇(24:1):分析纯。

4.26　dNTPs(各 2.5 mmol/L),含 dATP、dTTP、dGTP、dCTP 各 2.5 mmol/L 的混合物,−20℃保存。

4.27　10×PCR 缓冲液,无 Mg^{2+},随 Taq 酶提供,−20℃保存。

4.28　$MgCl_2$(25 mmol/L),−20℃保存。

4.29　Taq 酶(5 U/μL),−20℃保存。

4.30　套式 PCR 使用 2 对引物,引物浓度为 10 μmol/L。其中,外侧引物 F1 和 R1,扩增 457 bp 片段;内侧引物 F2 和 R2,扩增 129 bp 片段。引物序列如下:

引物 F1:5′-GGG-CGG-GAG-ATG-GTG-TTA-GAT-3′;

引物 R1:5′-TCG-TTT-CGG-TAC-GAA-GAT-GTA-3′;

引物 F2:5′-CGG-GAA-ACG-ATT-CGT-ATT-GGG-3′;

引物 R2:5′-TTG-CTT-GAT-CGG-CAT-CCT-TGA-3′。

4.31　以十足目生物 DNA 中的 848 bp 片段为内参。引物浓度为 10 μmol/L,序列如下:

引物 F3:5′-TGC-CTT-ATC-AGC-TNT-CGA-TTG-TAG-3′;

引物 R3:5′-TTC-AGN-TTT-GCA-ACC-ATA-CTT-CCC-3′。

注:N 表示 G、A、T 或 C。

4.32　套式 PCR 检测阳性对照为已知感染 DIV1 且套式 PCR 结果显示阳性的对虾组织样品,−80℃保存。

4.33　套式 PCR 检测阴性对照为已知未感染 DIV1 的对虾组织样品,−80℃保存。

4.34　套式 PCR 检测空白对照为水。

4.35　50×电泳缓冲液:见 A.15。

4.36　1×电泳缓冲液:见 A.16。

4.37　琼脂糖:生化试剂。

4.38　DNA 分子量标准:生化试剂。

4.39　6×载样缓冲液:生化试剂。

4.40　电泳核酸染料:生化制剂。

5　器材和设备

5.1　切片机。

5.2　组织脱水机。

5.3　包埋机。

5.4　染色机。

5.5　展片机。

5.6 平板烘片机。

5.7 光学显微镜。

5.8 恒温箱

5.9 PCR仪。

5.10 电泳仪。

5.11 水平电泳槽。

5.12 紫外观察仪或凝胶成像仪。

5.13 高速冷冻离心机。

5.14 水浴锅或金属浴。

5.15 普通冰箱。

5.16 —80℃超低温冰箱。

5.17 电炉或微波炉。

5.18 微量移液器。

6 临床症状

濒死的虾失去游动能力,沉入池底。发病个体的肝胰腺萎缩、颜色变浅,空肠空胃。患病罗氏沼虾的额剑基部组织呈典型的白色病变。部分患病凡纳滨对虾出现红体症状。随着病程的发展,表现出高死亡率。参见附录B。

7 采样

7.1 采样对象

凡纳滨对虾(*Litopenaeus vannamei*)、罗氏沼虾(*Macrobrachium rosenbergii*)和克氏原螯虾(*Procambarus clarkii*)等易感宿主。参见附录B中的B.3。

7.2 采样数量、方法和保存运输

应符合GB/T 28630.4—2012中附录B的要求。

7.3 样品的采集

7.3.1 组织病理学检测时,采集造血组织、鳃和肝胰腺。

7.3.2 套式PCR检测时,仔虾采集除眼球和眼柄外的完整个体;幼虾至成虾阶段采集头胸部(鳃、肝胰腺、造血组织)、附肢或血淋巴。亲虾的非致死检测采集血淋巴、附肢或粪便。仔虾可以合并样本检测,个体稍大的虾可按个体进行检测。所取样品分别置于1.5 mL离心管中,立即进行DNA提取操作或暂时保存于—20℃。

8 组织病理学检测

8.1 样品准备

样品固定方法和切片前的取材修整,应符合GB/T 28630.4—2012中附录B的要求。

8.2 脱水

75%乙醇(1 h 45 min)→85%乙醇(1 h 45 min)→85%乙醇(1 h 45 min)→95%乙醇(45 min)→95%乙醇(45 min)→无水乙醇(45 min)→无水乙醇(45 min)。

8.3 透明

无水乙醇:二甲苯(1:1)(25 min)→二甲苯(20 min)→二甲苯(20 min)。

8.4 浸蜡

纯石蜡(1 h 20 min)→纯石蜡(1 h 20 min)。

8.5 包埋

用包埋机进行包埋。

8.6 切片

用切片机切片,厚度 5 μm。对每个石蜡包埋块至少切取 2 块不连续的切片。

8.7 展片

展片机(40℃)中展片,用涂有一层粘片剂的载玻片捞出,置于平板烘片机45℃烘片 2 h。

8.8 染色

二甲苯(5 min)→二甲苯(5 min)→无水乙醇(2 min)→无水乙醇(2 min)→95%乙醇(2 min)→95%乙醇(2 min)→80%乙醇(2 min)→80%乙醇(2 min)→50%乙醇(2 min)→蒸馏水(2 min)→蒸馏水(2 min)→蒸馏水(2 min)→苏木精染色液(5 min)→缓慢流动的自来水(6 min)→伊红-焰红染色液(2 min)→95%乙醇(1 min 20 s)→95%乙醇(2 min)→无水乙醇(2 min)→无水乙醇(2 min)→二甲苯(2 min 30 s)→二甲苯(2 min 30 s)→二甲苯(2 min 30 s)。

8.9 封片

滴加 2 滴中性树胶封片。

8.10 观察

光学显微镜下观察。

8.11 结果判定

患病虾的造血组织、血细胞及部分上皮细胞内形成细胞质嗜酸性包涵体,并伴随有细胞核的固缩。虾虹彩病毒病组织病理学图例参见附录C。

9 套式 PCR 检测

9.1 DNA 的提取

9.1.1 取 30 mg～50 mg 组织样品,加入抽提缓冲液 500 μL,充分研磨,37℃温浴 1 h。提取过程同时设置阳性对照、阴性对照。

9.1.2 加入 2.5 μL 20 mg/mL 蛋白酶 K,混匀后 50℃温浴 3 h,不时旋动。

9.1.3 将溶液冷却至室温,加入等体积 Tris 饱和酚,颠倒混合 10 min,10 000 r/min 离心 3 min 分离两相。

9.1.4 水相移至新 1.5 mL 离心管中,加入等体积酚/氯仿/异戊醇(25∶24∶1),颠倒混合 10 min,10 000 r/min离心 1 min,分离两相。

9.1.5 水相移至一新 1.5 mL 离心管中,加入等体积氯仿/异戊醇(24∶1),颠倒混合 10 min,于 10 000 r/min 离心1 min 分离两相。

9.1.6 水相移至一新 1.5 mL 离心管中,加入 100 μL 10 mol/L 乙酸铵,混匀后,再加入 2 倍体积预冷无水乙醇(−20℃)混匀,−20℃放置 2 h。10 000 r/min 离心 10 min,弃上清液。

9.1.7 用70%乙醇洗涤沉淀 2 次,每次洗涤后 10 000 r/min 离心 5 min,弃上清液。DNA 沉淀于室温晾干。

9.1.8 加入 100 μL 灭菌双蒸水溶解 DNA,待用。

9.1.9 若 DNA 样品需要保存,可溶解于 100 μL TE 缓冲液中并保存于 −20℃。

9.1.10 可以采用同等抽提效果的其他方法或使用商品化 DNA 抽提试剂盒。

9.2 套式 PCR 扩增

9.2.1 套式 PCR 反应体系:按照表1的要求,加入除 Taq 酶以外的各项试剂,推荐配制成大体积的预混液,分装保存于−20℃。临用前,加入相应体积的 Taq 酶,混匀,按 24 μL/反应分装到 0.2 mL PCR 管中。加入样品的模板 DNA(浓度<250 ng/μL)1 μL,同时设阳性对照、阴性对照和空白对照。

表1 套式PCR扩增的第一步PCR反应预混液所需试剂组成

试剂	25 μL体系	试剂终浓度
10×PCR缓冲液(无Mg²⁺)	2.5 μL	1×PCR缓冲液
MgCl₂(25 mmol/L)	2 μL	2 mmol/L
dNTPs(各2.5 mmol/L)	2 μL	200 μmol/L
外侧引物F1(10 μmol/L)	1 μL	0.4 μmol/L
外侧引物R1(10 μmol/L)	1 μL	0.4 μmol/L
灭菌双蒸水	15.25 μL	—
Taq酶(5 U/μL)	0.25 μL	1.25 U

9.2.2 将上述加有DNA模板的PCR管按以下程序进行第一步PCR扩增:95℃预变性3 min;95℃变性30 s、59℃退火30 s、72℃延伸30 s,35个循环;72℃延伸5 min;4℃保温。

9.2.3 按照表2的要求,配制除Taq酶以外的大体积预混液,分装保存于-20℃。临用前,加入相应体积的Taq酶,混匀,按24 μL/反应分装到0.2 mL PCR管中。将1 μL第一步反应产物作为第二步PCR反应模板,扩增程序为:95℃预变性3 min;95℃变性30 s、59℃退火30 s、72℃延伸20 s,35个循环;72℃延伸2 min;4℃保温。

表2 套式PCR扩增的第二步PCR反应预混液所需试剂组成

试剂	25 μL体系	试剂终浓度
10×PCR缓冲液(无Mg²⁺)	2.5 μL	1×PCR缓冲液
MgCl₂(25 mmol/L)	2 μL	2 mmol/L
dNTPs(各2.5 mmol/L)	2 μL	200 μmol/L
内侧引物F2(10 μmol/L)	1 μL	0.4 μmol/L
内侧引物R2(10 μmol/L)	1 μL	0.4 μmol/L
灭菌双蒸水	15.25 μL	—
Taq酶(5 U/μL)	0.25 μL	1.25 U

9.2.4 每份样品均设立十足目生物内参对照,扩增十足目生物组织DNA的PCR反应体系按照表3的要求。加入样品的模板DNA(浓度为50 ng/μL~100 ng/μL)1 μL。扩增程序为:94℃预变性4 min;94℃变性1 min、55℃退火1 min、72℃延伸1 min,35个循环;72℃延伸5 min;4℃保温。

表3 扩增十足目生物组织DNA的PCR反应体系试剂组成

试剂	25 μL体系	试剂终浓度
10×PCR缓冲液(无Mg²⁺)	2.5 μL	1×PCR缓冲液
MgCl₂(25 mmol/L)	1.5 μL	1.5 mmol/L
dNTPs(各2.5 mmol/L)	2 μL	200 μmol/L
内参引物F3(10 μmol/L)	2.5 μL	1 μmol/L
内参引物R3(10 μmol/L)	2.5 μL	1 μmol/L
灭菌双蒸水	12.75 μL	—
Taq酶(5 U/μL)	0.25 μL	1.25 U

9.3 琼脂糖凝胶电泳及测序

9.3.1 使用1×电泳缓冲液配制2%~2.5%的琼脂糖凝胶,待凝胶冷却至低于60℃时,按比例加入电泳核酸染料,摇匀,制备琼脂糖凝胶。

9.3.2 将5 μL PCR反应产物与1 μL 6×载样缓冲液混匀后加入到加样孔中。同时设立DNA分子量标准对照。

9.3.3 在1×电泳缓冲液中1 V/cm~5 V/cm的电压下电泳,使DNA由负极向正极移动。当载样缓冲液中溴酚蓝指示剂的色带迁移至琼脂糖凝胶的2/3处时停止电泳,将凝胶置于紫外观察仪或凝胶成像仪下观察或拍照。

9.3.4 如果观察到预期大小条带,对检测样品的PCR扩增产物进行测序。

9.4 结果判定

9.4.1 内参对照在 848 bp 处有特定条带,阳性对照第一步 PCR 后在 457 bp 和/或第二步 PCR 后在 129 bp 处有特定条带、阴性对照在 457 bp 和 129 bp 处均无条带,且空白对照不出现任何条带,实验有效。

9.4.2 检测样品第一步 PCR 后在 457 bp 处有条带和/或第二步 PCR 后在 129 bp 处有条带,且 PCR 产物测序结果符合附录 D 的参考序列,可判断为套式 PCR 结果阳性;检测样品第一步 PCR 后在 457 bp 处无条带且第二步 PCR 后在 129 bp 处无条带,可判为套式 PCR 结果阴性。

10 综合判定

10.1 疑似病例的判定

符合以下一条及以上,判定为疑似病例:

a) 易感虾类发病表现出典型的临床症状;

b) 具有典型的组织病理学特征;

c) 套式 PCR 结果显示阳性。

10.2 确诊病例的判定

具有临床症状和组织病理学特征且套式 PCR 结果阳性,判定为确诊病例。

附 录 A

（规范性附录）

试剂配方

A.1 戴维森氏 AFA(Davidson's AFA)固定液

95％乙醇	330 mL
甲醛(37％)	220 mL
冰醋酸	115 mL
水	335 mL

混匀,室温密封储存。

A.2 苏木精染色液

温水(50℃~60℃)	1 000 mL
苏木素	1.0 g
碘酸钠	0.2 g
钾明矾	90.0 g
柠檬酸	1.0 g
水合三氯乙醛	50.0 g

按上述顺序混合,溶解后即可使用,室温储存。

A.3 1%伊红储存液

伊红 Y(水溶性)	5 g
水	500 mL

溶解后置于棕色瓶中,室温储存。

A.4 1%焰红储存液

焰红 B(水溶性)	1 g
水	100 mL

溶解后置于棕色瓶中,室温储存。

A.5 伊红-焰红染色液

1％伊红储存液	100 mL
1％焰红储存液	10 mL
95％乙醇	780 mL
冰醋酸	4 mL

混匀后即可使用,室温储存。

A.6 粘片剂

明胶	1 g
热水	100 mL

溶解后,加入：

| 苯酚 | 2 g |
| 甘油 | 15 mL |

混匀,在棕色瓶中室温储存。

A.7 85%乙醇

| 95%乙醇 | 850 mL |
| 加水定容至 | 950 mL |

混匀,室温储存。

A.8 80%乙醇

| 95%乙醇 | 800 mL |
| 加水定容至 | 950 mL |

混匀,室温储存。

A.9 75%乙醇

| 95%乙醇 | 750 mL |
| 加水定容至 | 950 mL |

混匀,室温储存。

A.10 50%乙醇

| 95%乙醇 | 500 mL |
| 加水定容至 | 950 mL |

混匀,室温储存。

A.11 TE 缓冲液(pH 8.0)

1 mol/L Tris · HCl(pH 8.0)	10 mL
0.5 mol/L EDTA(pH 8.0)	2 mL
加水定容至	1 000 mL

高压蒸气灭菌,4℃储存。

A.12 抽提缓冲液

1 mol/L Tris · HCl(pH 8.0)	1 mL
0.5 mol/L EDTA(pH 8.0)	20 mL
1 mg/mL 胰 RNA 酶	2 mL
10% SDS	5 mL
加水定容至	100 mL

混匀,室温储存。

A.13 20 mg/mL 蛋白酶 K

| 蛋白酶 K | 20 mg |
| 水 | 1 mL |

溶解后分装于无菌离心管中(0.25 mL/管),-20℃下保存。

A.14 10 mol/L 乙酸铵

| 乙酸铵 | 77 g |

水   30 mL

加水定容至 100 mL,经 0.45 μm 滤膜过滤除菌。4℃储存。

A.15 50×电泳缓冲液

Tris	242 g
0.5 mol/L EDTA(pH 8.0)	100 mL
冰乙酸	57.1 mL
加水定容至	1 000 mL

室温储存。

A.16 1×电泳缓冲液

50×电泳缓冲液	20 mL
加水定容至	1 000 mL

室温储存。

附 录 B

（资料性附录）

虾虹彩病毒病（infection with DIV1）

B.1 虾虹彩病毒病的发生与流行

虾虹彩病毒病是由虹彩病毒感染引起的新发甲壳类急性传染性疾病。世界病毒分类委员会将其病原命名为十足目虹彩病毒1（Decapod iridescent virus 1，DIV1），划分到新的病毒属——十足目虹彩病毒属（Decapodiridovirus）。患病的凡纳滨对虾、罗氏沼虾、日本沼虾和脊尾白虾均表现出空肠空胃，肝胰腺萎缩、颜色变浅，停止摄食、活力下降等症状。其中，患虾虹彩病毒病的罗氏沼虾因额剑基部甲壳下的造血组织被病毒侵染而呈现明显的白色病变区域，即产业上所说的"白头"或"白点"。部分患病的凡纳滨对虾会出现明显的体色发红症状。自然感染的凡纳滨对虾和罗氏沼虾累计死亡率在80%以上，实验室感染的凡纳滨对虾、克氏原螯虾和红螯螯虾的死亡率为100%。

B.2 病原和病理学特征

DIV1是一种大颗粒二十面体病毒，有囊膜，直径150 nm～160 nm。基因组为接近166 kbp的双链DNA。目前已知有2个分离株，其中虾血细胞虹彩病毒（Shrimp hemocyte iridescent virus，SHIV）包含170个开放阅读框（Open reading frame，ORF），红螯螯虾虹彩病毒（Cherax quadricarinatus iridovirus，CQIV）有178个ORF，2个分离株的全基因序列相似度达到99.97%。DIV1目前已报道的地理分布位于我国主要甲壳类养殖地区，在养殖和野生甲壳类中都有检出。

DIV1可侵染虾类的造血组织、血细胞以及部分上皮细胞，在细胞质内形成混合有嗜碱性微粒的嗜酸性包涵体，并伴随有细胞核的固缩。

B.3 宿主

已经确认的DIV1易感宿主有凡纳滨对虾（Litopenaeus vannamei）、罗氏沼虾（Macrobrachium rosenbergii）、日本沼虾（M. nipponense）、脊尾白虾（Exopalaemon carinicauda）、克氏原螯虾（Procambarus clarkii）和红螯螯虾（Cherax quadricarinatus）。

附　录　C
（资料性附录）
虾虹彩病毒病组织病理学图例

　　患虾虹彩病毒病的罗氏沼虾(a,b)、脊尾白虾(c,d)和凡纳滨对虾(e,f)的组织病理变化见图 C.1,健康对虾组织切片见图 C.2。

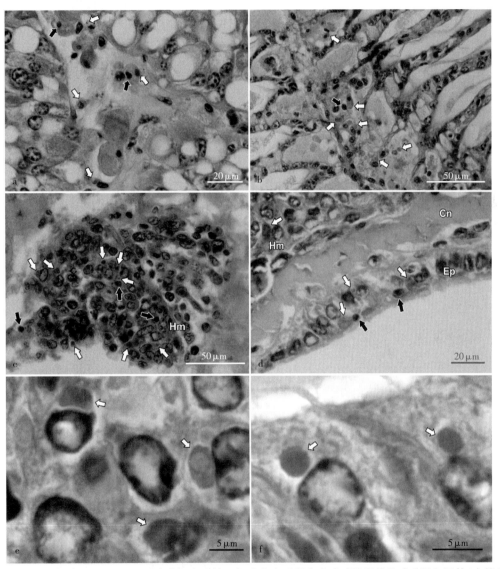

注1:图 a,H-E 染色,标尺:20 μm。肝胰腺血窦内的血细胞中出现混合有嗜碱性微粒的嗜酸性包涵体(白箭头),并伴随有细胞核的固缩(黑箭头)。

注2:图 b,H-E 染色,标尺:50 μm。鳃丝内血细胞中出现混合有嗜碱性微粒的嗜酸性包涵体(白箭头),并伴随有细胞核的固缩(黑箭头)。

注3:图 c,H-E 染色,标尺:50 μm。造血组织的细胞中出现混合有嗜碱性微粒的嗜酸性包涵体(白箭头),并伴随有细胞核的固缩(黑箭头)。Hm 示造血组织。

注4:图 d,H-E 染色,标尺:20 μm。角质层下的上皮细胞中出现混合有嗜碱性微粒的嗜酸性包涵体(白箭头),并伴随有细胞核的固缩(黑箭头)。Hm 示造血组织,Cn 示结缔组织,Ep 示上皮细胞。

注5:图 e 和 f,H-E 染色,标尺:5 μm。白色箭头所示为混合有嗜碱性微粒的嗜酸性包涵体。

图 C.1

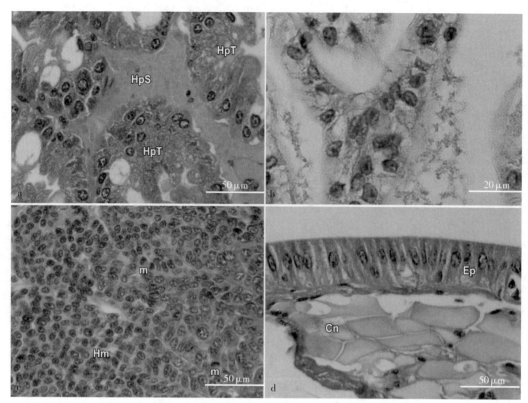

注1:图 a,H-E 染色,标尺:50 μm。HpS 示肝胰腺血窦,HpT 示肝胰腺小管。

注2:图 b,H-E 染色,标尺:20 μm。

注3:图 c,H-E 染色,标尺:50 μm。Hm 示造血组织,m 示正在进行有丝分裂的细胞。

注4:图 d,H-E 染色,标尺:50 μm。Cn 示结缔组织,Ep 示上皮细胞。

图 C.2

附　录　D

（规范性附录）

DIV1 套式 PCR 检测产物序列

```
1    GGGCGGGAGA TGGTGTTAGA TGGGCAGTCA TGGATGAACC AAATGCTGAC GAAATCATCA
                F1
61   GTTCGGGAAC GTTAAAGGGT CTCACGGGAA ACGATTCGTA TTGGGCTCGA GATTTGTTCC
                                              F2
121  AACGAGGAAA GGAAACGAAA GAAATTATAC CCTTTTTCAA ATTACACATG ATTTGCAACA
181  AGCTTCCAGC AATCAAGGAT GCCGATCAAG CAACGTGGAA TCGAATCAGG GTTATTCCAT
                R2
241  TCGAAAGTAC ATTCAAACAT GAAAACGATT GCCCCGTTGA ATTTGAAGAA CAAATGAAAC
301  AGAAAACATT CCCCATGGAT AAAAATTTCA CAGAAAAGAT TCCCGAAATG GTAAAACCCC
361  TGGCTTGGTA TCTTATTCAG AGATGGAAGA CTATCAGGAA GTGTGAAATT GTAGAGCCAG
421  AGATTGTAAC GGTAGCTACA TCTTCGTACC GAAACGA
                R1
```

注：划线处为引物序列。

ICS 65.020.30
B 41

中华人民共和国水产行业标准

SC/T 7238—2020

对虾偷死野田村病毒(CMNV)检测方法

Detection methods for covert mortality nodavirus (CMNV)

2020-08-26 发布

2021-01-01 实施

中华人民共和国农业农村部 发布

前　　言

本标准按照 GB/T 1.1—2009 给出的规则起草。

请注意本文件的某些内容可能涉及专利。本文件的发布机构不承担识别这些专利的责任。

本标准由农业农村部渔业渔政管理局提出。

本标准由全国水产标准化技术委员会(SAC/TC 156)归口。

本标准起草单位:中国水产科学研究院黄海水产研究所。

本标准主要起草人:张庆利、黄倢、万晓媛、李小平、刘爽、梁艳、杨冰、邱亮、李晨。

对虾偷死野田村病毒(CMNV)检测方法

1 范围

本标准给出了对虾偷死野田村病毒(CMNV)逆转录套式 PCR 检测、逆转录环介导等温扩增检测、TaqMan 荧光定量 RT-PCR 检测所需的试剂和材料、器材和设备,规定了操作步骤和结果判定的要求。

本标准适用于 CMNV 的检测和监测。

2 规范性引用文件

下列文件对于本文件的应用是必不可少的。凡是注日期的引用文件,仅注日期的版本适用于本文件。凡是不注日期的引用文件,其最新版本(包括所有的修改单)适用于本文件。

SC/T 7103 水生动物产地检疫采样技术规范

3 缩略语

下列缩略语适用于本文件。

Bst DNA 聚合酶:*Bst* 2.0 热启动 DNA 聚合酶(*Bst* 2.0 WarmStart DNA Polymerase)

CMNV:偷死野田村病毒(covert mortality nodavirus)

dNTP:脱氧核苷三磷酸(deoxyribonucleoside triphosphate)

M-MLV 酶:M-MLV 逆转录酶(reverse transcriptase M-MLV RNase)

nested RT-PCR:逆转录套式 PCR(nested reverse transcription PCR)

qRT-PCR:实时荧光定量 PCR(quantitative real-time reverse transcription PCR)

RT-LAMP:逆转录环介导等温扩增(reverse transcription loop-mediated isothermal amplification)

4 试剂和材料

4.1 RNase-free 水:商品化试剂,4℃保存,或其他等效的无 RNA 酶水。

4.2 RNAiso Plus 试剂:商品化试剂,4℃保存,或其他等效的 RNA 提取试剂。

4.3 RNA 酶抑制剂(RNasin 或 RNase Inhibitor,40 U/μL):商品化试剂,−20℃保存,或其他等效试剂。

4.4 三氯甲烷:分析纯。

4.5 异丙醇:分析纯。

4.6 75%乙醇:见附录 A 中的 A.1。

4.7 阳性对照:感染了 CMNV 的对虾组织或细胞培养物或含有目的片段的核酸,−80℃保存。

4.8 阴性对照:不含 CMNV 的对虾组织或细胞培养物,−80℃保存。

4.9 空白对照:可用 RNase-free 水作为空白对照。

4.10 dNTP(各 2.5 mmol/L):含 dATP、dTTP、dGTP、dCTP 各 2.5 mmol/L 的混合物,−20℃保存。

4.11 dNTP(各 10 mmol/L):含 dATP、dTTP、dGTP、dCTP 各 10 mmol/L 的混合物,−20℃保存。

4.12 dNTP(各 20 mmol/L):含 dATP、dTTP、dCTP、dGTP 各 20 mmol/L,见 A.2,−20℃保存。

4.13 M-MLV 逆转录酶(200 U/μL):商品化试剂,−20℃保存,或其他等效逆转录酶。

4.14 5×M-MLV 逆转录酶缓冲液:商品化试剂,−20℃保存,或其他等效缓冲液。

4.15 *Taq* DNA 聚合酶(5 U/μL):商品化试剂,−20℃保存,或其他等效 DNA 聚合酶。

4.16 10×PCR 缓冲液:商品化试剂,随 *Taq* DNA 聚合酶提供,不含 Mg^{2+},−20℃保存,或其等效缓冲液。

4.17 MgCl₂(25 mmol/L)：−20℃保存。

4.18 琼脂糖：电泳级。

4.19 6×载样缓冲液：商品化试剂，或其他等效载样缓冲液。

4.20 DNA Marker：商品化试剂，−20℃保存，或其他等效 Marker。

4.21 电泳核酸染料：生化制剂。

4.22 10×Isothermal Amplification Buffer：商品化产品，稀释为 1×工作液时内含 20 mmol/L Tris-HCl，50 mmol/L KCl，10 mmol/L (NH₄)₂SO₄，2 mmol/L MgSO₄，0.1% Tween® 20；或其他等效试剂。

4.23 *Bst* DNA 聚合酶：商品化试剂，酶浓度 8 U/μL，−20℃保存，或其他等效聚合酶。

4.24 甜菜碱(Betaine)：浓度 5 mol/L，见 A.3，−20℃保存。

4.25 硫酸镁(MgSO₄)：浓度 100 mmol/L，−20℃保存。

4.26 荧光定量 PCR 核酸染料：20×Eva Green，商品化试剂，4℃保存，或其他等效核酸染料。

4.27 10×qRT-PCR 缓冲液：商品化试剂，随 qRT-PCR 的 *Taq* DNA 聚合酶提供，不含 Mg²⁺，−20℃保存，或其他等效缓冲液。

4.28 荧光定量 PCR *Taq* DNA 聚合酶(5 U/μL)：适用于 qRT-PCR，−20℃保存。

4.29 检测方法的引物和探针序列参见附录 B，按各方法中的工作浓度配制，−20℃保存。

5 器材和设备

5.1 可调移液器。

5.2 冷冻离心机。

5.3 涡旋振荡器。

5.4 普通冰箱。

5.5 −80℃超低温冰箱。

5.6 手掌型离心机。

5.7 PCR 仪。

5.8 电泳仪。

5.9 水平电泳槽。

5.10 紫外观察仪或凝胶成像仪。

5.11 实时荧光定量 PCR 仪。

6 操作步骤

6.1 样品采集

6.1.1 采样对象

凡纳滨对虾(*Litopenaeus vannamei*)、中国明对虾(*Fenneropenaeus chinensis*)、日本囊对虾(*Marsupenaeus japonicus*)、斑节对虾(*Penaeus monodon*)和脊尾白虾(*Exopalaemon carinicauda*)等易感宿主，其他易感生物参见 C.2。

6.1.2 采样数量

采样数量符合 SC/T 7103 的要求。

6.1.3 采样部位

对有临床症状(参见 C.3)的虾取肝胰腺、鳃、附肢和肌肉组织。对无临床症状的虾取肝胰腺、鳃和附肢。

6.2 样品处理

用刀片切取 30 mg 靶组织，置于 1.5 mL 无 RNA 酶的 EP 管中。

6.3 RNA 提取

6.3.1 取 30 mg～50 mg 样品,加入 0.5 mL～1 mL RNAiso Plus 试剂,研磨,室温放置 5 min。4℃下,12 000 r/min 离心 5 min。取上清液至新的无 RNA 酶离心管中。提取过程同时设置阳性对照、阴性对照。

6.3.2 加入 1/5 体积的氯仿,混合至溶液乳化呈乳白色,室温放置 5 min。

6.3.3 4℃ 12 000 r/min 离心 15 min。缓慢吸取上层水相,移至新的无 RNA 酶离心管中。

6.3.4 加入等体积的异丙醇(使用前预冷至−20℃),上下颠倒混匀,室温放置 10 min。

6.3.5 4℃ 12 000 r/min 离心 10 min,弃上清液。

6.3.6 加入 1 mL 无 RNA 酶的 75% 乙醇(4℃预冷),上下颠倒洗涤沉淀,再于 4℃ 7 000 r/min 离心 5 min,小心弃上清液。室温晾干沉淀。

6.3.7 加入 20 μL～100 μL RNase-free 水溶解沉淀,核酸提取完成后测定 RNA 浓度和质量,将 RNA 稀释为 100 ng/μL～200 ng/μL,稀释后的 RNA 可立即使用或保存于−80℃待用。

6.3.8 可以使用同等效果的商品化提取试剂盒进行 RNA 提取操作。

6.4 Nested RT-PCR 检测

6.4.1 cDNA 合成

6.4.1.1 在 PCR 前区的冰盒上配制 RNA 预变性体系,分装为 5 μL/管,使每反应管含 4 μL 无 RNA 酶的水、1 μL 10 mmol/L 引物 R1,保存于−20℃。临用前,加入 1 μL、总量为 100 ng ～ 200 ng 的待测 RNA。70℃预变性 10 min 后,即刻放入冰浴中冷却 2 min。同时设置阳性对照、阴性对照和空白对照。

6.4.1.2 在 PCR 前区的冰盒上配制逆转录酶预混物,配制方法为:2 μL 5×M-MLV 逆转录酶缓冲液、0.5 μL dNTP(10 mmol/L)、0.25 μL RNase Inhibitor(40 U/μL)、0.5 μL M-MLV 逆转录酶(200 U/μL),加 0.75 μL 无 RNA 酶水补足至 4 μL 并混匀,将该预混物加至上述含有 RNA 预变性体系的反应管中,稍离心,置于 42℃金属浴中反应 1 h,70℃继续反应 15 min。

6.4.2 第一轮 PCR 扩增

6.4.2.1 在 PCR 前区按照表 1 的要求,加入除 *Taq* DNA 聚合酶以外的各项试剂,在冰盒上配制成 nested RT-PCR 中第一轮 PCR 的无酶反应大体积的预混物,分装保存于−20℃。在临用前,加入相应体积的 *Taq* DNA 聚合酶,混匀,按 24 μL/反应分装到 0.2 mL PCR 管中,然后分别加入 1 μL 样品 cDNA。

表 1 Nested RT-PCR 的第一轮 PCR 反应预混物所需试剂

试剂	加样量,μL	试剂终浓度
10×PCR 缓冲液	2.5	1×PCR 缓冲液
MgCl₂(25 mmol/L)	2.0	2.0 mmol/L
dNTP(各 2.5 mmol/L)	2.0	200 μmol/L
引物 CMNV-n-F1(10 μmol/L)	1.0	0.40 μmol/L
引物 CMNV-n-R1(10 μmol/L)	1.0	0.40 μmol/L
灭菌双蒸水	15.3	—
Taq DNA 聚合酶(5 U/μL)	0.2	0.04 U/L

6.4.2.2 如果 PCR 仪不具备热盖功能,再向各管内加入 50 μL 液体石蜡。

6.4.2.3 将上述加有逆转录 cDNA 的 PCR 管带入 PCR 后区,按以下程序进行扩增:94℃预变性 4 min;94℃ 20 s、50℃ 20 s、72℃ 40 s,35 个循环;72℃ 5 min,最后 4℃保温。准备进行产物的电泳。

6.4.2.4 可以使用具有同等逆转录或一步法逆转录 PCR 效果的商品化试剂盒进行操作。

6.4.3 第二轮 PCR 扩增

按照表 2 的要求,在冰盒上配制除 *Taq* DNA 聚合酶以外的大体积预混物,分装保存于−20℃。在临用前,加入相应体积的 *Taq* DNA 聚合酶,混匀,按 24 μL/反应分装到 0.2 mL PCR 管中,试剂及反应混合物在操作时务必处于低温状态。分别加入 1 μL 第一步反应产物为模板,加入前可先根据第一步 PCR 产物浓度,做 10 倍~1 000 倍稀释。扩增程序为:95℃预变性 4 min;95℃变性 20 s,52℃退火 30 s,72℃延伸 30 s,35 个循环;72℃延伸 5 min;最后 4℃保温。准备进行产物的电泳。也可以使用同等逆转录或一步法 RT-PCR 效果的商品化试剂盒进行操作;使用一步法 RT-PCR 商品化试剂盒进行 RT-PCR 前,须将 RNA 模板 95℃~100℃预变性 3 min 并迅速冰浴。

表 2 Nested RT-PCR 的第二轮 PCR 反应预混物所需试剂

试剂	加样量,μL	试剂终浓度
10×PCR 缓冲液	2.5	1×PCR 缓冲液
MgCl$_2$(25 mmol/L)	2.0	2.0 mmol/L
dNTP(2.5 mmol/L)	2.0	200 μmol/L
引物 CMNV-n-F2(10 μmol/L)	1.0	0.40 μmol/L
引物 CMNV-n-R2(10 μmol/L)	1.0	0.40 μmol/L
灭菌双蒸水	15.3	—
Taq DNA 聚合酶(5 U/μL)	0.2	0.04 U/L

6.4.4 琼脂糖电泳

6.4.4.1 配制 1.5% 的琼脂糖凝胶,待凝胶冷却至低于 60℃时,按比例加入电泳核酸染料,摇匀,制备琼脂糖凝胶。

6.4.4.2 将 5 μL PCR 反应产物与 1 μL 6×载样缓冲液混匀后加入到加样孔中。同时设立 DNA 分子量标准对照。

6.4.4.3 在 4 V/cm~5 V/cm 的电压下电泳,使 DNA 由负极向正极移动。当载样缓冲液中溴酚蓝指示剂的色带迁移至琼脂糖凝胶的 1/2~2/3 处时停止电泳,将凝胶置于紫外观察仪或凝胶成像仪下观察或拍照。

6.4.4.4 如果观察到预期大小扩增片段,对 PCR 扩增产物进行测序。

6.4.5 结果判定

6.4.5.1 阳性对照第一步 PCR 后在 619 bp 和/或第二步 PCR 后在 413 bp 处有特定条带、阴性对照在 619 bp 和 413 bp 处均无条带且空白对照不出现任何条带,实验结果有效。

6.4.5.2 检测样品第一步 PCR 后在 619 bp 处有条带和/或第二步 PCR 后在 413 bp 处有条带,且 PCR 产物测序结果符合附录 B 参考序列,可判定待测样品为 nested RT-PCR 阳性。

6.4.5.3 检测样品第一步 PCR 后在 619 bp 处无条带且第二步 PCR 后在 413 bp 处无条带可判为 nested RT-PCR 阴性。

6.5 RT-LAMP 检测

6.5.1 反应体系配制

在扩增前区,按表 3 的要求在冰盒上配制 RT-LAMP 检测反应体系,混匀后,分装为 24 μL/管,试剂及反应混合物在操作时务必处于低温状态;同时设置以 RNase-free 水为模板的空白对照。加样需按阴性对照、待检样品、阳性对照的次序分别加入 1 μL、总量为 10 ng~100 ng 预变性的 RNA 模板。待检样品 RNA 制备参见 6.3。反应体系配制也可采用同等效果的商业化 RT-LAMP 试剂盒代替。

表 3 RT-LAMP 反应预混物所需试剂

试剂	加样量,μL	试剂终浓度
10×Isothermal Amplification Buffer	2.5	—
MgSO$_4$(100 mmol/L)	1.0	4.0 mmol/L
Betaine(5 mol/L)	6.0	1.2 mol/L
dNTP(各 20 mmol/L)	1.5	1.2 mmol/L
CMNV-FIP(20 μmol/L)	2.0	1.6 μmol/L

表3（续）

试剂	加样量，μL	试剂终浓度
CMNV-BIP(20 μmol/L)	2.0	1.6 μmol/L
CMNV-F3(10 μmol/L)	0.5	0.2 μmol/L
CMNV-B3(10 μmol/L)	0.5	0.2 μmol/L
CMNV-LF(20 μmol/L)	1.0	0.8 μmol/L
CMNV-LB(20 μmol/L)	1.0	0.8 μmol/L
M-MLV 逆转录酶(200 U/μL)	0.2	40.0 U
Bst DNA 聚合酶(8 U/μL)	0.8	6.4 U
Eva Green(25 μmol/L)	0.8	0.8 μmol/L
RNase-free 水	4.2	—

6.5.2 反应条件

各样品置于实时荧光定量 PCR 仪中，选择 SYBR 通道，65.8℃ 反应 60 min。

6.5.3 结果判定

6.5.3.1 阳性对照反应产生典型"S"形扩增曲线且空白对照和阴性对照反应产生非"S"形扩增曲线时，结果有效，可以进行检测结果判定。异常结果分析和问题排除方法参见附录D。

6.5.3.2 若某待检样品反应产生典型"S"形扩增曲线，则判定该样品为 RT-LAMP 阳性。

6.5.3.3 若某待检样品反应产生类似平直的非"S"形扩增曲线，则可判定该样品为 RT-LAMP 阴性。

6.6 qRT-PCR 检测

6.6.1 反应体系配制

在扩增前区，按表4的要求在冰盒上配制 qRT-PCR 扩增体系，混匀后，分装为 24 μL/管，试剂及反应混合物在操作时务必处于低温状态；同时设置以 RNase-free 水为模板的空白对照。加样需按空白对照、阴性对照、待检样品、阳性对照的次序分别加入 1 μL、总量为 10 ng ～ 100 ng 的模板。待检样品 RNA 制备参见6.3。反应体系配制也可采用同等效果的商业化 qRT-PCR 试剂盒代替。

表4 qRT-PCR 的反应预混物所需试剂

试剂	加样量，μL	试剂终浓度
10×qRT-PCR 缓冲液	2.5	1×PCR 缓冲液
MgCl$_2$(25 mmol/L)	2.0	2.0 mmol/L
dNTP(各 10 mmol/L)	0.5	200 μmol/L
引物 CMNV-TAQ-F(10 μmol/L)	0.5	0.20 μmol/L
引物 CMNV-TAQ-R(10 μmol/L)	0.5	0.20 μmol/L
探针 CMNV-TAQ-P(10 μmol/L)	0.5	0.20 μmol/L
M-MLV 逆转录酶(200 U/μL)	0.5	4 U/μL
RNA 酶抑制剂(400 U/μL)	0.3	4.8 U/μL
Taq DNA 聚合酶(5 U/μL)	0.2	0.04 U/μL
灭菌双蒸水	16.5	—

6.6.2 反应条件

各样品置于实时荧光定量 PCR 仪中，50.8℃保温 15 min；94℃预变性 5 min；94℃变性 10 s，52.7℃退火延伸 30 s，共 40 个循环。

6.6.3 结果判定

6.6.3.1 阴性对照 Ct 值＞35，并且无典型"S"形扩增曲线，阳性对照的 Ct 值应≤35，并出现典型"S"形扩增曲线，实验结果有效。

6.6.3.2 样品扩增后，Ct 值≤35 且出现典型"S"形扩增曲线，结果判定为 qRT-PCR 阳性。

6.6.3.3 样品扩增后，无典型"S"形扩增曲线判定为 qRT-PCR 阴性。

6.6.3.4 样品扩增后，Ct 值＞35 的样本应重新检测。重新检测结果 35＜Ct 值＜40 时样品为可疑阳性，

Ct 值≥40 样品为阴性。

7 结果综合判定

7.1 RT-nPCR 结果显示阳性,或 RT-LAMP 结果显示阳性,或 qRT-PCR 结果显示阳性,符合其中一项则判定为 CMNV 阳性。

7.2 当 RT-nPCR 或 RT-LAMP 或 qRT-PCR 中的一种检测方法结果判定可疑时,选择另一种进行检测确认。

附　录　A
（规范性附录）
试剂配制

A.1　75%乙醇

无水乙醇	750 mL
加 RNase-free 水定容至	1 000 mL

混匀，室温储存。

A.2　dNTP（各 20 mmol/L）

商品化试剂含 dATP、dTTP、dCTP 和 dGTP 各 1 管，每管 400 μL，浓度为 100 mmol/L。化冻后，将上述 dATP、dTTP、dCTP 和 dGTP 混合，再加入 400 μL 的无 RNA 酶水，充分混匀，分装到多个 1.5 mL 的 EP 管中，−20℃保存，避免反复冻融。

A.3　甜菜碱（5 mol/L）

称取 2.93 g 甜菜碱粉末，放入 15 mL 离心管中，加入无 RNA 酶水使溶液终体积为 5 mL，混匀并分装至多个 1.5 mL EP 管中，−20℃保存备用。

附　录　B
（资料性附录）
CMNV 检测方法引物设计及其在靶基因中的位置

B.1　CMNV Nested RT-PCR 引物设计及其在靶基因中的位置

见表 B.1 和图 B.1。

表 B.1　CMNV Nested RT-PCR 所用引物序列

引物名称	引物序列(5′-3′)	扩增片段长度	引物位置
CMNV-n-F1	AAATACGGCGATGACG	619 bp	232～247
CMNV-n-R1	ACGAAGTGCCCACAGAC		834～850
CMNV-n-F2	TCGCGTATTCGTGGAT	413 bp	357～372
CMNV-n-R2	TAGGGTCAAAAGGTGTAGT		751～769
注："引物位置"指引物在 CMNV RdRp 基因(GenBank 登录号:KM112247)片段上的起始和终止碱基位置。			

CMNV-n-F1
5-′ ATGGATATGATCGGACCAAAATACGGCGATGACGGCTTGAGCCACAACCGAGTCAAACCTTTCATCAACAAAG
3-′ TACCTATACTAGCCTGGTTTTATGCCGCTACTGCCGAACTCGGTGTTGGCTCAGTTTGGAAAGTAGTTGTTTC

5-′ TAGCGAACGCACTAGGCCTATCGACTAAATATGAGAAATTTAATCCAGAAATAGGAATATCATTTCTTGCTCG
3-′ ATCGCTTGCGTGATCCGGATAGCTGATTTATACTCTTTAAATTAGGTCTTTATCCTTATAGTAAAGAACGAGC

CMNV-n-F2
5-′ CGTATTCGTGGATCCTTTTAACACAAACACTTCCATTACGGATCCCCTTCGCTGTTTACGCAAAATCCATCTC
3-′ GCATAAGCACCTAGGAAAATTGTGTTTGTGAAGGTAATGCCTAGGGGAAGCGACAAATGCGTTTTAGGTAGAG

5-′ ACCGCCCGGAACCCTTCCGTCCCTTTAGCAGACGCATGTTGCGATCGAGTTGAAGGCTATCTCGTGACAGATG
3-′ TGGCGGGCCTTGGGAAGGCAGGGAAATCGTCTGCGTACAACGCTAGCTCAACTTCCGATAGAGCACTGTCTAC

5-′ CCCTTACACCATTGGTGGGTGATTACTGTCGCTCTATGATTCGATTGTATGGTGGAGCTGCGTCAAGTCAATT
3-′ GGGAATGTGGTAACCACCCACTAATGACAGCGAGATACTAAGCTAACATACCACCTCGACGCAGTTCAGTTAA

5-′ GGTAAGACTGAAGCGCAAAACCAGCAATTCCGAGAAGCCCAATTGGTTGACGAATGATGGTTCCTGGCCCCAA
3-′ CCATTCTGACTTCGCGTTTTGGTCGTTAAGGCTCTTCGGGTTAACCAACTGCTTACTACCAAGGACCGGGGTT

5-′ AATGCCGCCGATAAAGATGCTATGTTCAACGTCCTTTGTGCCCGCACTCAAATTCATCCCGAGACGGTAAATA
3-′ TTACGGCGGCTATTTCTACGATACAAGTTGCAGGAAACACGGGCGTGAGTTTAAGTAGGGCTCTGCCATTTAT

5-′ GCCTTATCGAACGCCTGGCCAACATAACTACACCTTTTGACCCTATAATTACTGAGTTTAATGATGCCGCAAG
3-′ CGGAATAGCTTGCGGACCGGTTGTATTGATGTGGAAAACTGGGATATTAATGACTCAAATTACTACGGCGTTC
CMNV-n-R2

5-′ TAACAGTAATACCATCGGCGTTGATGGTCCAGTAGGGTCTGTGGGCACTTCGTTTGAAAGACAAGCGATAGA
3-′ ATTGTCATTATGGTAGCCGCAACTACCAGGTCATCCCAGACACCCGTGAAGCAAACTTTCTGTTCGCTATCT
CMNV-n-R1

图 B.1　Nested RT-PCR 引物在 CMNV 靶基因中的位置

B.2 CMNV 的 RT-LAMP 引物设计及其在靶基因中的位置

见表 B.2 和图 B.2。

表 B.2 RT-LAMP 引物序列

引物	序列
CMNV-F3	TGCCAAGCAAATACGAGCT
CMNV-B3	CATCAGCGATGTCACGGC
CMNV-FIP (F1c+TTTT+F2)	GTCGTCGACGGTTAGGTTGCG TTTT CCAAGCACTTCCCGACAA
CMNV-BIP (B1c+TTTT+B2)	CGTCCAAAAGGACCTCCGCA TTTTT GGAGACCTTGGTCACGC
CMNV-LF	GCTCACGGCTTTGGATACC
CMNV-LB	GATTGCATGCGTCAACCTCA
注:引物 CMNV-FIP 和 CMNV-BIP 引物中间的"TTTT"为接头序列,用于提高扩增效率。	

图 B.2 RT-LAMP 引物在 CMNV 靶基因中的位置

B.3 CMNV TaqMan 逆转录 qRT-PCR 引物设计及其在靶基因中的位置

表 B.3 CMNV TaqMan 逆转录 qRT-PCR 引物序列

引物	引物序列(5'-3')	引物位置
CMNV-TAQ-F	CGAGCTAATCCAAGCACTTC	886~905
CMNV-TAQ-R	ACCTGTTAGGTACGCTACCA	1 063~1 084
CMNV-TAQ-P	FAM-CGCTCACGGCTTTGGATACCTT-TAMRA	911~932

图 B.3 逆转录 qRT-PCR 引物及探针在 CMNV 靶基因中的位置

附 录 C
（资料性附录）
对虾偷死野田村病毒(CMNV)

C.1 生物学特性

对虾偷死野田村病毒(covert mortality nodavirus,CMNV)在分类上隶属于野田村病毒科 α 野田村病毒属(*Nodaviridae*,*Alphanodavirus*)，其基因组为两节段的单链正义 RNA，病毒粒子呈二十面体形，无囊膜，直径约 32 nm，是引起虾类病毒性偷死病(viral convert mortality disease，VCMD)的病原。患 VCMD的对虾在养殖水温较高(28℃以上)时死亡率较高，累计死亡率为 60%～80%。

C.2 易感宿主

CMNV 的宿主范围很广，自然宿主包括养殖凡纳滨对虾、中国明对虾、日本囊对虾、斑节对虾以及脊尾白虾等主要养殖虾类。该病毒还可以感染桡足类、枝角类、蜾蠃蜚、多毛类、寄居蟹、拟长脚虫戎和三疣梭子蟹等常见的甲壳类动物，以及鲫、虾虎鱼和牙鲆等淡水和海水鱼类。

C.3 临床症状

CMNV 感染的发病对虾常出现肝胰腺颜色变浅、甲壳软、空肠空胃、生长缓慢等症状，很多时候还可见病虾腹节肌肉不透明或局部发白；原位杂交检测显示，虾类附肢和鳃丝中病毒载量高、病理损伤严重。感染 CMNV 的鱼类多表现出眼球突出或游泳异常等症状。

附　录　D
（资料性附录）
RT-LAMP 结果分析和问题排除

RT-LAMP 结果判读及原因分析和问题排除建议见表 D.1。

表 D.1　RT-LAMP 结果分析

实验结果	结果判读及原因分析	问题排除
阳性对照反应产生"S"形扩增曲线且空白对照和阴性对照反应产生平直的非扩增曲线,待检样品反应产生"S"形扩增曲线或产生平直的非扩增曲线	RT-LAMP 反应正常,结果有效	—
阳性对照反应产生平直的非扩增曲线	RT-LAMP 反应失败	检查并更换 RT-LAMP 反应试剂,检查 RT-LAMP 程序是否正确
	阳性对照失效	更换阳性对照
	反应体系配制时未保持低温	确保配制反应体系全程在冰上进行
阴性对照和/或空白对照反应产生"S"形扩增曲线	微量移液器污染	清洗并设立专用微量移液器
	试剂污染	更换试剂
	环境污染	清洁实验室及所用仪器设备
	操作污染	加强实验空间及操作隔离
阳性对照和阴性对照正常,但已知带毒样品无条带	RNA 提取失败或降解	检查提取 RNA 所用试剂情况,重新实验,确认样品新鲜程度
	RNA 不纯或 RNA 浓度过高	用 OD_{260}/OD_{280} 比值来确定。其正常比值应为 1.8～2.0,若低于 1.6 则表示蛋白质过多
	RT-LAMP 抑制物介入	重新取样,提取 RNA,避开 RT-LAMP 反应抑制物
阳性对照反应产生非"S"形和非直线形扩增曲线	RT-LAMP 反应试剂异常	确认制备 RT-LAMP 预混物制备的准确性、试剂质量;或更换可疑试剂/全部试剂
	温度控制异常	检查荧光定量 PCR 仪
	反应体系配制时未保持低温	确保配制反应体系全程在冰上进行
阳性对照、空白对照、阴性对照和样品反应均产生平直的非扩增曲线	阳性对照失效	更换阳性对照
	反应试剂失效	更换反应试剂
	扩增程序设置有误	检查确认扩增程序
	仪器设备故障	检查或更换荧光定量 PCR 仪

ICS 65.020.30
B 41

中华人民共和国水产行业标准

SC/T 7239—2020

三疣梭子蟹肌孢虫病诊断规程

Code of diagnosis for microsporidiosis caused by *Ameson portunus*

2020-08-26 发布

2021-01-01 实施

中华人民共和国农业农村部 发布

SC/T 7239—2020

前　言

　　本标准按照 GB/T 1.1—2009 给出的规则起草。

　　本标准由农业农村部渔业渔政管理局提出。

　　本标准由全国水产标准化技术委员会(SAC/TC 156)归口。

　　本标准起草单位:中国水产科学研究院东海水产研究所、浙江万里学院、江苏省海洋水产研究所、华东理工大学。

　　本标准主要起草人:周俊芳、程家骅、王元、姜亚洲、房文红、焦海峰、万夕和、吉红九、李新苍、王启要、肖婧凡、赵姝、符贵红。

引　言

　　本文件的发布机构提请注意如下事实，声明符合本文件时，可能涉及 9 操作步骤和附录 B 引物与《一种用于我国养殖与野生三疣梭子蟹微孢子虫感染早期预警的套式引物及其应用》（专利号：ZL 201510289724.7)等相关专利的使用。

　　本文件的发布机构对于该专利的真实性、有效性和范围无任何立场。

　　该专利持有人已向本文件的发布机构保证，他愿意同任何申请人在合理且无歧视的条款和条件下，就专利授权许可进行谈判。该专利持有人的声明已在本文件的发布机构备案。相关信息可以通过以下联系方式获得：

　　专利持有人：中国水产科学研究院东海水产研究所

　　地址：上海市军工路 300 号东海水产研究所

　　请注意除上述专利外，本文件的某些内容仍可能涉及专利。本文件的发布机构不承担识别这些专利的责任。

三疣梭子蟹肌孢虫病诊断规程

1 范围

本标准给出了三疣梭子蟹肌孢虫病(microsporidiosis caused by *Ameson portunus*)诊断所需试剂和材料、器材和设备、临床症状,规定了三疣梭子蟹肌孢虫病的采样、组织病理学检测、PCR 检测和综合判定。

本标准适用于三疣梭子蟹肌孢虫病的鉴定,用于三疣梭子蟹肌孢虫引起的相关疾病的流行病学调查、诊断、检疫和监测。

2 规范性引用文件

下列文件对于本文件的应用是必不可少的。凡是注日期的引用文件,仅注日期的版本适用于本文件。凡是不注日期的引用文件,其最新版本(包括所有的修改单)适用于本文件。

GB/T 6682　分析实验室用水规格和试验方法

GB/T 28630.4　白斑综合征(WSD)诊断规程　第 4 部分:组织病理学诊断法

SC/T 7103　水生动物产地检疫采样技术规范

3 缩略语

下列缩略语适用于本文件。

dNTPs:脱氧核糖核苷三磷酸(deoxy-ribonucleoside triphosphate)

PBS:磷酸缓冲盐溶液(phosphate buffer saline)

EDTA:乙二胺四乙酸(ethylenediaminetetraacetic acid)

PCR:聚合酶链式反应(polymerase chain reaction)

Percoll:Percoll 分层液(Percoll layered liquid)

Taq:水生栖热菌(*Thermus aquaticus*)

SDS:十二烷基硫酸钠(sodium dodecyl sulfate)

Tris:三(羟基甲基)氨基甲烷[Tris (hydroxymethyl) aminomethane]

4 试剂和材料

4.1　除特别说明外,分析所用试剂均为分析纯,实验用水应符合 GB/T 6682 中一级水的规格。

4.2　DNA 提取相关试剂:100%乙醇、95%乙醇、75%乙醇、Tris、HCl、EDTA、NaCl、SDS、蛋白酶 K、RNase A(100 mg/mL)、苯酚、氯仿、异戊醇。

4.3　PCR 检测相关试剂:DNA 分子量标准、PBS、*Taq* DNA 聚合酶(5 U/μL)、PCR 反应缓冲液(10×、20 mmol/L Mg^{2+})、dNTPs(2.5 mmol/L)、上样缓冲液(6×)、电泳缓冲液。

常规 PCR 引物(10 μmol/L):MI1F:TGGCGACCAGTTCTAAG 和 MI545R:AAGCCGAACAATC-CACA;

套式 PCR 引物(第一轮扩增为常规 PCR 引物,第二轮扩增为 MI230F:CARATAGATAGG GGCAGTAGC 和 MI426R:ATCGGTCACTGCTAGAACTAC)。

4.4　组织病理学检测相关试剂:中性树胶、DAFA 固定液、苏木精染色液、1%伊红储存液、1%焰红储存液、伊红-焰红染色液、粘片剂、100%乙醇、95%乙醇、85%乙醇、80%乙醇、75%乙醇、50%乙醇。

4.5　组织病理学检测用阳性对照为确诊三疣梭子蟹肌孢虫病且显示明显病理变化的蟹肌肉组织切片;PCR 检测用对照:阳性对照为确诊三疣梭子蟹肌孢虫病的蟹肌肉组织,−80℃保存,阴性对照为经套式

PCR 检测未感染三疣梭子蟹肌孢虫的健康蟹肌肉组织，－80℃保存，空白对照为 ddH$_2$O。

4.6　以上配制试剂按附录 A 的规定执行；引物对应靶基因序列及其扩张片段参见附录 B。

5　器材和设备

5.1　切片机。

5.2　组织脱水机。

5.3　包埋机。

5.4　染色机。

5.5　展片水浴锅。

5.6　烘片机。

5.7　光学显微镜。

5.8　组织破碎仪或研磨机。

5.9　PCR 扩增仪。

5.10　高速冷冻离心机。

5.11　纯水仪。

5.12　恒温水浴锅。

5.13　生物安全柜。

5.14　电泳仪。

5.15　凝胶成像系统或紫外观察仪。

5.16　超微量分光光度计。

6　临床症状

三疣梭子蟹肌孢虫病发病蟹摄食量减少，个体消瘦，防御、自洁和摄食等行为受到严重影响，腹面和附肢关节外观失去透明感，剖检可见肌肉白浊、不透明，甚至完全白浊化，参见附录 C。

7　采样

7.1　采样对象

三疣梭子蟹。

7.2　采样数量

采样数量应符合 SC/T 7103 的规定。

7.3　采样方法和保存运输

揭开三疣梭子蟹头胸甲，剪取小块肌肉，收集于离心管中。采集样品的封存和运输应符合 SC/T 7103 的规定。

7.4　样品采集

用于组织病理学检测的肌肉样品（<1 cm³），用 DAFA 固定液固定 24 h 以上，固定液体积是组织体积的 10 倍以上；用于 PCR 检测的肌肉样品（50 mg～100 mg），用 95％乙醇保存。

8　组织病理学检测

8.1　修块

样品固定方法和切片前的取材修整，宜符合 GB/T 28630.4 的要求。

8.2　脱水

75％乙醇（1 h 45 min）→85％乙醇（1 h 45 min）→85％乙醇（1 h 45 min）→95％乙醇（45 min）→95％乙醇（45 min）→无水乙醇（45 min）→无水乙醇（45 min）。

8.3 透明

100％乙醇：二甲苯（1：1）（25 min）→二甲苯（20 min）→二甲苯（20 min）。

8.4 浸蜡

纯石蜡（1 h 20 min）→纯石蜡（1 h 20 min）。

8.5 包埋、切片

将浸好蜡的组织于包埋机内进行包埋，包埋好的蜡块修整后置于切片机上切片，片厚 5 μm。对每个石蜡包埋块至少切取 2 块不连续的切片。

8.6 展片

40℃下展片，用涂有一层粘片剂的载玻片捞出，置于平板烘片机上于 45℃烘片 2 h。

8.7 染色

二甲苯（5 min）→二甲苯（5 min）→100％乙醇（2 min）→100％乙醇（2 min）→95％乙醇（2 min）→95％乙醇（2 min）→80％乙醇（2 min）→80％乙醇（2 min）→50％乙醇（2 min）→蒸馏水（2 min）→蒸馏水（2 min）→蒸馏水（2 min）→苏木精染色液（5 min）→缓慢流动的自来水（6 min）→伊红-焰红染色液（2 min）→95％乙醇（1 min 20 s）→95％乙醇（2 min）→100％乙醇（2 min）→100％乙醇（2 min）→二甲苯（2 min 30 s）→二甲苯（2 min 30 s）→二甲苯（2 min 30 s）。

8.8 封片

滴加 2 滴中性树胶封片。

8.9 观察

光学显微镜下观察、拍照。

8.10 结果判定

8.10.1 正常三疣梭子蟹肌肉组织切片中肌细胞质染成红色，细胞核染成蓝色，肌原纤维排列整齐，无断裂、溶解现象。

8.10.2 三疣梭子蟹肌孢虫病发病蟹的肌肉组织可见肌原纤维断裂、溶解，肌原纤维间隙分布大量红色、直径为 1.0 μm～1.4 μm 的椭球形孢子，参见附录 C。

9 PCR 检测

9.1 总 DNA 提取

9.1.1 取 50 mg～100 mg 肌肉组织样品，加入 250 μL PBS 和少量玻璃珠，6 500 r/min 30 s 匀浆处理 2次，破碎梭子蟹肌孢虫的孢子壁；组织匀浆液 5 000 r/min 离心 3 min，取上清液 200 μL，提取 DNA。

9.1.2 将 200 μL 裂解液和 20 μL 蛋白酶 K 加入上清液，56℃水浴 2 h～4 h。

9.1.3 加入 RNase A 至终浓度 20 μg/mL，60℃水浴 30 min。

9.1.4 加入 350 μL 苯酚、336 μL 氯仿、14 μL 异戊醇，轻微颠倒混匀 10 min，12 000 r/min 离心 5 min。

9.1.5 取上清液，转移至一个新的 2 mL 离心管中，加入等体积氯仿/异戊醇（24：1）混合 10 min，12 000 r/min 离心 5 min。

9.1.6 取上清液，加入 2 倍 ～ 2.5 倍体积的 100％乙醇，颠倒混匀，12 000 r/min 离心 5 min，去上清液。

9.1.7 加入 300 μL 75％乙醇，漂洗沉淀 2 次。

9.1.8 加入 300 μL 100％乙醇漂洗沉淀，12 000 r/min 离心 5 min 后，尽可能去除全部液体，室温干燥。

9.1.9 根据沉淀量加入 30 μL～50 μL 的 ddH₂O，使 DNA 完全溶解。

9.1.10 取 2 μL 样品 DNA 溶液使用超微量分光光度计测定 OD 值。将 DNA 分装，置于−20℃保存。

9.1.11 可以采用同等抽提效果的其他方法或使用商品化 DNA 抽提试剂盒。提取过程同时设置阳性对照、阴性对照和空白对照。

9.2 常规 PCR 检测

9.2.1 常规 PCR 反应体系见表 1。配制好的反应液置于普通 PCR 扩增仪内，按如下程序扩增：95℃

5 min;95℃ 45 s,47℃ 35 s,72℃ 40 s,循环 25 次;72℃延伸 5 min;4℃保温。阳性对照、阴性对照和空白对照与样品的体系和程序相同。

表 1 三疣梭子蟹肌孢虫病常规 PCR 检测反应体系

试 剂	添加量
Taq DNA 聚合酶(5 U/μL)	0.25 μL
10× PCR 缓冲液(Mg²⁺ 20 mmol/L)	5 μL
dNTPs(各 2.5 mmol/L)	4 μL
引物 MI1F(10 μmol/L)	5 μL
引物 MI545R(10 μmol/L)	5 μL
DNA 模板	2 μL
注:添加 ddH₂O 至总体积 50 μL。	

9.2.2 琼脂糖凝胶电泳:用 1×电泳缓冲液配制 1.5%的琼脂糖溶液,加热溶解。降温至 60℃,加入 1×核酸染料制备凝胶平板。用 1×上样缓冲液混合 PCR 产物加入凝胶孔,并设置 DNA 分子量标准。100 V 电泳约 30 min。电泳结束,将凝胶置于紫外观察仪或凝胶成像系统下观察和拍照。

9.2.3 结果判定:常规 PCR 扩增后在 545 bp 处有特定电泳条带,而阴性对照和空白对照均无相应核酸条带,即判断为阳性,并且实验有效;阳性对照无特定条带出现或阴性对照或空白对照有特定条带出现都表明 PCR 失败,应在排除原因、清除污染后重新检测。

9.3 套式 PCR 检测

9.3.1 套式 PCR 第一轮,反应体系和程序同常规 PCR 检测。

9.3.2 套式 PCR 检测第二轮,反应体系见表 2。配制好的反应液置于普通 PCR 扩增仪内,按如下程序扩增:95℃ 5 min;95℃ 35 s,50℃ 30 s,72℃ 20 s,循环 20 次;72℃延伸 5 min;4℃保温。阳性对照、阴性对照和空白对照与样品的体系和程序相同。

表 2 三疣梭子蟹肌孢虫病套式 PCR 检测第二轮反应体系

试 剂	添加量
Taq DNA 聚合酶(5 U/μL)	0.25 μL
10× PCR 缓冲液(Mg²⁺ 20 mmol/L)	5 μL
dNTPs(各 2.5 mmol/L)	4 μL
引物 MI230F(10 μmol/L)	0.6 μL
引物 MI426R(10 μmol/L)	0.6 μL
第一轮 PCR 产物	2 μL
注:添加 ddH₂O 至总体积 50 μL。	

9.3.3 琼脂糖凝胶电泳(见 9.2.2)。

9.3.4 结果判定:套式 PCR 扩增后在 197 bp 处有特定电泳条带,而阴性对照和空白对照均无相应核酸条带,即判断为阳性,并且实验有效;阳性对照无特定条带出现或阴性对照或空白对照有特定条带出现都表明 PCR 失败,应在排除原因、清除污染后重新检测。

10 综合判定

10.1 疑似病例的判定

组织病理变化、常规 PCR 检测和套式 PCR 检测中的任何一种检测阳性,即判定为三疣梭子蟹肌孢虫阳性。

10.2 确诊病例的判定

病蟹出现典型临床症状,且组织病理变化、常规 PCR 检测和套式 PCR 检测中的任何一种检测阳性,即判定为三疣梭子蟹肌孢虫病。

附 录 A

（规范性附录）

相关试剂配制

A.1 戴维森氏 AFA(DAFA)固定液

95％乙醇	330 mL
甲醛(37％)	220 mL
冰醋酸	115 mL
水	335 mL

混匀,室温密封储存。

A.2 苏木精染色液

温水(50℃～60℃)	1 000 mL
苏木素	1.0 g
碘酸钠	0.2 g
钾明矾	90.0 g
柠檬酸	1.0 g
水合三氯乙醛	50.0 g

按上述顺序混合,溶解后即可使用,室温储存。

A.3 1%伊红储存液

伊红 Y(水溶性)	5 g
水	500 mL

溶解后置于棕色瓶中,室温储存。

A.4 1%焰红储存液

焰红 B(水溶性)	1 g
水	100 mL

溶解后置于棕色瓶中,室温储存。

A.5 伊红-焰红染色液

1％伊红储存液	100 mL
1％焰红储存液	10 mL
95％乙醇	780 mL
冰醋酸	4 mL

混匀后即可使用,室温储存。

A.6 粘片剂

明胶	1 g
热水	100 mL

溶解后,加入:

| 苯酚 | 2 g |
| 甘油 | 15 mL |

混匀,在棕色瓶中室温储存。

A.7 DNA 提取用组织裂解液

溶液 A:称取 15.142 4 g Tris,加入 150 mL 灭菌水,使用浓盐酸调 pH 至 8.0,定容至 250 mL。

溶液 B:称取 7.306 2 g EDTA,加入 200 mL 灭菌水,调 pH 至 8.0,定容至 250 mL。

溶液 C:称取 29.22 g NaCl,加入 90 mL 灭菌水,定容至 100 mL。

溶液 D:称取 10 g SDS,加入灭菌水,定容至 100 mL。

然后,取

溶液 A	200 mL
溶液 B	250 mL
溶液 C	100 mL
溶液 D	100 mL
灭菌水定容至	1 000 mL

混匀,室温储存。

A.8 蛋白酶 K

| 蛋白酶 K 粉 | 20 mg |
| 水 | 1 mL |

溶解后分装于无菌离心管中,−20℃下储存。

A.9 0.01 mol/L PBS (pH 7.2~7.4)

Na_2HPO_4	1.19 g
NaH_2PO_4	0.22 g
NaCl	8.50 g
水	1 000 mL

充分搅拌溶解后,4℃储存备用。

A.10 TE 缓冲液

1 mol/L Tris-HCl(pH 8.0)	10 mL
0.5 mol/L EDTA(pH 8.0)	2 mL
水定容至	1 000 mL

高温高压灭菌,4℃储存备用。

A.11 电泳缓冲液(50×)

Tris	242 g
0.5 mol/L EDTA(pH 8.0)	100 mL
冰乙酸	57.1 mL
灭菌水定容至	1 000 mL

室温储存。

附　录　B
（资料性附录）
扩增片段参考序列

常规和套式 PCR 扩增片段对应的序列

<u>TGGCGACCAGTTCTAAG</u>GAGTGCAGCAGGCTCGAAACTTACCGAAT　TATAGATTAGAGGTAGT-
GATGAAACGTTTATATAGAAATACTGGTAAAGCAAGTATTATCAACTGGAGGGAAAGTCTGGTGCCAG
CAGCCGCGGTAATACCAGCTCCAGGAGCTTCTTCGATATGTTGCGGTTAAAACGTCCGTAGTCGCGGCT
TGGGACTGACCTGTAATCTATTTGGTCAA *CARATAGATAGGGGCAGTAGC* AAGCTGGAAAAGAGC
AATTTGGTGTCAGCTAATGGTATGGGGAGGGGTGAAGTCTGAGGATCCATGCAGGAGGAGCA
AAGGCGAAAGCACTGACAAAGATTGATTCTGTTGATCAAGGACAGAGGCTAGAGGATCGAAT
ACGATTAGATAC　CGTA*GTAGTTCTAGCAGTGACCGAT*GATGATTTTGCTTATGGCAATAGAG
AAATCAAAATAGATCTCCGGGGGGAGTACATGCGCAAGCAAGAAACTTAAAGAAATTGACGG
AAGACTACCACAAGG<u>TGTGGATTGTTCGGCTT</u>

注:划线正体部分为常规 PCR 引物和套式 PCR 外引物对应的靶基因序列,划线斜体部分为套式 PCR 内引物对应的靶
　　基因序列。

附　录　C
（资料性附录）
三疣梭子蟹肌孢虫病

C.1　流行病学

三疣梭子蟹肌孢虫在养殖和野生三疣梭子蟹中广泛流行,是影响三疣梭子蟹健康养殖的主要病原。东海区局部养殖三疣梭子蟹肌孢虫感染率可达 90% 以上,野生群体也有携带。当三疣梭子蟹肌孢虫感染量达到 1.0×10^9 拷贝/mg 肌肉时,三疣梭子蟹就存在暴发三疣梭子蟹肌孢虫病(俗称"牙膏病")甚至死亡的风险。因此,该病对海捕种蟹与养殖蟹的健康培育、增殖放流以及养殖与野生种群的维护等均构成威胁。

C.2　临床症状

病蟹摄食量减少,个体消瘦,生长缓慢;有些个体滞留池边,不下潜。患病后期,病蟹游泳足和螯肢等活动严重受限,防御、自洁和摄食等行为受到严重影响。个体外观逐渐失去清亮感,变成白色,附肢关节膜内也失去透明感,严重发病个体肌肉呈现典型的白浊化特征(见图 C.1A)。

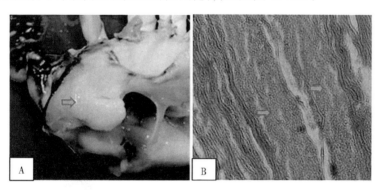

图 C.1　三疣梭子蟹肌孢虫病发病蟹

注:A 图为患病三疣梭子蟹肌肉(箭头所示为肌肉白化);B 图为肌组织病理变化(400×,箭头所示为孢子)。

C.3　病理变化

大量三疣梭子蟹肌孢虫侵入肌肉组织,分布于肌原纤维间隙,导致肌原纤维断裂、溶解,肌原纤维间隙可见大量红色、直径为 $1.0\ \mu m \sim 1.4\ \mu m$ 的椭球形孢子(见图 C.1B)。

ICS 65.020.30
B 41

中华人民共和国水产行业标准

SC/T 7240—2020

牡蛎疱疹病毒1型感染诊断规程

Code of diagnosis for infection with Ostreid herpesvirus 1

2020-08-26 发布
2021-01-01 实施

中华人民共和国农业农村部 发布

前　言

本标准按照 GB/T 1.1—2009 给出的规则起草。

请注意本文件的某些内容可能涉及专利。本文件的发布机构不承担识别这些专利的责任。

本标准由农业农村部渔业渔政管理局提出。

本标准由全国水产标准化技术委员会(SAC/TC 156)归口。

本标准起草单位:中国水产科学研究院黄海水产研究所。

本标准主要起草人:白昌明、辛鲁生、杨冰、万晓媛、王崇明、李晨、梁艳、黄健。

牡蛎疱疹病毒 1 型感染诊断规程

1 范围

本标准给出了牡蛎疱疹病毒 1 型(Ostreid herpesvirus 1,OsHV-1)感染的术语和定义、缩略语、试剂和材料、器材和设备、临床症状与表现,规定了采样、组织病理检测、PCR 检测、透射电镜检测及综合判定。

本标准适用于牡蛎疱疹病毒 1 型感染的流行病学调查、诊断、检疫和监测。

2 规范性引用文件

下列文件对于本文件的应用是必不可少的。凡是注日期的引用文件,仅注日期的版本适用于本文件。凡是不注日期的引用文件,其最新版本(包括所有的修改单)适用于本文件。

SC/T 7011　水生动物疾病术语与命名规则

SC/T 7205.1—2007　牡蛎包纳米虫病诊断规程　第 1 部分:组织印片的细胞学诊断法

3 术语和定义

SC/T 7011 界定的术语和定义适用于本文件。

4 缩略语

下列缩略语适用于本文件。

bp:碱基对(base pair)

DAFA:戴维森氏乙醇-福尔马林-乙酸固定液(davidson's alcohol-formalin-acetic acid fixative)

DNA:脱氧核糖核酸(deoxyribonucleic acid)

dNTPs:三磷酸脱氧核糖核苷酸(deoxy-ribonucleotide triphosphate)

EDTA:乙二胺四乙酸(ethylenediaminetetraacetic acid)

Epon812:环氧树脂 812(epoxy resin 812)

PCR:聚合酶链式反应(polymerase chain reaction)

Taq 酶:水生栖热菌 DNA 聚合酶(*Thermus aquaticus* DNA polymerase)

TE:Tris 盐酸和 EDTA 缓冲液(EDTA Tris・HCl)

Tris:三羟甲基氨基甲烷(tris hydroxymethyl aminomethane)

5 试剂和材料

5.1　除非另有说明,标准中使用的水为蒸馏水、去离子水或相当纯度的水。

5.2　无水乙醇。

5.3　TE 缓冲液见附录 A 中的 A.1。

5.4　抽提缓冲液见 A.2。

5.5　蛋白酶 K 见 A.3。

5.6　10 mol/L 乙酸铵见 A.4。

5.7　平衡酚。

5.8　酚/氯仿/异戊醇(25∶24∶1)。

5.9　氯仿/异戊醇(24∶1)。

5.10　1×电泳缓冲液见 A.5。

5.11　70%乙醇见 A.6。

5.12 dNTPs(各 2.5 mmol/L):生化试剂,含 dATP、dTTP、dGTP、dCTP 各 2.5 mmol/L 的混合物,−20℃保存,用于 PCR。

5.13 10×PCR 缓冲液:生化试剂,无 Mg^{2+},随 Taq DNA 聚合酶提供,−20℃保存。

5.14 $MgCl_2$(25 mmol/L):生化试剂,−20℃保存。

5.15 Taq DNA 聚合酶(5 U/μL):生化试剂,−20℃保存。

5.16 正向引物 C2 (10 μmol/L):5′-CTCTTTACCATGAAGATACCCACC-3′,−20℃保存。

5.17 反向引物 C6 (10 μmol/L):5′-GTGCACGGCTTACCATTTTT-3′,−20℃保存。

5.18 PCR 检测阳性对照为已知感染牡蛎疱疹病毒 1 型且 PCR 结果显示阳性的贝类组织样品,−70℃保存。

5.19 PCR 检测阴性对照为已知未感染牡蛎疱疹病毒 1 型且 PCR 结果显示阴性的贝类组织样品,−70℃保存。

5.20 PCR 检测空白对照以灭菌双蒸水作模板。

5.21 琼脂糖。

5.22 DNA 分子量标准。

5.23 筛绢(600 目)过滤海水。

5.24 DAFA 固定液见 A.7。

5.25 苏木精染色液见 A.8。

5.26 1% 伊红储存液见 A.9。

5.27 1% 焰红储存液见 A.10。

5.28 伊红-焰红染色液见 A.11。

5.29 95% 乙醇。

5.30 85% 乙醇见 A.12。

5.31 80% 乙醇见 A.13。

5.32 75% 乙醇见 A.14。

5.33 50% 乙醇见 A.15。

5.34 二甲苯。

5.35 石蜡(熔点 52℃～54℃)。

5.36 中性树胶。

5.37 2.5% 戊二醛见 A.16。

5.38 1% 锇酸储存液见 A.17。

5.39 丙酮。

5.40 90% 丙酮见 A.18。

5.41 70% 丙酮见 A.19。

5.42 50% 丙酮见 A.20。

5.43 Epon812 包埋剂。

5.44 醋酸铀染色液见 A.21。

5.45 柠檬酸铅染色液见 A.22。

6 器材和设备

6.1 石蜡切片机。

6.2 组织脱水机。

6.3 包埋机。

6.4 染色机。

6.5 展片水浴锅。

6.6 恒温箱。

6.7 平板烘片机。

6.8 显微镜。

6.9 PCR仪。

6.10 电泳仪。

6.11 水平电泳槽。

6.12 紫外观察仪或凝胶成像仪。

6.13 高速离心机。

6.14 微量移液器。

6.15 超薄切片机。

6.16 透射电子显微镜。

7 临床症状与表现

患病贝类幼虫表现活动力减弱,摄食减少,沉入容器底部;稚贝、幼贝和成贝表现双壳闭合不全,参见附录B。

8 采样

8.1 采样对象

牡蛎、扇贝、蛤和蚶类等易感双壳贝类,参见附录B。优先选择濒死或双壳闭合不全的贝类样本。

8.2 采样数量、方法和保存运输

应符合SC/T 7205.1—2007中附录B的要求。

8.3 样品采集

8.3.1 幼虫(附着前)使用600目的筛绢过滤后取幼虫整体;稚贝(附着后至2 mm)和幼贝(2 mm~3 cm)取内脏团;成贝(>3 cm)取肝胰腺、鳃和外套膜。

8.3.2 适用于组织病理检测的样品包括鳃、外套膜和肝胰腺。取2 mm~5 mm厚组织样本,立即保存于DAFA固定液中,固定12 h~24 h后,可进行组织病理检测或转移到70%乙醇中暂存。

8.3.3 适用于透射电镜检测的样品包括鳃、外套膜和肝胰腺。取0.5 mm³~1 mm³的组织块,立即浸入2.5%戊二醛固定液中,4℃固定2 h~4 h后,可进行透射电镜检测。

8.3.4 适用于分子生物学检测的样品包括鳃和外套膜。取30 mg~50 mg组织,立即进行DNA提取或暂时保存于-20℃冰箱。

9 组织病理检测

9.1 脱水

将组织块置于脱水机中或依次浸入盛有不同浓度乙醇溶液的容器中。流程如下:75%乙醇(1 h 45 min)→85%乙醇(1 h 45 min)→85%乙醇(1 h 45 min)→95%乙醇(45 min)→95%乙醇(45 min)→无水乙醇(45 min)→无水乙醇(45 min)。

9.2 透明

脱水后的组织块置于脱水机中或依次浸入盛有无水乙醇:二甲苯(1:1)混合液和二甲苯溶液的容器中。流程如下:无水乙醇:二甲苯(1:1)(25 min)→二甲苯(20 min)→二甲苯(20 min)。

9.3 浸蜡

恒温箱温度调节至高于石蜡熔点 3℃。流程如下:透明后的组织块依次浸入 2 个盛有融化石蜡的容器中各 80 min。

9.4 包埋

将包埋机或恒温箱温度调节至高于石蜡熔点 3℃ 进行熔蜡,将熔蜡倒入包埋盒,也可用折叠纸盒;用预温的镊子迅速夹取组织块,切面朝下平放在模具底部;轻轻提起模具,置于冰上使其冷却凝固。

9.5 切片

用蜡铲或刀片将包埋块四周修平,使上下两面平行,保留组织周围附着宽 2 mm～3 mm 的石蜡。用石蜡切片机切片,厚度 5 μm。对每个石蜡包埋块至少切取 2 张不连续的切片。

9.6 展片

将切片平放于展片水浴锅水面上,待伸展平整后,用载玻片捞出,置于烘片机上或烘箱内,45℃ 烘片 2 h。

9.7 染色

将切片放在玻片架上,依次浸入盛有不同溶液的容器中。流程如下:二甲苯(5 min)→二甲苯(5 min)→无水乙醇(2 min)→无水乙醇(2 min)→95%乙醇(2 min)→95%乙醇(2 min)→80%乙醇(2 min)→80%乙醇(2 min)→50%乙醇(2 min)→蒸馏水(2 min)→蒸馏水(2 min)→蒸馏水(2 min)→迈尔-班尼特苏木精染色液(5 min)→缓慢流动的自来水(6 min)→伊红-焰红染色液(2 min)→95%乙醇(1 min 20 s)→95%乙醇(2 min)→无水乙醇(2 min)→无水乙醇(2 min)→二甲苯(2 min 30 s)→二甲苯(2 min 30 s)→二甲苯(2 min 30 s)。

9.8 封片

滴加 2 滴中性树胶封片。

9.9 观察

在光镜下观察,受感染样本结缔组织出现大量细胞浸润,其中的成纤维细胞和血细胞呈现染色体边集或核浓缩等细胞病变,参见附录C。

9.10 结果判定

外套膜、鳃和肝胰腺等器官的结缔组织出现 9.9 所述特征病灶,判断为牡蛎疱疹病毒 1 型感染疑似阳性。

10 PCR 检测

10.1 总 DNA 的提取

10.1.1 取 30 mg～50 mg 组织样品,加入抽提缓冲液 500 μL,充分研磨,37℃温浴 1 h。提取过程同时设置阳性对照、阴性对照。

10.1.2 加入 2.5 μL 20 mg/mL 蛋白酶 K,至终浓度 100 μg/mL,混匀后置于 50℃水浴 3 h,不时旋动。

10.1.3 将溶液冷却至室温,加入等体积平衡酚,颠倒混合 10 min,于 10 000 r/min 离心 3 min 分离两相。

10.1.4 水相移至新 1.5 mL 离心管中,加入等体积酚/氯仿/异戊醇(25∶24∶1),颠倒混合 10 min,于 10 000 r/min 离心 1 min 分离两相。

10.1.5 水相移至一新 1.5 mL 离心管中,加入等体积氯仿/异戊醇(24∶1),颠倒混合 10 min,于 10 000 r/min 离心 1 min 分离两相。

10.1.6 水相移至一新 1.5 mL 离心管中,加入 100 μL 10 mol/L 乙酸铵,混匀后,再加入两倍体积预冷无水乙醇(−20℃)混匀,−20℃放置 2 h。10 000 r/min 离心 10 min,弃上清液。

10.1.7 用 70%乙醇(4℃)洗涤沉淀 2 次,每次 10 000 r/min 离心 5 min,倾去上清液,沉淀于室温晾干。

10.1.8 加入 100 μL 灭菌双蒸水溶解 DNA。

10.1.9 若 DNA 样品需要保存,可溶解于 100 μL TE 缓冲液中并保存于 −20℃冰箱。

10.1.10 可以采用同等抽提效果的其他方法或使用商品化 DNA 抽提试剂盒。

10.2 PCR 扩增

10.2.1 PCR 反应体系:按照表 1 的要求,加入除 Taq 酶以外的各项试剂,配制成预混物,分装保存于−20℃冰箱。临用前,加入相应体积的 Taq 酶,混匀,按 1 个反应体系/支分装到 0.2 mL PCR 管中。分别加入各样品的模板 DNA(浓度:50 ng/μL～100 ng/μL)1 μL,同时设阳性对照、阴性对照和空白对照。

表 1 PCR 反应预混物所需试剂和组成

试剂	25 μL 体系	试剂终浓度
10× PCR 缓冲液(无 Mg^{2+})	2.5 μL	1× PCR 缓冲液
MgCl$_2$(25 mmol/L)	2.5 μL	2.5 mmol/L
dNTPs(各 2.5 mmol/L)	2.0 μL	200 μmol/L
引物 C2 (10 μmol/L)	1.0 μL	0.4 μmol/L
引物 C6 (10 μmol/L)	1.0 μL	0.4 μmol/L
灭菌双蒸水	14.7 μL	—
Taq 酶(5 U/μL)	0.3 μL	1.5 U
注:25 μL 体系模板量 1 μL。		

10.2.2 PCR 扩增反应程序:将上述加有 DNA 模板的 PCR 管置于 PCR 仪中,按以下程序进行扩增:94℃预变性 5 min;94℃变性 30 s,57℃退火 30 s,72℃延伸 30 s,35 个循环;72℃延伸 7 min,4℃保温。

10.3 琼脂糖凝胶电泳及测序

10.3.1 配制 1.5% 的琼脂糖凝胶,加入核酸染料,摇匀,制备琼脂糖凝胶。

10.3.2 将 5 μL PCR 反应产物与 1 μL 6× 载样缓冲液混匀后加入到加样孔中。同时设立 DNA 分子量标准对照。

10.3.3 使用 1 V/cm～5 V/cm 电压,在电泳缓冲液中进行电泳,使 DNA 由负极向正极移动。当载样缓冲液中溴酚蓝指示剂的色带迁移至琼脂糖凝胶的 1/2～2/3 处时停止电泳,将凝胶置于紫外观察仪或凝胶成像仪下观察或拍照。

10.3.4 如果观察到预期大小条带,对 PCR 扩增产物进行测序。

10.4 结果判定

阳性对照在 709 bp 处有特定条带、阴性对照在 709 bp 处无条带且空白对照不出现任何条带,实验结果有效。检测样品在 709 bp 处有条带,测序结果同参考序列(参见附录 D)进行比较,序列符合的可判断待测样品为牡蛎疱疹病毒 1 型 PCR 结果阳性,检测样品在 709 bp 处无条带可判为 PCR 结果阴性。

11 透射电镜检测

11.1 脱水

将固定的组织块依次浸入盛有不同浓度丙酮溶液的容器中。流程如下:50% 丙酮(15 min)→70% 丙酮(15 min)→90% 丙酮(15 min)→100% 丙酮(15 min)→100% 丙酮(15 min)→100% 丙酮(15 min)。

11.2 包埋

纯丙酮:包埋剂(2:1)(30 min)→纯丙酮:包埋剂(1:2)(37℃,1 h 30 min)→包埋剂(37℃,2 h)。

11.3 固化

依次在 37℃、45℃ 和 60℃ 固化 24 h。

11.4 切片

使用超薄切片机 70 nm 切片,电镜铜网捞片。

11.5 染色

醋酸铀染色 15 min,柠檬酸铅染色 15 min。

11.6 观察

使用透射电子显微镜观察,电镜下牡蛎疱疹病毒1型呈六边形或近圆形,能分辨衣壳、核衣壳和胞外病毒粒子3种不同发育阶段的病毒颗粒,参见附录 E。

11.7 结果判定

在细胞内或细胞间质观察到11.6所述疱疹样病毒粒子,判定为牡蛎疱疹病毒1型感染疑似阳性。

12 综合判定

12.1 疑似病例的判定

符合以下一条及以上,可判定为疑似病例:

a) 易感贝类出现临床症状与表现,且组织病理检测结果为阳性;

b) PCR 检测阳性;

c) 透射电镜下观察到典型疱疹样病毒形态的病毒粒子。

12.2 确诊病例的判定

12.2.1 对 OsHV-1 易感的贝类宿主(参见附录 B),组织病理检测结果为阳性,PCR 结果显示阳性,且测序结果符合,判定为确诊病例。

12.2.2 对其他贝类宿主,组织病理检测结果为阳性,PCR 结果显示阳性、测序结果符合,且透射电镜检测结果阳性,判定为确诊病例。

附　录　A

（规范性附录）

试剂配方

A.1　TE 缓冲液（pH 8.0）

1 mol/L Tris·HCl（pH 8.0）	10 mL
0.5 mol/L EDTA（pH 8.0）	2 mL
加水定容至	1 000 mL

高压蒸气灭菌,4℃储存。

A.2　抽提缓冲液

1 mol/L Tris·HCl（pH 8.0）	1 mL
0.5 mol/L EDTA（pH 8.0）	20 mL
1 mg/mL 胰 RNA 酶	2 mL
10% SDS	5 mL
加水定容至	100 mL

混匀,室温储存。

A.3　20 mg/mL 蛋白酶 K

蛋白酶 K	20 mg
水	1 mL

溶解后分装于无菌离心管中(0.25 mL/管),−20℃下保存。

A.4　10 mol/L 乙酸铵

乙酸铵	77 g
水	30 mL

加水定容至 100 mL,经 0.45 μm 滤膜过滤除菌。4℃储存。

A.5　1×电泳缓冲液

Tris	4.8 g
冰乙酸	1.1 mL
0.5 mol/L EDTA（pH 8.0）	20 mL
加水定容至	1 000 mL

室温储存。

A.6　70%乙醇

无水乙醇	70 mL
加水 30 mL,混匀,定容至	100 mL

分装后,室温储存。

A.7　DAFA 固定液

95%乙醇	330 mL

甲醛(37%)	220 mL
冰醋酸	115 mL
过滤海水	335 mL

混匀,室温密封储存。

A.8 迈尔-班尼特苏木精染色液

温水(50℃~60℃)	1 000 mL
苏木素	1 g
碘酸钠	0.2 g
钾明矾	90 g
柠檬酸	1 g
水合三氯乙醛	50 g

按上述顺序混合,溶解后即可使用,室温储存。

A.9 1%伊红储存液

伊红 Y(水溶性)	5 g
水	500 mL

溶解后置于棕色瓶中,室温储存。

A.10 1%焰红储存液

焰红 B(水溶性)	1 g
水	100 mL

溶解后置于棕色瓶中,室温储存。

A.11 伊红-焰红染色液

1%伊红储存液	100 mL
1%焰红储存液	10 mL
95%乙醇	780 mL
冰醋酸	4 mL

混匀后即可使用,室温储存。

A.12 85%乙醇

95%乙醇	850 mL
加水定容至	950 mL

混匀,室温储存。

A.13 80%乙醇

95%乙醇	800 mL
加水定容至	950 mL

混匀,室温储存。

A.14 75%乙醇

95%乙醇	750 mL
加水定容至	950 mL

混匀,室温储存。

A.15 50％乙醇

95％乙醇	500 mL
加水定容至	950 mL

混匀,室温储存。

A.16 2.5％戊二醛

25％戊二醛	10 mL
0.2 mol/L 磷酸盐缓冲液	50 mL
过滤海水定容至	100 mL

混匀,4℃冰箱储存。

A.17 1％锇酸储存液

锇酸	1 g
加水定容至	100 mL

混匀,室温储存。

A.18 90％丙酮

100％丙酮	900 mL
加水定容至	1 000 mL

混匀,室温储存。

A.19 70％丙酮

100％丙酮	700 mL
加水定容至	1 000 mL

混匀,室温储存。

A.20 50％丙酮

100％丙酮	500 mL
加水定容至	1 000 mL

混匀,室温储存。

A.21 醋酸铀染色液

醋酸双氧铀	2 g
50％乙醇	100 mL

混匀,棕色瓶避光保存。

A.22 柠檬酸铅染色液

硝酸铅	1.3 g
柠檬酸三钠	1.8 g
1 mol/L NaOH	8 mL
加双蒸水定容至	50 mL

混匀,室温储存。

附 录 B
（资料性附录）
牡蛎疱疹病毒 1 型感染简介

牡蛎疱疹病毒病是一种由牡蛎疱疹病毒 1 型（Ostreid herpesvirus 1，OsHV-1）感染双壳贝类，并引起易感贝类大规模死亡的急性病毒性疫病。自 1991 年首次被发现引起长牡蛎大规模死亡以来，已导致全球 15 个国家的长牡蛎（Crassostrea gigas）、栉孔扇贝（Chlamys farreri）、魁蚶（Scapharca broughtonii）、毛蚶（Scapharca subcrenata）、泥蚶（Tegillarca granosa）、菲律宾蛤仔（Ruditapes philippinarum）、欧洲扇贝（Pecten maximus）、欧洲牡蛎（Ostrea edulis）、澳大利亚平牡蛎（Ostrea angasi）、福建牡蛎（Crassostrea angulata）、矮牡蛎（Ostrea stentina）、沟纹蛤仔（Ruditapes decussatus）、香港牡蛎（Crassostrea hongkongensis）13 种双壳贝类大规模死亡。2012 年，国际病毒分类委员会（ICTV）发布的病毒分类报告，认定 OsHV-1 为疱疹病毒目（Herpesviridae）、软体动物疱疹病毒科（Malacoherpesviridae）、牡蛎病毒属（Ostreavirus）下唯一病毒种。

我国是受 OsHV-1 病害影响较早、比较严重的国家之一。1997 年暴发由 OsHV-1 感染引起的栉孔扇贝大规模死亡，给该养殖产业带来毁灭性打击。2012 年来，OsHV-1 魁蚶株（OsHV-1-SB）引起我国魁蚶成贝的大规模死亡，给贝类育苗和出口加工企业造成巨大经济损失。流行病学调查结果显示，OsHV-1 感染在我国分布广泛，并不断发生株系分化，是贝类养殖产业健康发展的严重威胁。OsHV-1 在世界其他国家和地区也发生了株系分化，并伴随着病毒毒力、宿主范围和流行季节等流行病学特征的改变。例如 2008 年首次在法国出现，并在欧洲广泛流行的 OsHV-1 μvars 对长牡蛎稚贝有更强的致病力。2013 年，世界动物卫生组织（OIE）曾将 OsHV-1 μvars 列入《水生动物法典》名录。为了应对 OsHV-1 感染病害，目前众多国家（如新西兰、澳大利亚、英国等）、全球性和区域性国际组织（OIE 和欧洲贝类动物卫生参考实验室等），都制定了针对 OsHV-1 感染的诊断标准和详细操作流程，为检测结果的准确性和不同实验室间结果的可比性提供了技术保障。

附　录　C
（资料性附录）
牡蛎疱疹病毒 1 型感染组织和细胞病变示例

C.1　受感染贝类结缔出现组织坏死和细胞浸润。图 C.1 给出了健康魁蚶肝胰腺，图 C.2 给出了牡蛎疱疹病毒 1 型感染魁蚶肝胰腺组织病理变化。

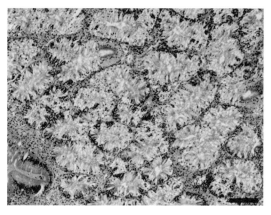

图 C.1　健康魁蚶肝胰腺（比例尺：100 μm）

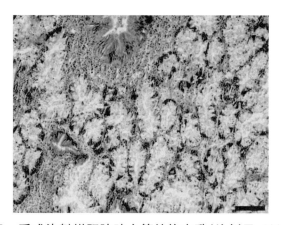

图 C.2　受感染魁蚶肝胰腺小管结构紊乱（比例尺：100 μm）

C.2　受感染贝类结缔组织的成纤维细胞和血细胞呈现染色体边集或核浓缩等细胞病变。图 C.3 给出了牡蛎疱疹病毒 1 型感染魁蚶细胞病理变化。

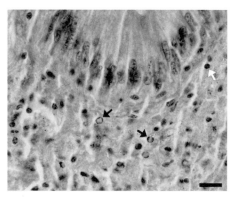

图 C.3　受感染细胞出现染色质边集（黑箭头）和核浓缩（白箭头）（比例尺：10 μm）

附　录　D
（资料性附录）
牡蛎疱疹病毒1型 PCR 产物序列

```
  1 CTCTTTACCA TGAAGATACC CACCAATGTG GTAAAGACGG AACAATCTTT TTCTAGGATA
 61 TGGAGCTGCG GCGCTATGGA TTTAACGAGT GCCACCAAAA GTTGGGATAA TGATTTTAGA
121 ATAGATGTGA TGTGCGGCAA GATGAATGGC AAGATACACA ATGAGCTATT GCCCGACCAC
181 AAACCTAACG TTGTATTCGA TTACGGATTA AGAAAATGGG TTCCACAATC TAAAATTAAA
241 AAAACCACAT GGGGGCCAAG GAATTTAAAC CCCGGGGAAA AAGTATAAAT AGGCGCGATT
301 TGTCAGTTTA GAATCATACC CACACACTCA ATCTCGAGTA TACCACAACT GCTAAATTAA
361 CAGCATCTAC TACTACTACT ACTACTACTA CTGAAAAAAT GCAGCCTTTC ACAGAATTTT
421 GCACCTTGAC CAAAGCCATC ACATCAGCCA GCAACGACTT TTTCATCAAC CAGACGAGGT
481 TAACATGCGA CATTTGTAAA GAGCTCGTCT CTTTCGATTG CGAAGATAAA GTCGTGGCAT
541 CATTGGCTGC AGTCAGATCT GACATACCCA TAGAAGTCAC GGAACGCAAA GACCTGAACC
601 TCCTCGACCT GATCCAGTTC TTCGAAAAGA AGATAGAGTT TACCACTCTC ATTGACGAAT
661 TGTTCACTGC CCACAAAGAC CATTGTCAGA AAAATGGTAA GCCGTGCAC
```

注:单下划线标注为引物 C2 和 C6 结合位点。

附　录　E
（资料性附录）
牡蛎疱疹病毒1型形态特征示例

受感染细胞核内出现六边形或近圆形疱疹样病毒颗粒，直径75 nm～110 nm；胞外组织间隙发现具囊膜的近圆形病毒粒子，直径100 nm～155 nm。图E.1给出了牡蛎疱疹病毒1型感染魁蚶外套膜内疱疹样的病毒粒子。

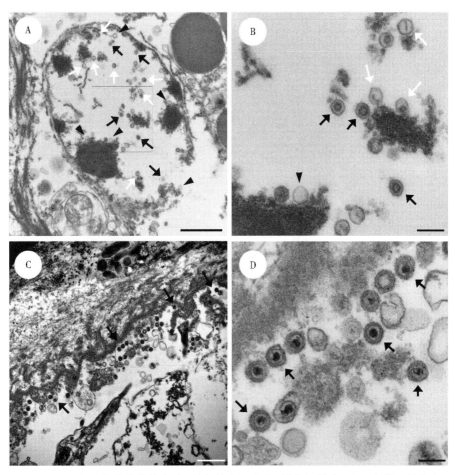

注：（A）细胞核内分布核衣壳（黑色箭头）、衣壳（黑色短箭头）和正在装配的核衣壳（白色箭头），比例尺：1 μm；（B）图为（A）中方框区域的局部放大，比例尺：200 nm；（C）细胞外分布病毒粒子（黑色箭头），比例尺：1 μm；（D）图为（C）中方框区域的局部放大，比例尺：200 nm。

图E.1　不同发育阶段牡蛎疱疹病毒形态特征

ICS 65.020.30
B 41

中华人民共和国水产行业标准

SC/T 7241—2020

鲍脓疱病诊断规程

Code of diagnosis for abalone pustule disease

2020-08-26 发布

2021-01-01 实施

中华人民共和国农业农村部 发布

前　言

本标准按照 GB/T 1.1—2009 给出的规则起草。

请注意本文件的某些内容可能涉及专利。本文件的发布机构不承担识别这些专利的责任。

本标准由农业农村部渔业渔政管理局提出。

本标准由全国水产标准化技术委员会(SAC/TC 156)归口。

本标准起草单位:中国水产科学研究院黄海水产研究所。

本标准主要起草人:白昌明、辛鲁生、杨冰、万晓媛、王崇明、李晨、梁艳、黄倢。

鲍脓疱病诊断规程

1 范围

本标准给出了鲍脓疱病(abalone pustule disease)的术语和定义、缩略语、试剂和材料、器材和设备、临床症状与表现,规定了采样、组织病理检测、PCR 检测及综合判定。

本标准适用于鲍脓疱病的流行病学调查、诊断、检疫和监测。

2 规范性引用文件

下列文件对于本文件的应用是必不可少的。凡是注日期的引用文件,仅注日期的版本适用于本文件。凡是不注日期的引用文件,其最新版本(包括所有的修改单)适用于本文件。

SC/T 7011　水生动物疾病术语与命名规则

SC/T 7205.1—2007　牡蛎包纳米虫病诊断规程　第 1 部分:组织印片的细胞学诊断法

3 术语和定义

SC/T 7011 界定的术语和定义适用于本文件。

4 缩略语

下列缩略语适用于本文件。

bp:碱基对(base pair)

DAFA:戴维森氏乙醇-福尔马林-乙酸固定液(davidson's alcohol-formalin-acetic acid fixative)

DNA:脱氧核糖核酸(deoxyribonucleic acid)

dNTPs:三磷酸脱氧核糖核苷酸(deoxy-ribonucleotide triphosphate)

EDTA:乙二胺四乙酸(ethylenediaminetetraacetic acid)

PCR:聚合酶链式反应(polymerase chain reaction)

Taq 酶:水生栖热菌 DNA 聚合酶(Thermus aquaticus DNA polymerase)

TE:Tris 盐酸和 EDTA 缓冲液(EDTA Tris・HCl)

Tris:三羟甲基氨基甲烷(tris hydroxymethyl aminomethane)

5 试剂和材料

5.1　除非另有说明,标准中使用的水为蒸馏水、去离子水或相当纯度的水。

5.2　无水乙醇。

5.3　TE 缓冲液见附录 A 中的 A.1。

5.4　抽提缓冲液见 A.2。

5.5　蛋白酶 K 见 A.3。

5.6　10 mol/L 乙酸铵见 A.4。

5.7　平衡酚。

5.8　酚/氯仿/异戊醇(25:24:1)。

5.9　氯仿/异戊醇(24:1)。

5.10　1×电泳缓冲液见 A.5。

5.11　70%乙醇见 A.6。

5.12　dNTPs(各 2.5 mmol/L):生化试剂,含 dATP、dTTP、dGTP、dCTP 各 2.5 mmol/L 的混合物,−20℃

保存,用于 PCR。

5.13 10×PCR 缓冲液:生化试剂,无 Mg^{2+},随 *Taq* DNA 聚合酶提供,−20℃保存。

5.14 MgCl$_2$(25 mmol/L):生化试剂,−20℃保存。

5.15 *Taq* DNA 聚合酶(5 U/μL):生化试剂,−20℃保存。

5.16 正向引物 VFtoxR-F (10 μmol/L):5′-GACCAGGGCTTTGAGGTGGACGAC-3′,−20℃保存。

5.17 反向引物 VFtoxR-R (10 μmol/L):5′-AGGATACGGCACTTGAGTAAGACTC-3′,−20℃保存。

5.18 PCR 检测阳性对照为已知感染河流弧菌且 PCR 结果显示阳性的鲍组织样品,−70℃保存。

5.19 PCR 检测阴性对照为已知未感染河流弧菌且 PCR 结果显示阴性的鲍组织样品,−70℃保存。

5.20 PCR 检测空白对照以灭菌双蒸水作模板。

5.21 琼脂糖。

5.22 DNA 分子量标准。

5.23 筛绢(600 目)过滤海水。

5.24 DAFA 固定液见 A.7。

5.25 苏木精染色液见 A.8。

5.26 1%伊红储存液见 A.9。

5.27 1%焰红储存液见 A.10。

5.28 伊红-焰红染色液见 A.11。

5.29 95%乙醇。

5.30 85%乙醇见 A.12。

5.31 80%乙醇见 A.13。

5.32 75%乙醇见 A.14。

5.33 50%乙醇见 A.15。

5.34 二甲苯。

5.35 石蜡(熔点 52℃~54℃)。

5.36 中性树胶。

6 器材和设备

6.1 石蜡切片机。

6.2 组织脱水机。

6.3 包埋机。

6.4 染色机。

6.5 展片水浴锅。

6.6 恒温箱。

6.7 平板烘片机。

6.8 显微镜。

6.9 PCR 仪。

6.10 电泳仪。

6.11 水平电泳槽。

6.12 紫外观察仪或凝胶成像仪。

6.13 高速离心机。

6.14 微量移液器。

7 临床症状与表现

病鲍食欲降低,腹足上有单个或多个隆起的白色脓疱,温度升高时病情加重,脓疱破裂后流出大量白色脓汁并留下 2 mm～5 mm 的创面。随着病程延长,足面肌肉出现不同程度的溃烂,鲍附着力下降或完全不能附着、甚至死亡。参见附录 B。

8 采样

8.1 采样对象

皱纹盘鲍(*Haliotis discus*)等易感品种,参见附录 B。选择濒死或表现出第 7 章中所描述临床症状的个体。

8.2 采样数量、方法和保存运输

应符合 SC/T 7205.1—2007 附录 B 的要求。

8.3 样品采集

样本采集前使用灭菌水冲洗腹足部位,取 2 mm～5 mm 厚鲍腹足组织,立即保存于 DAFA 固定液中,固定 12 h～24 h 后,进行组织病理检测或转移到 70％乙醇中暂存;取 30 mg～50 mg 腹足组织,立即进行 DNA 提取或暂时保存于−20℃冰箱。

9 组织病理检测

9.1 脱水

将组织块置于脱水机中或依次浸入盛有不同浓度乙醇溶液的容器中,流程如下:75％乙醇(1 h 45 min)→85％乙醇(1 h 45 min)→85％乙醇(1 h 45 min)→95％乙醇(45 min)→95％乙醇(45 min)→无水乙醇(45 min)→无水乙醇(45 min)。

9.2 透明

脱水后的组织块置于脱水机中或依次浸入盛有无水乙醇∶二甲苯(1∶1)混合液和二甲苯溶液的容器中,流程如下:无水乙醇∶二甲苯(1∶1)(25 min)→二甲苯(20 min)→二甲苯(20 min)。

9.3 浸蜡

恒温箱温度调节至高于石蜡熔点 3℃。流程如下:透明后的组织块依次浸入 2 个盛有融化石蜡的容器中各 80 min。

9.4 包埋

将包埋机或恒温箱温度调节至高于石蜡熔点 3℃进行熔蜡,将熔蜡倒入包埋盒,也可用折叠纸盒;用预温的镊子迅速夹取组织块,切面朝下平放在模具底部;轻轻提起模具,置于冰上使其冷却凝固。

9.5 切片

用蜡铲或刀片将包埋块四周修平,使上下两面平行,保留组织周围附着宽 2 mm～3 mm 的石蜡。用石蜡切片机切片,厚度 5 μm。对每个石蜡包埋块至少切取 2 张不连续的切片。

9.6 展片

将切片平放于展片水浴锅水面上,待伸展平整后,用载玻片捞出,置于烘片机上或烘箱内,45℃烘片 2 h。

9.7 染色

将切片放在玻片架上,置于染色机中或依次浸入盛有不同溶液的容器中,流程如下:二甲苯(5 min)→二甲苯(5 min)→无水乙醇(2 min)→无水乙醇(2 min)→95％乙醇(2 min)→95％乙醇(2 min)→80％乙醇(2 min)→80％乙醇(2 min)→50％乙醇(2 min)→蒸馏水(2 min)→蒸馏水(2 min)→蒸馏水(2 min)→迈尔-班尼特苏木精染色液(5 min)→缓慢流动的自来水(6 min)→伊红-焰红染色液(2 min)→95％乙醇(1 min 20 s)→95％乙醇(2 min)→无水乙醇(2 min)→无水乙醇(2 min)→二甲苯(2 min 30 s)→二甲苯(2 min 30 s)→二甲苯(2 min 30 s)。

9.8 封片

滴加 2 滴中性树胶封片。

9.9 观察

在光镜下观察,病鲍的腹足肌肉和结缔组织变性、坏死。受感染结缔组织细胞坏死、溶解,并出现大量血细胞浸润,部分血淋巴细胞质膜破裂,参见附录 C。

9.10 结果判定

病鲍腹足肌肉和结缔组织若出现 9.9 所述特征病灶,判断为鲍脓疱病疑似阳性。

10 PCR 检测

10.1 DNA 的提取

10.1.1 取 30 mg～50 mg 组织样品,加入抽提缓冲液 500 μL,充分研磨,37℃ 温浴 1 h。提取过程同时设置阳性对照、阴性对照。

10.1.2 加入 2.5 μL 20 mg/mL 蛋白酶 K,至终浓度 100 μg/mL,混匀后置于 50℃ 水浴 3 h,不时旋动。

10.1.3 将溶液冷却至室温,加入等体积平衡酚,颠倒混合 10 min,于 10 000 r/min 离心 3 min 分离两相。

10.1.4 水相移至新 1.5 mL 离心管中,加入等体积酚/氯仿/异戊醇(25：24：1),颠倒混合 10 min,于 10 000 r/min 离心 1 min 分离两相。

10.1.5 水相移至一新 1.5 mL 离心管中,加入等体积氯仿/异戊醇(24：1),颠倒混合 10 min,于 10 000 r/min 离心 1 min 分离两相。

10.1.6 水相移至一新 1.5 mL 离心管中,加入 100 μL 10 mol/L 乙酸铵,混匀后,再加入 2 倍体积预冷无水乙醇(−20℃)混匀,−20℃ 放置 2 h。10 000 r/min 离心 10 min,弃上清液。

10.1.7 用 70% 乙醇(4℃)洗涤沉淀 2 次,每次 10 000 r/min 离心 5 min,倾去上清液,沉淀于室温晾干。

10.1.8 加入 100 μL 灭菌双蒸水溶解 DNA。

10.1.9 若 DNA 样品需要保存,可溶解于 100 μL TE 缓冲液中并保存于 −20℃ 冰箱。

10.1.10 可以采用同等抽提效果的其他方法或使用商品化 DNA 抽提试剂盒。

10.2 PCR 扩增

10.2.1 PCR 反应体系:按照表 1 的要求,加入除 Taq 酶以外的各项试剂,配制成预混物,分装保存于 −20℃ 冰箱。临用前,加入相应体积的 Taq 酶,混匀,按 1 个反应体系/支分装到 0.2 mL PCR 管中。分别加入各样品的模板 DNA(浓度为 50 ng/μL～100 ng/μL)1 μL,同时设阳性对照、阴性对照和空白对照。

表 1 PCR 反应预混物所需试剂和组成

试剂	25 μL 体系	试剂终浓度
10× PCR 缓冲液(无 Mg²⁺)	2.5 μL	1× PCR 缓冲液
MgCl₂(25 mmol/L)	2.5 μL	2.5 mmol/L
dNTPs(各 2.5 mmol/L)	2.0 μL	200 μmol/L
引物 VFtoxR-F (10 μmol/L)	1.0 μL	0.4 μmol/L
引物 VFtoxR-R (10 μmol/L)	1.0 μL	0.4 μmol/L
灭菌双蒸水	14.7 μL	—
Taq 酶(5 U/μL)	0.3 μL	1.5 U
注:25 μL 体系模板量 1 μL。		

10.2.2 PCR 扩增反应程序:将上述加有 DNA 模板的 PCR 管置于 PCR 仪中,按以下程序进行扩增:94℃ 预变性 5 min;94℃ 变性 30 s、65℃ 退火 30 s、72℃ 延伸 30 s,35 个循环;72℃ 延伸 7 min,4℃ 保温。

10.3 琼脂糖凝胶电泳及测序

10.3.1 配制 1.5% 的琼脂糖凝胶,加入核酸染料,摇匀,制备琼脂糖凝胶。

10.3.2 将 5 μL PCR 反应产物与 1 μL 6×载样缓冲液混匀后加入到加样孔中。同时设立 DNA 分子量标准对照。

10.3.3 使用 1 V/cm~5 V/cm 电压,在电泳缓冲液中电泳,使 DNA 由负极向正极移动。当载样缓冲液中溴酚蓝指示剂的色带迁移至琼脂糖凝胶的 1/2~2/3 处时停止电泳,将凝胶置于紫外观察仪或凝胶成像仪下观察或拍照。

10.3.4 如果观察到预期大小条带,对 PCR 扩增产物进行测序。

10.4 结果判定

阳性对照在 217 bp 处有特定条带、阴性对照在 217 bp 处无条带且空白对照不出现任何条带,实验结果有效。检测样品在 217 bp 处有条带,测序结果同参考序列(参见附录 D)进行比较,序列符合的可判断为河流弧菌 PCR 结果阳性,检测样品在 217 bp 处无条带可判为 PCR 结果阴性。

11 综合判定

11.1 疑似病例的判定

符合以下一条及以上,可判定为疑似病例:
a) 病鲍出现典型的临床症状与表现,且组织病理检测结果为阳性;
b) PCR 检测结果阳性。

11.2 确诊病例的判定

病鲍组织病理检测结果为阳性,且 PCR 检测结果阳性、测序结果符合,判定为确诊病例。

附　录　A
（规范性附录）
试剂配方

A.1　TE 缓冲液（pH 8.0）

1 mol/L Tris·HCl（pH 8.0）	10 mL
0.5 mol/L EDTA（pH 8.0）	2 mL
加水定容至	1 000 mL

高压蒸气灭菌,4℃储存。

A.2　抽提缓冲液

1 mol/L Tris·HCl（pH 8.0）	1 mL
0.5 mol/L EDTA（pH 8.0）	20 mL
1 mg/mL 胰 RNA 酶	2 mL
10% SDS	5 mL
加水定容至	100 mL

混匀,室温储存。

A.3　20 mg/mL 蛋白酶 K

蛋白酶 K	20 mg
水	1 mL

溶解后分装于无菌离心管中(0.25 mL/管),-20℃下保存。

A.4　10 mol/L 乙酸铵

乙酸铵	77 g
水	30 mL

加水定容至 100 mL,经 0.45 μm 滤膜过滤除菌,4℃储存。

A.5　1×电泳缓冲液

Tris	4.8 g
冰乙酸	1.1 mL
0.5 mol/L EDTA（pH 8.0）	20 mL
加水定容至	1 000 mL

室温储存。

A.6　70%乙醇

无水乙醇	70 mL
加水 30 mL,混匀,定容至	100 mL

分装后,室温储存。

A.7　DAFA 固定液

95%乙醇	330 mL

甲醛(37%)	220 mL
冰醋酸	115 mL
过滤海水	335 mL

混匀,室温密封储存。

A.8 迈尔-班尼特苏木精染色液

温水(50℃～60℃)	1 000 mL
苏木素	1 g
碘酸钠	0.2 g
钾明矾	90 g
柠檬酸	1 g
水合三氯乙醛	50 g

按上述顺序混合,溶解后即可使用,室温储存。

A.9 1%伊红储存液

| 伊红 Y（水溶性） | 5 g |
| 水 | 500 mL |

溶解后置于棕色瓶中,室温储存。

A.10 1%焰红储存液

| 焰红 B（水溶性） | 1 g |
| 水 | 100 mL |

溶解后置于棕色瓶中,室温储存。

A.11 伊红-焰红染色液

1%伊红储存液	100 mL
1%焰红储存液	10 mL
95%乙醇	780 mL
冰醋酸	4 mL

混匀后即可使用,室温储存。

A.12 85%乙醇

| 95%乙醇 | 850 mL |
| 加水定容至 | 950 mL |

混匀,室温储存。

A.13 80%乙醇

| 95%乙醇 | 800 mL |
| 加水定容至 | 950 mL |

混匀,室温储存。

A.14 75%乙醇

| 95%乙醇 | 750 mL |
| 加水定容至 | 950 mL |

混匀,室温储存。

A. 15 50%乙醇

95%乙醇	500 mL
加水定容至	950 mL

混匀,室温储存。

附　录　B
（资料性附录）
鲍脓疱病及其病原简介

鲍脓疱病是由河流弧菌（*Vibrio fluvialis*）感染鲍（*Hatiotis* spp.）引起的传染病，主要流行于我国北方沿海养殖地区，为我国水生动物三类疫病。

河流弧菌，隶属于细菌域（Bacteria）变形菌门（Proteobacteria）γ 变形菌纲（Gammaproteobacteria）弧菌目（Vibrionales），属于弧菌科（Vibrionaceae）弧菌属（*Vibrio*）成员。河流弧菌可以感染多种鱼类、甲壳类和贝类等水生动物。鲍脓疱病常发生于幼鲍和稚鲍，夏季易发病，特别是连续高温时，发病频繁且持续时间长，死亡率可达 50%～60%，给鲍养殖产业造成极为严重的经济损失。

鲍脓疱病的感染途径主要为创伤伤口，口服无感染力。脓疱病病原菌从鲍腹足伤口进入体内，通过血淋巴进入全身各组织器官，经过 1 个月～3 个月的潜伏期，最后在腹足上出现病灶。推测鲍腹足受伤是感染脓疱病的直接原因，尤其当鲍体质下降时，更容易感染发病。养殖管理不善，如换水不彻底、不及时，使养殖环境比较恶劣，也成为诱发鲍脓疱病的主要原因。若不及时采取有效的疫病防控措施，极易造成交叉感染和疫病快速传播。

患脓疱病病鲍腹足可见一个至数个微微隆起的白色脓疱，病灶是从腹足的下表面开始逐渐扩大、深入到腹足内部。发病初期病灶较小，随着病程的进展，病灶逐渐扩大。脓疱一般可维持一段时间不破裂，夏季持续高温时，病情加重，病程缩短，脓疱在较短时间内即行破裂，破裂脓疱流出大量白色脓汁并留下 2 mm～5 mm 的深孔，镜检脓汁可见有运动能力的杆形细菌。脓疱破裂后的创口使足面肌肉出现大小不同的溃烂。此时病鲍附着能力差或完全不能附着，从附着波纹板上脱落、甚至死亡。

<h1 style="text-align:center">附 录 C</h1>
（资料性附录）
鲍脓疱病临床症状和组织病变示例

C.1 病鲍腹足出现脓疱和溃烂。图 C.1 给出了患脓疱病病鲍腹足观察图。

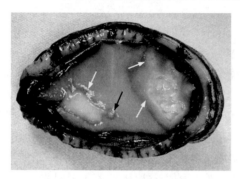

图 C.1 患脓疱病皱纹盘鲍腹足脓疱（黑箭头）和溃烂（白箭头）

C.2 病鲍腹足肌纤维排列混乱疏松,并溶解消失。图 C.2 给出了鲍脓疱病组织病变观察图。

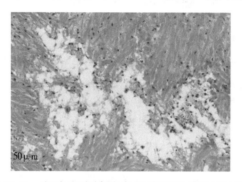

图 C.2 患脓疱病皱纹盘鲍腹足肌肉组织病变

附　录　D
（资料性附录）
河流弧菌 PCR 产物序列

1　GACCAGGGCT TTGAGGTGGA CGACTCCAGC CTGACTCAAG CCATCTCAAC CCTACGTAAA

61　ATGCTGAAAG ACTCGACCAA GTCGCCTCAG TTTGTGAAAA CGGTTCCAAA ACGTGGTTAT

121　CAGTTGATCG CGACCGTCGA AAGCGTTCAG CTCGATGCAA GTAAAGATCC TGATGCCATC

181　GAGCAGTCAG ATGAGTCTTA CTCAAGTGCC GTATCCT

注：下划线为引物 VFtoR-F 和 VFtoR-R。

ICS 65.150
B 50

中华人民共和国水产行业标准

SC/T 9436—2020

水产养殖环境(水体、底泥)中磺胺类药物的测定 液相色谱-串联质谱法

Determination of sulfonamides in water and sediment from
aquaculture environments by LC-MS/MS

2020-08-26 发布

2021-01-01 实施

中华人民共和国农业农村部 发布

前　言

本标准按照 GB/T 1.1—2009 给出的规则起草。

请注意本文件的某些内容可能涉及专利。本文件的发布机构不承担识别这些专利的责任。

本标准由农业农村部渔业渔政管理局提出。

本标准由全国水产标准化技术委员会渔业资源分技术委员会(SAC/TC 156/SC 10)归口。

本标准起草单位:中国水产科学研究院淡水渔业研究中心、中国水产科学研究院。

本标准主要起草人:陈家长、宋超、韩刚、孟顺龙、宋金龙、范立民、郑尧、陈曦、方龙香、裘丽萍。

水产养殖环境(水体、底泥)中磺胺类药物
的测定　液相色谱-串联质谱法

1　范围

本标准规定了水产养殖环境(水体、底泥)中 21 种磺胺类药物的液相色谱-串联质谱测定法的方法原理、试剂和材料、仪器和设备、样品采集及保存、样品处理及测定等。

本标准适用于水产养殖环境(水体、底泥)中 21 种磺胺类药物的测定。

2　规范性引用文件

下列文件对于本文件的应用是必不可少的。凡是注日期的引用文件,仅注日期的版本适用于本义件。凡是不注日期的引用文件,其最新版本(包括所有的修改单)适用于本文件。

GB/T 6682　分析实验室用水规格和试验方法

SC/T 9102.1　渔业生态环境监测规范　第 1 部分:总则

SC/T 9102.2　渔业生态环境监测规范　第 2 部分:海水

SC/T 9102.3　渔业生态环境监测规范　第 3 部分:淡水

3　方法原理

水体样品直接酸化预处理;底泥样品经冷冻干燥后研磨均匀,用甲酸-甲醇进行提取。预处理后的水体或提取液中磺胺类药物通过亲水-亲脂平衡反相吸附剂作为填料的固相萃取柱进行富集和净化。净化液供液相色谱-串联质谱测定,按照内标法进行定量计算。

4　试剂和材料

4.1　总体要求:所用试剂,除另有说明外,均为分析纯试剂;所有试剂经液相色谱-串联质谱仪测定不得检出磺胺类物质。

4.2　实验用水:GB/T 6682 规定的一级水。

4.3　甲醇:色谱纯。

4.4　甲酸:色谱纯。

4.5　乙酸:色谱纯。

4.6　固相萃取柱:500 mg/6 mL 亲水亲脂平衡反相固相萃取柱(填料为二乙烯苯和/亲水性 N-乙烯基吡咯烷酮共聚物),或其他等同效果的固相萃取柱。

4.7　乙酸-水(1+81)溶液:同时作为流动相 A。量取 405 mL 水,加入 5 mL 乙酸(4.5),混合均匀,现用现配。

4.8　甲酸-甲醇溶液(0.1%):同时作为流动相 B。准确吸取 1 mL 甲酸(4.4)于 1 000 mL 容量瓶中,用甲醇(4.3)稀释到刻度,混合均匀,现用现配。

4.9　初始流动相:流动相 A+流动相 B 混合溶液(95+5,体积分数),取 95 mL 流动相 A 和 5 mL 流动相 B 混合均匀,现用现配。

4.10　标准物质:磺胺脒、磺胺醋酰、磺胺嘧啶、磺胺吡啶、磺胺噻唑、磺胺二甲唑、磺胺甲噻二唑、磺胺二甲嘧啶、磺胺间甲氧嘧啶、磺胺甲氧嗪、磺胺氯哒嗪、甲氧苄啶、磺胺喹噁啉、磺胺多辛、磺胺地索辛、磺胺甲噁唑、磺胺甲嘧啶、磺胺异噁唑、磺胺索嘧啶、磺胺对甲氧嘧啶、磺胺苯吡唑,纯度≥95%,详细标准物质信息参见附录 A。

4.11　21 种磺胺标准物质储备液:1 mg/mL。分别准确称取按其纯度折算为 100% 的每种磺胺标准物质

(4.10)10 mg(精确至0.1 mg),用甲醇(4.3)溶解并定容至10 mL,摇匀,该标准物质储备液−20℃避光保存,有效期6个月。

4.12 21种磺胺混合标准中间溶液:10 μg/mL。准确移取各种磺胺类标准储备溶液(4.11)100 μL于10 mL棕色容量瓶中,用甲醇(4.3)定容至刻度,摇匀。该混合标准中间溶液在−20℃避光保存,有效期3个月。

4.13 氘代磺胺邻二甲氧嘧啶(Sulfadoxine-D3)内标标准工作液:1 μg/mL。准确吸取500 μL母液(10 μg/mL)于5 mL容量瓶中,用甲醇(4.3)定容至刻度,配成浓度为1 μg/mL的同位素内标标准工作液,避光−20℃下保存,有效期3个月。

5 仪器和设备

5.1 高效液相色谱-串联质谱仪:配有电喷雾离子源。

5.2 冷冻干燥机。

5.3 固相萃取装置。

5.4 旋转蒸发器。

5.5 离心机:转速不低于8 000 r/min。

5.6 分析天平:感量0.1 mg和0.01 g分析天平各一台。

5.7 棕色鸡心瓶:50 mL。

5.8 pH计:测量精度±0.2。

5.9 超纯水仪:25℃电导率≤1 μS/cm,电阻率 > 10 MΩ·cm。

6 样品采集及保存

按照SC/T 9102.1、SC/T 9102.2和SC/T 9102.3规定的方法采集样品,玻璃瓶储存水样,通过抽滤装置过0.45 μm水相滤膜去除大颗粒杂质,用乙酸调节至pH=4.0(±0.2),然后将采样瓶完全注满,避光,0℃~5℃冷藏保存,一周内完成分析;底泥先−20℃预冷冻24 h经冷冻干燥机(−50℃,真空度<20 Pa,冷冻干燥10 h)冷冻干燥后,剔除石块和植物体,用研钵研磨后过100目网筛,−20℃冷冻保存,一月内完成分析。

7 样品处理

7.1 提取

7.1.1 水体

准确量取200 mL(精确至0.1 mL)水样于250 mL广口玻璃瓶中,准确加入125 μL氘代磺胺邻二甲氧嘧啶内标标准工作液(4.13),混合均匀。无需提取,待浓缩净化。

7.1.2 底泥

准确称取2 g(精确至0.01 g)底泥样品于50 mL离心管中,准确加入125 μL氘代磺胺邻二甲氧嘧啶内标标准工作液(4.13),涡旋混匀30 s,加入甲酸-甲醇溶液(4.8)10 mL,涡旋混匀15 min,8 000 r/min离心5 min,取上清液于50 mL鸡心瓶中。残渣加入10 mL甲酸-甲醇溶液(4.8),重复提取一次,合并2次提取液,于40℃水浴旋转蒸发至近1 mL,待净化。

7.2 浓缩净化

用5 mL甲醇(4.3)和5 mL水依次活化和平衡固相萃取柱(4.6),水体(7.1.1)或底泥样品提取液(7.1.2)以2 mL/min流速过柱,1 mL实验用水(4.2)淋洗,用甲酸-甲醇溶液(4.8)分2次洗脱(3 mL、2 mL)至10 mL离心管中,洗脱液最终定容至5 mL。取200 μL洗脱液,加800 μL初始流动相(4.9)稀释5倍,混匀后过0.22 μm微孔滤膜,供液相色谱-串联质谱测定。

8 测定

8.1 标准工作曲线制备

准确量取适量磺胺混合标准工作溶液(4.12和4.13),用初始流动相(4.9)配制混合标准浓度系列分别为:5 ng/mL、10 ng/mL、20 ng/mL、40 ng/mL、50 ng/mL,其中内标浓度均为10 ng/mL,按8.2和8.3的方法测定并制备标准曲线。

8.2 液相色谱条件

液相色谱参数设置应满足以下条件:

a) 色谱柱:C_{18}柱,1.7 μm,100 mm×2.1 mm(内径),或相当者;
b) 流动相及洗脱条件见表1;
c) 流速:0.4 mL/min;
d) 柱温:30℃;
e) 进样量:5 μL;
f) 后运行:5 min。

表 1 液相洗脱条件

时间,min	流动相 A,%	流动相 B,%
初始	95	5
1	95	5
3.5	90	10
13	55	45
17	30	70

8.3 质谱条件

参见附录B。

8.4 液相色谱-串联质谱测定

8.4.1 定性测定

按照上述条件测定样品和建立标准工作曲线,如果样品中化合物质量色谱峰的保留时间与标准溶液相比在±2.5%的可允许范围之内;待测化合物的定性离子对的相对丰度与浓度相当的标准溶液相比,相对丰度偏差不超过表2的规定,则可判断样品中存在相应的目标化合物。21种磺胺混合标准工作溶液的相对保留时间(参见附录C中的表C.1)和液相色谱-串联质谱多反应监测色谱图(参见图C.1)。

表 2 定性时相对离子丰度的最大允许偏差

单位为百分号

相对离子丰度	>50	20~50(含)	10~20(含)	≤10
允许的相对偏差	±20	±25	±30	±50

8.4.2 定量测定

按照内标法进行定量计算。

8.5 空白试验

除不加样品外,均按测定条件和步骤进行。

9 结果计算

按式(1)计算校正因子。

$$F_i = \frac{A_s \times m_r}{A_r \times m_s} \quad \cdots\cdots (1)$$

式中:

F_i——磺胺类药物对内标物的相对校正因子；

A_s——内标物的峰面积；

A_r——标准品的峰面积；

m_s——内标物的质量，单位为纳克(ng)；

m_r——标准品的质量，单位为纳克(ng)。

水体中磺胺类药物残留量按式(2)计算，底泥中磺胺类药物残留量按式(3)计算，测试结果需扣除空白值。

$$X_i = \frac{F_i \times A_i \times m_s{}'}{A_s{}' \times V}$$ ·············(2)

式中：

X_i——水体中磺胺类药物的残留量，单位为纳克每毫升(ng/mL)；

$A_s{}'$——标液中内标峰面积；

A_i——样品中每种磺胺的峰面积；

$m_s{}'$——标液中内标质量，单位为纳克(ng)；

V——水体的体积，单位为毫升(mL)。

$$X_j \quad \frac{F_i \times A_i \times m_s{}'}{A_s{}' \times m}$$ ·············(3)

式中：

X_j——底泥中被测物的残留量，单位为纳克每克(ng/g)；

m——底泥样品的质量，单位为克(g)。

10 定量限(LOQ)

以待测化合物的定量离子对色谱峰的信噪比大于或等于10($S/N \geqslant 10$)所对应的溶液浓度为该药物的定量限。本方法在水产养殖环境水体中21种磺胺类药物残留的定量限均为0.65 ng/mL；在水产养殖环境底泥中21种磺胺类药物残留的定量限均为12.50 ng/g。

11 检验方法的准确度和精密度

11.1 准确度

本方法在养殖水体在1 ng/mL～5 ng/mL添加浓度水平上的回收率为72.4%～106%(参见附录D中的表D.1)；本方法在养殖环境底泥样品中在12.50 ng/g～50 ng/g添加浓度水平上的回收率为70.9%～110%(参见表D.2)。

11.2 精密度

本方法的批内相对标准偏差≤15%，批间相对标准偏差≤20%。

附　录　A
（资料性附录）
标准物质详细信息

表 A.1 列出了 21 种磺胺标准物质的中文名、英文名、缩写和 CAS 号。

表 A.1　21 种磺胺标准物质的中文名、英文名、缩写和 CAS 号

序号	中文名	英文名	缩写	CAS 号
1	磺胺脒	Sulfaguanidine	SG	57-67-0
2	磺胺醋酰	Sulfacetamide	SAA	144-80-9
3	磺胺嘧啶	Sulfadiazine	SDZ	68-35-9
4	磺胺吡啶	Sulfapyridine	SPD	144-83-2
5	磺胺噻唑	Sulfathiazole	SAT	72-14-0
6	磺胺二甲唑	Sulfamoxole	SMO	729-99-7
7	磺胺甲噻二唑	Sulfamethizol	SMT	144-82-1
8	磺胺二甲嘧啶	Sulfamethazine	SDD	57-68-1
9	磺胺间甲氧嘧啶	Sulfamonomethoxine	SMM	1220-83-3
10	磺胺甲氧嗪	Sulfamethoxypyridazine	SMP	80-35-3
11	磺胺氯哒嗪	Sulfachloropyridazine	SPDZ	80-32-0
12	甲氧苄啶	Trimethoprim	TMP	738-70-5
13	磺胺喹噁啉	Sulfaquinoxaline	SQX	59-40-5
14	磺胺多辛	Sulfadoxine	SDX	2447-57-6
15	磺胺地索辛	Sulfadimethoxine	SDM	122-11-2
16	磺胺甲噁唑	Sulfamethoxazole	SMX	723-46-6
17	磺胺甲嘧啶	Sulfamerazine	SMR	127-79-7
18	磺胺异噁唑	Sulfisoxazole	SIZ	127-69-5
19	磺胺索嘧啶	Sulfisomidine	SIM	515-64-0
20	磺胺对甲氧嘧啶	Sulfameter	SMD	651-06-9
21	磺胺苯吡唑	Sulfaphenazole	SP	526-08-9

附 录 B

（资料性附录）

质谱测定参考条件

以下所列参数是在 Waters Xevo TQD 串联质谱仪上完成的,此处列出的实验用型号仅是为了提供参考,并不涉及目的,鼓励标准使用者尝试不同厂家和型号的仪器。

    a）   离子源:电喷雾离子源;

    b）   扫描方式:正离子扫描;

    c）   检测方式:多重反应监测(MRM);

    d）   毛细管电压:3.5 kV;

    e）   脱溶剂气温度:450℃;

    f）   脱溶剂气流速:800 L/h;

    g）   锥孔气流速:50 L/h;

    h）   离子源温度:150℃;

    i）   碰撞能量:3 V;

    j）   母离子、定性离子、定量离子、锥孔电压和碰撞能量。

表 B.1 列出了 21 种磺胺的母离子、定性离子、定量离子、锥孔电压和碰撞能量。

表 B.1　21 种磺胺的母离子、定性离子、定量离子、锥孔电压和碰撞能量

化合物名称	母离子,m/z	子离子,m/z	锥孔电压,V	碰撞能量,V
磺胺脒	215.01	91.95*	32	22
		155.90		16
磺胺醋酰	215.01	91.95*	54	26
		155.96		14
磺胺嘧啶	250.94	92.01	42	20
		156.01*		14
磺胺吡啶	251.03	92.01*	40	30
		155.96		16
磺胺噻唑	256.16	92.07*	38	38
		156.01		26
磺胺二甲唑	267.95	91.94*	32	28
		155.94		16
磺胺甲噻二唑	271.10	108.02	14	28
		155.95*		14
磺胺二甲嘧啶	279.18	92.09	48	38
		186.03*		20
磺胺间甲氧嘧啶	281.11	92.08*	38	44
		156.02		26
磺胺甲氧嗪	281.11	92.01*	38	48
		155.95		32
磺胺氯哒嗪	285.16	92.08*	36	40
		156.01		26
甲氧苄啶	291.03	122.93	58	22
		230.01*		22
磺胺喹噁啉	301.15	92.78*	40	46
		156.01		28

表 B.1（续）

化合物名称	母离子, m/z	子离子, m/z	锥孔电压, V	碰撞能量, V
磺胺多辛	311.02	92.01	48	32
		155.95*		22
磺胺地索辛	311.16	92.01	44	52
		156.01*		30
磺胺甲噁唑	254.15	92.08*	36	40
		155.97		28
磺胺甲嘧啶	265.16	92.01*	40	44
		155.95		30
磺胺异噁唑	268.16	113.09*	38	24
		156.02		22
磺胺索嘧啶	279.02	123.97	38	20
		185.96*		18
磺胺对甲氧嘧啶	281.16	92.08*	48	38
		108.08		20
磺胺苯吡唑	315.03	92.01	58	44
		158.15*		32
氘代磺胺邻二甲氧嘧啶 D3	314.05	92.06*	58	44
		155.99		32
* 为定量子离子。				

附 录 C

（资料性附录）

磺胺药物标准溶液出峰顺序及参考保留时间和液相色谱-串联质谱色谱图

表C.1列出了21种磺胺药物标准工作溶液出峰顺序及参考保留时间。图C.1列出了21种磺胺标准工作溶液液相色谱-串联质谱色谱图。

表 C.1　21种磺胺药物标准工作溶液出峰顺序及参考保留时间

出峰顺序	化合物名称	保留时间,min	出峰顺序	化合物名称	保留时间,min
1	磺胺脒	0.86	12	甲氧苄啶	6.45
2	磺胺醋酰	1.86	13	磺胺甲氧嗪	6.56
3	磺胺嘧啶	2.90	14	磺胺氯哒嗪	6.90
4	磺胺二甲嘧啶	3.41	15	磺胺甲噁唑	7.21
5	磺胺噻唑	4.01	16	磺胺间甲氧嘧啶	7.34
6	磺胺吡啶	4.40	17	磺胺多辛	7.76
7	磺胺甲嘧啶	4.79	18	磺胺异噁唑	7.90
8	磺胺对甲氧嘧啶	5.88	19	磺胺苯吡唑	9.03
9	磺胺二甲唑	6.04	20	磺胺地索辛	9.60
10	磺胺甲噻二唑	6.09	21	磺胺喹噁啉	9.99
11	磺胺索嘧啶	6.19			

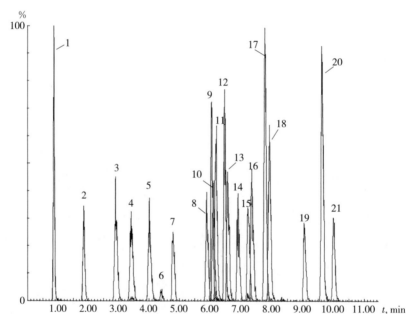

说明：

1——磺胺脒；　　　　　　8——磺胺对甲氧嘧啶；　　　　15——磺胺甲噁唑；

2——磺胺醋酰；　　　　　9——磺胺二甲唑；　　　　　　16——磺胺间甲氧嘧啶；

3——磺胺嘧啶；　　　　　10——磺胺甲噻二唑；　　　　　17——磺胺多辛；

4——磺胺二甲嘧啶；　　　11——磺胺索嘧啶；　　　　　　18——磺胺异噁唑；

5——磺胺噻唑；　　　　　12——甲氧苄啶；　　　　　　　19——磺胺苯吡唑；

6——磺胺吡啶；　　　　　13——磺胺甲氧嗪；　　　　　　20——磺胺地索辛；

7——磺胺甲嘧啶；　　　　14——磺胺氯哒嗪；　　　　　　21——磺胺喹噁啉。

图 C.1　21种磺胺标准工作溶液液相色谱-串联质谱色谱图

附 录 D
（资料性附录）
添 加 回 收 率

表D.1列出了养殖环境水体中测定磺胺类药物添加回收率及相对标准偏差。表D.2列出了养殖环境底泥中测定磺胺类药物添加回收率及相对标准偏差。

表 D.1 养殖水体中测定磺胺类药物添加回收率及相对标准偏差（$n=3$）

化合物名称	添加浓度 ng/mL	平均测定浓度 ng/mL	平均回收率 %	相对标准偏差 %
磺胺脒	1.00	0.998	99.8	1.91
	2.00	1.91	95.6	7.62
	5.00	4.48	89.6	3.51
磺胺醋酰	1.00	0.769	76.9	3.27
	2.00	1.64	82.0	1.84
	5.00	4.39	87.9	5.05
磺胺嘧啶	1.00	0.885	88.5	16.3
	2.00	1.79	89.6	11.4
	5.00	4.14	82.8	5.96
磺胺吡啶	1.00	0.803	80.3	7.53
	2.00	2.02	101	6.92
	5.00	5.03	101	3.67
磺胺噻唑	1.00	1.01	100	10.7
	2.00	1.68	84.1	3.18
	5.00	4.38	87.7	3.15
磺胺二甲唑	1.00	0.825	82.5	6.72
	2.00	1.68	84.2	10.7
	5.00	4.12	82.3	5.94
磺胺甲噻二唑	1.00	0.814	81.4	6.46
	2.00	1.71	85.4	6.01
	5.00	3.93	78.5	7.23
磺胺二甲嘧啶	1.00	0.799	84.4	10.2
	2.00	1.80	90.2	13.3
	5.00	4.97	99.5	7.96
磺胺间甲氧嘧啶	1.00	0.860	86.0	5.47
	2.00	1.78	89.2	12.9
	5.00	4.77	95.4	9.33
磺胺甲氧嗪	1.00	0.873	87.3	7.42
	2.00	1.70	85.1	5.31
	5.00	4.40	88.1	3.94
磺胺氯哒嗪	1.00	0.764	76.4	2.49
	2.00	1.55	77.3	7.85
	5.00	3.75	74.9	0.482
甲氧苄啶	1.00	0.900	90.0	3.74
	2.00	1.80	90.2	2.09
	5.00	4.99	99.9	7.83
磺胺喹噁啉	1.00	0.759	75.9	5.25
	2.00	1.76	88.0	3.17
	5.00	4.35	87.0	4.26

SC/T 9436—2020

表 D.1（续）

化合物名称	添加浓度 ng/mL	平均测定浓度 ng/mL	平均回收率 %	相对标准偏差 %
磺胺多辛	1.00	0.869	86.9	12.2
	2.00	1.57	78.5	2.12
	5.00	3.74	74.9	2.09
磺胺地索辛	1.00	1.06	106	14.0
	2.00	1.84	91.9	8.84
	5.00	4.72	94.4	15.2
磺胺甲噁唑	1.00	0.730	73.0	1.96
	2.00	1.45	72.4	1.01
	5.00	4.24	84.8	3.52
磺胺甲嘧啶	1.00	0.879	87.9	18.7
	2.00	1.87	93.5	4.98
	5.00	5.06	101	8.01
磺胺异噁唑	1.00	0.842	84.2	5.00
	2.00	1.59	79.7	1.99
	5.00	4.46	89.3	12.9
磺胺索嘧啶	1.00	0.851	85.1	8.41
	2.00	1.76	87.9	9.13
	5.00	4.17	83.4	9.28
磺胺对甲氧嘧啶	1.00	0.847	84.7	7.13
	2.00	1.67	83.6	3.29
	5.00	4.26	85.2	7.81
磺胺苯吡唑	1.00	0.820	81.9	1.71
	2.00	1.72	85.9	9.84
	5.00	4.27	85.4	5.58

表 D.2 养殖环境底泥中测定磺胺类药物添加回收率及相对标准偏差（n＝3）

化合物名称	添加浓度 ng/g	平均测定浓度 ng/g	平均回收率 %	相对标准偏差 %
磺胺脒	12.50	10.4	83.1	3.79
	25.00	18.8	75.2	3.16
	50.00	39.3	78.6	7.00
磺胺醋酰	12.50	10.0	79.9	7.83
	25.00	21.3	85.1	6.64
	50.00	41.9	83.8	4.79
磺胺嘧啶	12.50	12.1	96.9	9.35
	25.00	19.2	76.7	2.32
	50.00	44.2	88.4	5.03
磺胺吡啶	12.50	8.86	70.9	0.579
	25.00	19.2	76.8	5.86
	50.00	43.2	86.3	10.7
磺胺噻唑	12.50	10.8	86.6	9.03
	25.00	22.2	88.7	4.18
	50.00	43.3	86.5	7.26
磺胺二甲唑	12.50	11.1	89.1	5.05
	25.00	20.8	83.4	2.43
	50.00	44.9	89.9	6.05
磺胺甲噻二唑	12.50	13.4	107	5.51
	25.00	25.4	101	7.27
	50.00	45.5	91.1	8.19
磺胺二甲嘧啶	12.50	11.6	92.9	5.22
	25.00	20.2	80.9	5.21
	50.00	39.3	78.7	3.83

表 D.2（续）

化合物名称	添加浓度 ng/g	平均测定浓度 ng/g	平均回收率 %	相对标准偏差 %
磺胺间甲氧嘧啶	12.50	10.5	84.2	1.76
	25.00	18.7	74.7	0.323
	50.00	42.4	84.8	4.01
磺胺甲氧嗪	12.50	10.1	80.6	1.95
	25.00	19.3	77.1	4.52
	50.00	44.8	89.5	3.33
磺胺氯哒嗪	12.50	13.7	110	0.425
	25.00	25.6	102	9.96
	50.00	49.7	99.4	10.0
甲氧苄啶	12.50	9.94	79.5	1.38
	25.00	20.1	80.1	5.14
	50.00	41.1	82.1	4.05
磺胺喹噁啉	12.50	11.1	88.7	4.77
	25.00	19.6	78.5	4.11
	50.00	47.9	95.9	3.78
磺胺多辛	12.50	11.5	92.3	3.73
	25.00	23.4	93.6	5.31
	50.00	42.9	85.9	2.31
磺胺地索辛	12.50	12.0	96.2	2.31
	25.00	23.3	93.2	4.28
	50.00	53.8	107	2.21
磺胺甲噁唑	12.50	10.7	85.5	4.17
	25.00	20.7	82.9	4.83
	50.00	41.2	82.4	1.16
磺胺甲嘧啶	12.50	9.7	77.2	3.48
	25.00	18.1	72.2	2.31
	50.00	39.8	79.6	3.09
磺胺异噁唑	12.50	11.8	94.5	6.96
	25.00	21.8	87.1	2.87
	50.00	44.8	89.6	6.84
磺胺索嘧啶	12.50	11.1	89.1	3.77
	25.00	20.9	83.6	1.91
	50.00	46.9	93.8	3.13
磺胺对甲氧嘧啶	12.50	11.5	92.1	5.11
	25.00	20.2	80.7	4.75
	50.00	43.5	86.9	6.55
磺胺苯吡唑	12.50	12.3	98.3	2.79
	25.00	22.8	91.2	7.80
	50.00	49.1	98.2	1.71

ICS 65.150
B 50

中华人民共和国水产行业标准

SC/T 9437—2020

水生生物增殖放流技术规范
名词术语

Technical specification for the stock enhancement
of hydrobios—Terminology

2020-08-26 发布

2021-01-01 实施

中华人民共和国农业农村部 发布

前　言

本标准按照 GB/T 1.1—2009 给出的规则起草。

请注意本文件的某些内容可能涉及专利。本文件的发布机构不承担识别这些专利的责任。

本标准由农业农村部渔业渔政管理局提出。

本标准由全国水产标准化技术委员会渔业资源分技术委员会(SCA/TC 156/SC 10)归口。

本标准起草单位:中国水产科学研究院黄海水产研究所。

本标准主要起草人:王俊、金显仕、牛明香、李忠义、张波、吴强。

水生生物增殖放流技术规范　名词术语

1　范围

本标准界定了水生生物增殖放流的通用术语和繁育、检验、运输、投放、标记、效果评估的术语及其定义。

本标准适用于水生生物增殖放流的基本术语和基本概念的统一理解与使用。

2　通用术语

2.1

渔业水域　fishery/fishing waters

渔业生物的产卵场、索饵场、越冬场、洄游通道以及从事捕捞、养殖和增殖等渔业生产活动的水域。

注:改写 GB/T 8588—2001,定义 2.1.9。

2.2

放流　release

将具有一定游泳能力的水生生物苗种、亲体等投放到公共水域的活动。

2.3

底播　bottom sowing

将贝类、棘皮动物等水生生物投放到某水域水底的活动。

2.4

移植　transplantation

将国内或同一地理分布区的水生生物从一个水域移入另一个水域,或者将水生植物栽种到某水域的活动。

2.5

增殖放流　enhancement release

采用放流、底播、移植等人工方式,向海洋、江河、湖泊、水库等公共水域投放苗种、亲体等活体水生生物的活动。

[SC/T 9401—2010,定义 3.3]

2.6

生产性放流　productive release

以增加水生生物经济物种数量、渔民增收为主要目标的增殖放流。

2.7

生态修复性放流　ecological restoration release

以促进水域生态系统平衡、改善水域环境等为主要目标的增殖放流。

2.8

实验性放流　experimental release

以研究其适宜性为目的而开展的水生生物增殖放流。

2.9

标记放流　tagged release

将带有标记的水生生物成体、苗种等进行增殖放流的活动。

2.10

增殖放流容量　enhancement release capacity

在特定的水域生态系统中,增殖放流对象在不危害环境及其自然种群、保持生态系统相对稳定、保证种群补充最大化和资源有效恢复等要求条件下的最大增殖放流数量。

2.11

增殖放流效果 enhancement release effect

增殖放流后所产生的经济、社会、生态效果。

2.12

效果评估 effect evaluation

对增殖放流效果进行估算与评价。

2.13

自然群体 natural population

水生生物在自然水域繁殖形成的生物集合。

2.14

增殖放流群体 enhancement release population

增殖放流的某水生生物在自然水域形成的生物集合。

3 繁育

3.1

亲体 parent

用于繁育增殖放流苗种的水生生物成体。

注:改写 GB/T 22213—2008,定义 5.1。

3.2

本地种 native species

某一区域内原有的物种。

3.3

原种 original species

取自天然分布水域的野生物种。

3.4

子一代(F_1) first generation

用原种繁育的第一代个体。

3.5

中间培育 intermediate culture

将小规格的幼苗培育成符合增殖放流规格苗种的过程。

注:改写 GB/T 15919—2010,定义 6.11。

3.6

适应驯化 adaptation domestication

采用相关措施,使增殖放流苗种适应增殖放流水域环境的过程。

3.7

附着基 substrate

水生生物苗种附着并赖以生长发育的物质。

注:改写 GB/T 22213—2008,定义 4.18。

4 检验

4.1

现场验收 site acceptance

对某一增殖放流物种某批次的苗种、亲体等的质量、数量予以确认并投放到拟增殖放流水域的过程。

4.2

伤残率 wound and deformity rate

抽取的同一批次增殖放流苗种或亲体中肢体残缺、损坏个体数占总抽样数量的百分比。

注:改写 SC/T 9401—2010,定义 3.6。

4.3

畸形率 malformation rate

抽取的同一批次增殖放流苗种或亲体中畸形个体数占总抽样数量的百分比。

4.4

死亡率 death rate

抽取的同一批次增殖放流苗种(或亲体等)中死亡个体数占总抽样数量的百分比。

注:改写 SC/T 9401—2010,定义 3.5。

4.5

规格合格率 size qualified rate

抽取的同一批次增殖放流苗种或亲体中符合规格要求的个体数占总抽样数量的百分比。

注:改写 SC/T 9401—2010,定义 3.4。

4.6

重量计数法 weight counting method

用单位重量苗种(或亲体等)数量推算总数量的方法。

4.7

容量计数法 volume counting method

用单位容量苗种(或亲体等)数量推算总数量的方法。

4.8

个体计数法 individual counting method

对苗种(或亲体等)逐一进行计数的方法。

5 运输

5.1

水运 transportation with water

用有水容器在充气或充氧、控温等条件下运输增殖放流苗种、亲体等的方式。

5.2

湿运 transportation with moisture

用无水容器在保持湿润、透气、控温等条件下运输增殖放流苗种、亲体等的方式。

6 投放

6.1

直接投放 direct release

将苗种、亲体等贴近水面直接释放到增殖放流水域的投放方式。

6.2

辅助工具投放 auxiliary tool release

利用辅助工具将苗种、亲体等释放到增殖放流水域的投放方式。

6.3

潜水投放 diving release

将苗种、亲体等直接释放到增殖放流水域水底的投放方式。

7 标记

7.1

标记 mark

用物理、化学、生物技术等方法在水生生物体外或体内进行标识的过程。

7.2

打孔标记 punching mark

在水生动物身体的特定部位打孔的标识方法。

7.3

切鳍标记 fin amputation mark

将水生动物某部位的鳍条部分或全部切除的标识方法。

7.4

烙印标记 branding mark

用加热或冷冻的模具在水生动物特定部位形成印记的标识方法。

7.5

挂牌标记 scutcheon mark

将标记牌固定到水生生物体表特定部位的标识方法。

7.6

荧光标记 fluorescent mark

将荧光胶体注入水生动物特定部位表皮下,形成外部可识别颜色的标识方法。

7.7

入墨标记 ink mark

将液体橡浆着色液(LATEX)注入水生动物表皮下,凝固形成外部可识别颜色的标识方法。

7.8

染色标记 dye mark

采取浸泡等方式将特定染料在水生动物的耳石、鳍条及其骨组织等留下颜色的标识方法。

7.9

金属线码标记 coded wire tag(CWT)

用线码注射器将带有编码的磁性金属细丝注入水生动物体内的标识方法。回捕后,通过金属探测器对标记进行鉴别。

7.10

可视标签标记 visible implant tags(VI)

将带有色彩的数字编码标签植入水生动物透明部位皮下或固定于壳上的标识方法。

7.11

耳石标记 otolith mark

通过浸泡、投喂、控温等方式将微量元素沉积在水生动物耳石上和改变耳石日轮形态而形成永久可识别的标识方法。

7.12

分子标记 molecular mark

以个体遗传物质内核苷酸序列变异为基础的一种遗传标记,利用能反映生物个体或种群间基因组中某种差异的特异性 DNA 片段进行标识的方法。

7.13

体色标记 body color mark

利用某些水生生物人工繁育个体特殊的色斑、体色作为标识的方法。

7.14

形态标记 morphological mark

利用某些水生生物人工繁育个体特定部位残缺作为标识的方法。

8 效果评估

8.1

本底调查 background survey

为合理选划适宜增殖放流水域、筛选适宜增殖放流种类、确定合理增殖放流数量和评估增殖放流效果等,在增殖放流前的一段时间内,对拟增殖放流区及其周围水域进行的生物与环境调查。

8.2

跟踪调查 tracking survey

增殖放流结束后,对增殖放流对象的生长、分布及数量等变动情况进行持续地跟踪监测以及记录的调查活动。

8.3

问卷调查 questionnaire survey

通过制定详细、周密的问卷,要求被调查者据此进行回答以收集资料的调查活动。

8.4

群体识别 stock discrimination

利用标记,将水生生物增殖放流群体与自然群体区分开的过程。

8.5

回捕 recapture

增殖放流的水生生物经一段时间后被捕捞的过程。

8.6

回捕率 recapture rate

增殖放流的某水生生物经一段时间后被捕捞的个体数量占其总增殖放流数量的百分比。

8.7

标记回捕率 marked-recapture rate

标记放流的某水生生物经一段时间后被捕捞的个体数量占总标记放流数量的百分比。

8.8

直接投入产出比 direct input-output ratio

增殖放流水生生物的经济投入与回捕的经济收入之比。

参　考　文　献

[1]GB/T 20001.1—2001　标准编写规则　第1部分:术语

[2]GB/T 8588—2001　渔业资源基本术语

[3]GB/T 22213—2008　水产养殖术语

[4]SC/T 9401—2010　水生生物增殖放流技术规程

[5]水产名词. 北京:科学出版社,2002

[6]张堂林,李钟杰,舒少武,2003. 鱼类标志技术的研究进展[J]. 中国水产科学(10):246-253

[7]洪波,孙振中,2006. 标志放流技术在渔业中的应用现状及发展前景[J]. 水产科技情报(2):73-76

[8]林元华,1985. 海洋生物标志放流技术的研究状况[J]. 海洋科学(5):54-58

[9]张晶,2004. 档案式标志放流技术的基本原理[J]. 现代渔业信息,19(6):9-10

[10]周永东,徐汉祥,戴小杰,等,2008. 几种标志方法在渔业资源增殖放流中的应用效果[J]. 福建水产,3(1):6-11

[11]陈锦淘,戴小杰,2005. 鱼类标志放流技术的研究现状[J]. 上海水产大学学报(4):451-456

[12]中国农业百科全书. 水产卷(上、下). 北京:农业出版社,1994

[13]耿倩,张淑荣,段妍,等,2016. 荧光标记技术在增殖放流中的应用现状[J]. 水产科学,35(3):308-312

[14]熊国勇,2008. 渔业研究中的标志放流[J]. 江西教育学院学报(综合),29(6):42-44

[15]宋娜,高天翔,韩刚,等,2010. 分子标记在渔业资源增殖中的应用[J]. 中国渔业经济,3(28):111-117

[16]童爱萍,司飞,刘海金,等,2015. mtDNA和微卫星标记在放流牙鲆和非放流牙鲆鉴定中的应用[J]. 中国水产科学,22(4):630-637

[17]赵亚鹏,潘晓赋,杨君兴,等,2013. 滇池金线鲃(*Sinocyclocheilus grahami*)耳石的茜素红及茜素络合物标志[J]. 动物学研究,34(5):499-503

[18]徐永江,柳学周,史宝,等,2016. 茜素络合物对半滑舌鳎(*Cynoglossus semilaevis* Günther)苗种耳石的染色标记效果[J]. 渔业科学进展,37(6):11-18

[19]李秀启,丛旭日,师吉华,等,2017. 耳石锶标记在识别鳙(*Aristichthys nobilis*)放流个体的可行性[J]. 湖泊科学,29(4):914-922

[20]司飞,任建功,王青林,等,2019. 基于浸泡法的牙鲆耳石锶标记技术研究[J]. 中国水产科学,26(3):534-545

[21]高桥未绪,齐藤和,2003. ポップアップ式卫星通信型タグによるまぐろ・カジキ类调查の现况[J]. 远洋(112):18-23

[22]野田勉,2007. 水産総合研究センター宫古栽培漁業センター. クロソイの放流効果と資源管理に向けた提言[C]. 第18回日中韩水产研究者协议会论文集,10

[23]Bell J D,Bartley D M,Lorenzen K,et al,2006. Restocking and stock enhancement of coastal fisheries:Potential,problems and progress[J]. Fisheries Research(80):1-8

[24]Bryant M D,Dolloff C A,Porter P E,1990. Freeze branding with CO_2:an effective and easy-to-use field method to mark fish[J]. Amerrican Fisheries Society Symposium(7):30-35

[25]Hale R S,1998. Retention and defection of coded wire tags and elastomer tags in trout[J]. North American Journal of Fisheries Management(18):197-201

[26]Jackobsson J,1970. On fish tags and tagging[J]. Ocean ography and Marine Biology:An Annual Review(8):457-499

[27]Leber K M,2012. Marine fisheries enhancement:coming of age in the new millennium[M]//Robert A Meyers,encyclopedia of sustainability science and technology,Springer,New York,NY

[28]Sekino M,Saitoh K,Yamada T,et al,2005. Genetic tagging of released Japanese flounder(*Paralichthys olivaceus*)based on polymorphic DNA markers[J]. Aquaculture,244(1-4):49-61

索　引
汉语拼音索引

英文对应词索引

ICS 65.150
B 52

中华人民共和国水产行业标准

SC/T 9438—2020

淡水鱼类增殖放流效果评估技术规范

Technical specification for stock enhancement
assessment on freshwater fish

2020-08-26 发布   2021-01-01 实施

中华人民共和国农业农村部 发布

前　言

本标准按照 GB/T 1.1—2009 给出的规则起草。

请注意本文件的某些内容可能涉及专利。本文件的发布机构不承担识别这些专利的责任。

本标准由农业农村部渔业渔政管理局提出。

本标准由全国水产标准化技术委员会渔业资源分技术委员会(SAC/TC 156/SC 10)归口。

本标准起草单位:中国水产科学研究院长江水产研究所。

本标准主要起草人:陈大庆、刘绍平、段辛斌、汪登强、高雷、邓华堂、俞立雄、方耀林、周瑞琼、罗晓松。

淡水鱼类增殖放流效果评估技术规范

1 范围

本标准规定了淡水鱼类增殖放流效果评估的方案,经济效益评估、生态效益评估和社会效益评估的数据采集和计算方法,以及报告编制。

本标准适用于我国内陆青鱼、草鱼、鲢、鳙、鳊、鳜、黄颡鱼、瓦氏黄颡鱼和翘嘴鲌等淡水鱼类增殖放流的效果评估。

2 规范性引用文件

下列文件对于本文件的应用是必不可少的。凡是注日期的引用文件,仅注日期的版本适用于本文件。凡是不注日期的引用文件,其最新版本(包括所有的修改单)适用于本文件。

GB/T 8588—2001 渔业资源基本术语

GB/T 12763.9 海洋调查规范 第9部分:海洋生态调查指南

GB/T 18654.2 养殖鱼类种质检验 第2部分:抽样方法

GB/T 18654.3 养殖鱼类种质检验 第3部分:性状测定

GB/T 18654.4 养殖鱼类种质检验 第4部分:年龄与生长的测定

GB/T 18654.15 养殖鱼类种质检验 第15部分:RAPD分析

GB/T 34748 水产种质资源基因组DNA微卫星分析

GA/T 383 法庭科学DNA实验室检验规范

HJ 710.7 生物多样性观测技术导则 内陆水域鱼类

NY/T 1898 畜禽线粒体DNA遗传多样性检测技术规程

SC/T 9407 河流漂流性鱼卵、仔鱼采样技术规范

SC/T 9427 河流漂流性鱼卵仔鱼资源评估方法

SC/T 9429 淡水渔业资源调查规范 河流

SL 167 水库渔业资源调查规范

3 术语和定义

GB/T 8588—2001界定的以及下列术语和定义适用于本文件。为了便于使用,以下重复列出了GB/T 8588—2001中的某些术语和定义。

3.1

标志重捕法 mark-recapture method

将一部分个体进行标志后释放,经一定期限进行重捕,根据重捕取样中标志比例与样地总数中标志比例相等的假定,来估计样地中被调查动物的总数。

3.2

单位捕捞努力量渔获量 catch per unit of effort (CPUE)

在规定的时期内,一个单位捕捞努力量渔获的平均重量或数量。

[GB/T 8588—2001,定义3.3.23.5]

3.3

鱼类群落 fish community

生活在同一水域中各种鱼类种群松散结合的集合体。

[GB/T 8588—2001,定义2.1.39]

3.4

物种多样性指数　diversity index

把群聚中所含种数和相对丰度结合起来予以表达的指标。

4　评估方案

4.1　方案设计

根据评估内容任务编制评估方案,内容包括站点设置、调查的时间和方法、专业配备、人员组成、船只、器材设备和预期成果等。

4.2　评估内容

评估内容框架见图1。

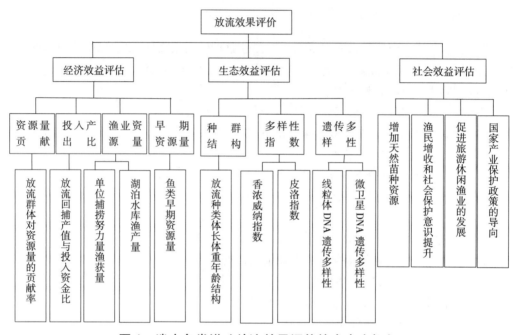

图1　淡水鱼类增殖放流效果评估技术内容框架

4.3　评估方法

4.3.1　调查方法

4.3.1.1　标志回捕

河流按 SC/T 9429 给出的方法、湖泊按 SL 167 给出的方法,对放流种类进行调查,按附录 A 中表 A.1 的要求填写记录。

4.3.1.2　渔获物调查

河流按 SC/T 9429 的规定执行;湖泊按 SL 167 的规定执行。

4.3.1.3　渔产量统计

方法按 SL 167 的规定执行。

4.3.1.4　早期资源量调查

早期资源量调查包括:

　　a)　漂流性鱼卵仔鱼资源量调查按 SC/T 9407 的规定执行;

　　b)　沉黏性鱼卵仔鱼资源量调查按 HJ 710.7 的规定执行。

4.3.1.5　遗传多样性调查

4.3.1.5.1　样本采集

采集放流群体和放流区河段野生群体样本,样本数量按 GB/T 18654.2 的规定执行。

4.3.1.5.2　基因组 DNA 提取

按 GB/T 18654.15 规定的方法提取基因组 DNA。

4.3.1.5.3 防污染措施

按 GA/T 383 的规定执行。

4.3.1.5.4 实验方法

采用线粒体 DNA 和(或)微卫星标记对样本进行分析。具体方法如下：

a) 线粒体 DNA 使用通用或物种特异引物进行 PCR 扩增,常用淡水鱼类线粒体 DNA 扩增引物见 附录 B 中的表 B.1。实验步骤按 NY/T 1898 的规定执行；

b) 微卫星标记引物选择、要求和实验方法按 GB/T 34748 的规定执行。

4.3.1.6 公众、社会团体和主管部门人员的访查

通过问卷调查采集数据：

a) 发放调查问卷不少于 100 份,其中渔民不少于 50%,问卷调查中应包括利益相关的管理部门及 社会团体人员,调查表参见附录 C 中的表 C.1；

b) 原种场苗种生产调查,调查表参见表 C.2。

4.3.2 评估周期

确定评估周期,原则上不少于一周年。期间应含捕捞季度或捕捞月,每个捕捞季度(或月)应采样不少于一次。

4.3.3 调查站点

调查站点的设置应考虑以下几点因素：

a) 根据放流水域环境空间梯度或功能特征进行设置,一般应在放流区域的上、下游设置采样点；

b) 在放流区域、产卵场、索饵场要增设采样点；

c) 涉及水坝应在水坝上、下游增设采样点；

d) 应在与采样点近似的水域选择 1 个～3 个站点作为对照。

4.3.4 一致性要求

在同一调查项目中,应保证站点设置、调查时间、网具和数据统计的同一性。

5 经济效益评估

5.1 放流群体对资源量的贡献率

5.1.1 数据采集

标志回捕,方法按 4.3.1.1 的规定执行。

5.1.2 评估指标的计算

按式(1)估算种群数量(资源量),按式(2)估算放流群体对资源量的贡献率。

$$N = \frac{M \times n}{m} \quad \cdots\cdots\cdots\cdots\cdots\cdots\cdots\cdots\cdots\cdots\cdots (1)$$

$$P = \frac{Q}{N} \times 100 \quad \cdots\cdots\cdots\cdots\cdots\cdots\cdots\cdots\cdots (2)$$

式中：

N ——个体总尾数(资源量)；

M ——标志尾数；

n ——捕获尾数；

m ——重捕中标志的个体尾数；

P ——放流群体对资源量的贡献率；

Q ——放流鱼的总尾数。

5.2 投入产出

5.2.1 数据采集

标志回捕,方法按 4.3.1.1 的规定执行。

5.2.2 评估指标的计算

5.2.2.1 回捕率

按式(3)计算。

$$R = \frac{m}{M} \times 100 \quad\cdots\cdots\cdots\cdots\cdots\cdots\cdots\cdots\cdots\cdots\cdots\cdots\cdots\cdots(3)$$

式中:

R——回捕率,单位为百分号(%)。

5.2.2.2 回捕产值

按式(4)估算。

$$IN = Q \times R \times W \times S \quad\cdots\cdots\cdots\cdots\cdots\cdots\cdots\cdots\cdots\cdots\cdots(4)$$

式中:

IN ——回捕产值,即放流产出的总额,单位为元;

W ——回捕鱼的规格,单位为千克每尾(kg/尾);

S ——当年的鱼价,单位为元每千克(元/ kg)。

5.2.2.3 投入产出比

按式(5)计算。

$$X = \frac{K}{IN} = \frac{1}{N} \quad\cdots\cdots\cdots\cdots\cdots\cdots\cdots\cdots\cdots\cdots\cdots\cdots(5)$$

式中:

X——投入产出比;

K——投入总额(苗种总成本),单位为元。

5.3 渔业资源量

5.3.1 数据采集

数据采集方式有:

a) 渔获物调查,方法按 4.3.1.2 的规定执行;

b) 渔产量统计,方法按 4.3.1.3 的规定执行。

5.3.2 评估指标的计算

按以下方法进行评估指标的计算:

a) 单位捕捞努力量渔获量:按 SC/T 9429 给出的方法执行;

b) 湖泊水库渔产量统计:按 SL 167 给出的方法执行。

5.4 早期资源量

5.4.1 数据采集

早期资源调查,方法按 4.3.1.4 的规定执行。

5.4.2 评估指标的计算

按以下方法进行评估指标的计算:

a) 漂流性鱼卵仔鱼资源量估算按 SC/T 9427 的规定执行;

b) 沉黏性鱼卵仔鱼资源量调查按 SC/T 9429 的规定执行。

6 生态效益评估

6.1 种群结构

6.1.1 数据采集

渔获物调查,方法按 4.3.1.2 的规定执行。

6.1.2 评估指标计算

逐尾测定放流鱼体长、体重,并鉴定年龄,记入表 A.2。放流种类体长、体重的测定按 GB/T 18654.3 的规定执行;年龄鉴定按 GB/T 18654.4 的规定执行。

6.2 鱼类群落物种多样性指数

6.2.1 数据采集
渔获物调查,方法按 4.3.1.2 的规定执行。

6.2.2 评估指标的计算
按 GB/T 12763.9 的规定执行。

6.3 遗传多样性调查

6.3.1 数据采集
遗传多样性调查,方法按 4.3.1.5 的规定执行。

6.3.2 评估指标的计算
按以下方法进行评估指标的计算:
   a) 线粒体 DNA 遗传多样性指标计算按 NY/T 1898 的规定执行;
   b) 微卫星 DNA 遗传多样性指标计算按 GB/T 34748 的规定执行。

7 社会效益评估

7.1 数据采集
公众、社会团体和主管部门人员的访查,方法按 4.3.1.6 的规定执行。

7.2 评估内容
社会效益的评估内容有:
   a) 增加天然苗种资源,促进水产苗种产业发展;
   b) 渔民增产增收;
   c) 促进旅游业、休闲渔业发展;
   d) 公众、社会对增殖放流活动的参与度;
   e) 对国家产业保护政策的影响。

7.3 评估指标的计算
回收问卷调查表。对问卷调查表 C.1 中的各项逐一统计,并按渔民、公众及社会团体和主管部门人员分类计算百分比;按表 C.2 对原种场的苗种生产数据进行统计。

8 报告编制
项目评估报告应包括背景、放流情况及评估方法、放流效果评估、主要结论以及问题与建议,报告编制提纲见附录 D。

附　录　A

（规范性附录）

记录(分析)表

A.1　放流种类调查表

见表 A.1。

表 A.1　放流种类调查表

放流种类：								
捕捞江段：								
序号	捕捞时间	捕捞地点	体长,cm	体重,g	是否放流个体	标志类型	标志牌编号	备　注
······								
注:捕获放流个体需填写标志类型,有编号的填写标志牌编号。一般渔获物只填写体长和体重。								

A.2　种群结构分析表

见表 A.2。

表 A.2　放流种类的种群结构分析表

放流种类：										
采样站点			日期				渔船编号			
渔具			总渔获量,kg				样品量,kg			
序号	体长,cm	体重,g	年龄	性别	序号	体长,cm	体重,g	年龄	性别	

附　录　B
（规范性附录）
线粒体 DNA 扩增引物

本标准涉及的线粒体 DNA 扩增引物见表 B.1。

表 B.1　部分淡水鱼类线粒体 DNA 扩增引物

引物名称	引物序列（5′-3′）	扩增基因/座位
MITDI-F	CACCCYTRRCTCCCAAAGCYA	D-LOOP
MITDI-R	GGTGCGGRKACTTGCATGTRTAA	
L14724	GACTTGAAAAACCACCGTTG	Cyt b
H15915	CTCCGATCTCCGGATTACAAGAC	
COⅠ-FF2d	TTCTCCACCAACCACAARGAYATYGG	COⅠ

附　录　C
（规范性附录）
增殖放流问卷调查表

C.1　增殖放流问卷调查表

见表C.1。

表C.1　增殖放流问卷调查表

年　月　日

渔民增产增收			
捕鱼规格	A. 与往年相似	B. 比往年大	C. 比往年小
年捕鱼产量	A. 与往年相似	B. 比往年多	C. 比往年少
年捕鱼收入	A. 与往年相似	B. 比往年多	C. 比往年少
捕鱼年收入多少	A.1万元～5万元	B.5万元～10万元	C.10万元以上
促进旅游业、休闲渔业发展			
增殖放流对休闲渔业的发展	A. 重要作用	B. 一般作用	C. 无作用
增殖放流对旅游业的发展	A. 重要作用	B. 一般作用	C. 无作用
年其他收入（游钓、餐饮等）	A. 与往年相似	B. 比往年多	C. 比往年少
公众、社会对增殖放流活动的认知与参与度			
是否支持国家增值放流活动	A. 支持	B. 不支持	C. 无所谓
渔区公众资源环境保护意识	A. 比往年增强	B. 与往年相似	C. 比往年差
对国家产业保护政策的导向作用			
增殖放流对国家相关产业保护影响	A. 重要作用	B. 一般作用	C. 无作用
增殖放流对环境保护政策的影响	A. 重要作用	B. 一般作用	C. 无作用

C.2　原种场问卷调查表

见表C.2。

表C.2　原种场问卷调查表

原种场名称：　　　　　　　　　　　　　　　　　　　　　　　日期：

年份	亲本数量				由原种繁殖苗种,尾	天然捕捞苗种,尾	为市场提供苗种	
	性成熟亲本,尾		后备亲本,尾				由原种繁殖苗种,尾	天然捕捞苗种,尾
	雌	雄	雌	雄				

附　录　D
（规范性附录）
报告编制提纲

D.1　背景

D.1.1　任务来源

D.1.2　放流区域概况

放流区域概况包括以下内容：

a)　坐标范围、面积；

b)　鱼类种类组成；

c)　渔业资源现状（包括衰退状况）。

D.1.3　任务目标

D.2　放流情况及评估方法

D.2.1　放流基本情况

包括放流时间、地点、种类、规格、数量等。

D.2.2　评估方法

包括评估内容与方法、评估时间与站点设置、数据分析等。

D.3　放流效果评估

D.3.1　经济效益

经济效益包括以下内容：

a)　放流群体对资源量的贡献率；

b)　投入产出比；

c)　渔业资源量；

d)　早期资源量。

D.3.2　生态效益

生态效益包括以下内容：

a)　种群结构；

b)　鱼类群落中多样性指数；

c)　遗传多样性。

D.3.3　社会效益

社会效益包括以下内容：

a)　对天然苗种资源及水产苗种产业的影响；

b)　对渔民增产增收的促进效果；

c)　对旅游业、休闲渔业等发展影响；

d)　公众、社会对增殖放流活动的参与度；

e)　对国家产业保护政策的影响。

D. 4 主要结论

D. 5 问题与建议

———————————

ICS 65.150
B 50

中华人民共和国水产行业标准

SC/T 9439—2020

水生生物增殖放流技术规范　兰州鲶

Technical specification for the stock enhancement of hydrobios—
Silurus lanzhouensis

2020-08-26 发布

2021-01-01 实施

中华人民共和国农业农村部 发布

前　言

本标准按照 GB/T 1.1—2009 给出的规则起草。

请注意本文件的某些内容可能涉及专利。本文件的发布机构不承担识别这些专利的责任。

本标准由农业农村部渔业渔政管理局提出。

本标准由全国水产标准化技术委员会渔业资源分技术委员会(SAC/TC 156/SC 10)归口。

本标准起草单位:甘肃省渔业技术推广总站。

本标准主要起草人:李勤慎、杨树军、邵东宏、王全意、蒋晖、张国维、孙文静。

水生生物增殖放流技术规范 兰州鲶

1 范围

本标准规定了兰州鲶(*Silurus lanzhouensis*)增殖放流的水域条件、本底调查、放流物种质量、检验、放流操作、放流资源保护与监测及效果评价等技术要点。

本标准适用于兰州鲶的增殖放流。

2 规范性引用文件

下列文件对于本文件的应用是必不可少的。凡是注日期的引用文件,仅注日期的版本适用于本文件。凡是不注日期的引用文件,其最新版本(包括所有的修改单)适用于本文件。

GB 11607 渔业水质标准

GB/T 20361 水产品中孔雀石绿和结晶紫残留量的测定 高效液相色谱荧光检测法

农业部 783 号公告—1—2006 水产品中硝基呋喃类代谢物残留量的测定 液相色谱-串联质谱法

农业部 958 号公告—14—2007 水产品中氯霉素、甲砜霉素、氟甲砜霉素残留量的测定 气相色谱-质谱法

SC/T 7014 水生动物检疫实验技术规范

SC/T 9401—2010 水生生物增殖放流技术规程

3 水域条件

应符合 SC/T 9401—2010 第 4 章的规定,同时满足下述条件:

a) 放流水域宜在黄河自然水域,非倾废区或电厂、养殖场等的进、排水区;

b) 水质应符合 GB 11607 的规定;

c) 水温≥15℃,放流时间为 5 月～10 月。

4 本底调查

应符合 SC/T 9401—2010 第 5 章的规定。

5 放流物种质量

5.1 亲体

来源于直接捕捞黄河流域天然水域达到性成熟的亲体,或由黄河流域天然水域捕获的兰州鲶鱼苗培育的亲体,人工近亲繁育的兰州鲶后代禁止作为亲体。

5.2 苗种

5.2.1 来源

增殖放流苗种供应单位应满足以下要求:

a) 持有兰州鲶驯养繁殖许可证;

b) 具有兰州鲶育苗场所;

c) 拥有 100 组及以上能满足繁殖需要的兰州鲶亲体。

5.2.2 苗种规格

放流个体全长应≥5 cm;标志放流个体全长应≥12 cm。放流标志方法参见附录 A。

5.2.3 质量

应符合表 1 的要求。

表 1　质量要求

项　目	指标
感官质量	放流苗种色泽正常，规格整齐，健康无损伤、无病害、无畸形，游动活泼
可数指标	规格合格率≥90％，伤残率、畸形率、死亡率之和≤5％
病害	车轮虫、黏孢子虫、小瓜虫等寄生虫病和细菌性烂鳃病、烂尾病、肠炎病、腐皮病等鲶鱼常见病不得检出
药物残留	氯霉素、孔雀石绿、硝基呋喃类代谢物不得检出

6　检验

6.1　检验资质

由具备国家认定资质条件的水产品质量检验机构检验，并出具检验合格文件。

6.2　检验内容与方法

6.2.1　物种检验

放流苗种犁骨齿带已清晰可辨时，通过分辨犁骨齿带左右分离来判定；规格小且犁骨齿带无法分辨时，以计数臀鳍条数和脊椎骨数来判定，兰州鲶臀鳍鳍条数目 77～86，脊椎骨数目 63～68。

6.2.2　质量检验

质量检验按表 2 的规定执行。

表 2　质量检验内容与方法

检验内容	检验方法
感官质量和可数指标	肉眼观察感官质量，取样混合后统计规格合格率、畸形率、伤残率和死亡率
车轮虫、黏孢子虫、小瓜虫等寄生虫病	按照 SC/T 7014 的方法执行
细菌性烂鳃病、烂尾病、肠炎病、腐皮病	按照 SC/T 7014 的方法执行
氯霉素	按照农业部 958 号公告—14—2007 的方法执行
孔雀石绿	按照 GB/T 20361 的方法执行
硝基呋喃类代谢物	按照农业部 783 号公告—1—2006 的方法执行

6.3　检验规则

6.3.1　时效规则

检验时限应符合以下要求：

a)　增殖放流苗种感官质量、可数指标、病害等应在增殖放流前 7 d 内检验合格；

b)　药物残留检验应在增殖放流前 15 d 内检验合格。

6.3.2　组批规则

以一个增殖放流批次作为一个检验组批。

6.3.3　抽样规则

现场随机抽样，常规质量检验和病害检验每次取样≥50 尾，取样次数≥2 次；药物残留检测取样≥75 g。

6.3.4　判定规则

任一项目检验不合格，则判定该批次苗种不合格，其中物种检验和规格合格率以放流现场检验结果为准。若对判定结果有异议，可重新抽样复检，并以复检结果为准。

7　放流操作

7.1　放流准备

苗种出池放流前，应做好下述准备：

a)　提前 3 d 逐步调整苗种池的水温、pH 等指标达到 SC/T 9401—2010 的规定，放流前停食 1 d；

b)　现场查验苗种质量检验报告和药残检测报告，检验结果和检验内容应符合第 6 章的要求；

c) 现场逐池等量随机捞取苗种累计不少于 50 尾,经测算,规格合格率符合本标准要求;放流包装工具、运输工具齐备,计量工具准确无误。

7.2 质量确认

现场查验放流苗种检验报告,按 6.2.1 的方法判定放流物种;按 SC/T 9401—2010 中第 7 章规定的方法现场随机抽样测算规格合格率;确认苗种质量达标后,方可实施放流。

7.3 包装

7.3.1 包装工具

苗种规格 5 cm～15 cm:内包装为双层无毒塑料袋,外包装为泡沫箱或纸箱等。

苗种规格>15 cm:宜用带充气装置的活水车、帆布桶或塑料桶等。

7.3.2 包装要求

应符合 SC/T 9401—2010 第 8 章的规定,同时在运输水温 12℃～18℃时,5 cm～15 cm 苗种包装密度宜控制在 200 尾/袋～350 尾/袋,15 cm 以上苗种包装密度宜控制在 100 尾/袋～200 尾/袋。

7.4 计数

应按 SC/T 9401—2010 中 9.1.2 和 9.1.3 的规定执行。

7.5 运输

应满足下述要求:

a) 运输使用保温车或带充气装置的活水车,箱内控温 20℃以下,路途中减少剧烈颠簸;

b) 运输时间(包括装卸时间)控制在 4 h 以内;

c) 运输成活率达到 90%以上。

7.6 投放

符合 SC/T 9401—2010 中 11.3.1 的规定,同时满足下述条件:

a) 放流地点选择在水流平缓处;

b) 放流时对苗种包装袋轻拿轻放,以防损伤苗种;

c) 放流时,将包装袋口沿水流方向,让苗种自然游出。

7.7 记录

按照 SC/T 9401—2010 中附录 B 的规定执行,同时满足下述条件:

a) 确认放流记录表填写人员,人员不少于 2 名;

b) 标志放流应填写兰州鲶标志放流验收现场记录表(详见附录 B)。

8 放流资源保护与监测

按 SC/T 9401—2010 中第 12 章的规定执行。

9 效果评价

按 SC/T 9401—2010 中第 13 章的规定执行。

附　录　A
（资料性附录）
兰州鲇增殖放流标志方法

宜采用挂牌标志法，标志鱼体长宜大于 12 cm。标志时，宜避开大风浪，夏季应避开中午高温时段；标志前，可用质量分数为 $1.5×10^{-5}$～$2.0×10^{-5}$ 的丁香酚溶液等进行麻醉；标志后，应对鱼体伤口进行浸泡消毒（宜采用质量分数为 $2.0×10^{-6}$～$5.0×10^{-6}$ 的高锰酸钾浸泡 1 min）。标志工作应由经过培训的熟练人员进行操作。

标志牌宜采用聚乙烯薄片，每片重量不宜超过 0.015 g。标志牌上应标明放流年份（或放流批次）、标明回收单位及电话号码。标志位置在背鳍基后部。

在条件允许的情况下，鼓励使用声学标签标志技术，以研究其移动洄游规律。

附　录　B

（规范性附录）

兰州鲶标志放流验收现场记录表

兰州鲶标志放流验收现场记录表见表B.1。

表 B.1　兰州鲶标志放流验收现场记录表

供苗单位				供苗地点	
放流时间				放流地点	
苗种检验单位				检验时间	
放流规格					
平均全长,cm					
平均体重,g					
放流尾数,尾					
放流数量合计,尾			标记段号		
放流区域水温,℃			标记类型		
组织验收单位					
验收人员					
验收组长					
苗种供应单位现场负责人					
记录人员					

ICS 65.150
B 52

中华人民共和国水产行业标准

SC/T 9609—2020

长江江豚迁地保护技术规范

Technical specification for ex–situ conservation of the
Yangtze finless porpoise

2020-08-26 发布　　　　　　　　　　　　　　2021-01-01 实施

中华人民共和国农业农村部 发布

前　言

本标准按照 GB/T 1.1—2009 给出的规则起草。

请注意本文件的某些内容可能涉及专利。本文件的发布机构不承担识别这些专利的责任。

本标准由农业农村部渔业渔政管理局提出。

本标准由全国水产标准化技术委员会渔业资源分技术委员会(SAC/TC 156/SC 10)归口。

本标准起草单位:中国科学院水生生物研究所、湖北长江天鹅洲白鱀豚国家级自然保护区管理处。

本标准主要起草人:王克雄、王丁、郝玉江、郑劲松、梅志刚、王志陶、龚成、陈宇维。

长江江豚迁地保护技术规范

1 范围

本标准规定了长江江豚(*Neophocaena asiaeorientalis asiaeorientalis*,Pilleri & Gihr 1972)迁地保护的基本条件、种群建立与养护、巡护及档案建立。

本标准适用于自然水域长江江豚迁地保护。

2 规范性引用文件

下列文件对于本文件的应用是必不可少的。凡是注日期的引用文件,仅注日期的版本适用于本文件。凡是不注日期的引用义件,其最新版本(包括所有的修改单)适用于本文件。

GB 3838—2002　地表水环境质量标准

DA/T 42　企业档案工作规范

HJ/T 129　自然保护区管护基础设施建设技术规范

SC/T 9409—2012　水生哺乳动物谱系记录规范

SC/T 9607—2018　水生哺乳动物医疗记录规范

SC/T 9608　鲸类运输操作规程

3 术语和定义

下列术语和定义适用于本文件。

3.1

迁地保护　ex-situ conservation

通过应用人工捕捞、运输、暂养和释放等技术,将长江江豚从当前自然栖息地迁出,并迁入到异地自然水域进行保护,是自然保护的一种方式。

3.2

饵料鱼资源　prey fish resources

迁地保护水域中长江江豚通常捕食的鱼类统称,一般体高小于 7 cm,且体长小于 20 cm,喜栖息于水深较浅的水域。

3.3

长江江豚容纳量　carrying capacity for Yangtze finless porpoise

受迁地保护水域的空间和饵料鱼资源等因素的限制,迁地保护水域中长江江豚可持续生存的最大群体大小。

3.4

奠基者　founder

最初被迁移到某迁地保护水域的长江江豚群体,不超过该水域长江江豚容纳量的50%。

3.5

个体标识　individual identification

借助长江江豚体表的自然特征,或通过人工标志技术进行标志,以便较长期有效地识别长江江豚个体。

3.6

目视观察　visual observation

裸眼或借助望远镜等观察设备,在迁地保护水域范围内观察长江江豚游泳、呼吸、集群、摄食、抚幼等行为的方法。

4 基本条件

4.1 总体要求

迁地保护在长江江豚种群达到"濒危"或"极危"的情况下,宜在具备条件的自然水域中实施。

4.2 水域条件

水域条件符合以下规定:

a) 迁地保护水域宜与长江江豚自然栖息地相似,水质宜符合 GB 3838—2002 表 1 中Ⅱ类地表水环境质量标准,水域周边应有可引入的自然水源。

b) 水域深度宜 3 m～15 m,水域及近岸带应分布水生植物,水域范围内宜有洲滩或边滩,底质应以泥、沙为主。

c) 水域范围内应无定期商业航运和水上游乐设施,水域周边应无大型污染源,水运或陆运交通宜直达迁地保护水域。水域及其周边管护基础设施的建设宜符合 HJ/T 129 中的相关规范要求。

d) 无商业性渔业捕捞和垂钓活动。

4.3 饵料鱼资源条件

饵料鱼资源条件符合以下规定:

a) 鱼类种类应不少于 7 种,其中可作为长江江豚饵料鱼资源的种类应不少于 3 种。

b) 成年长江江豚饵料鱼资源需求量约 1 825 kg/(年·ind.),迁地保护水域长江江豚容纳量宜参考饵料鱼资源需求量[约 1 825 kg/(年·ind.)]和水域中饵料鱼资源生产力(kg/年)合理估算。

按式(1)计算长江江豚容纳量。

$$Cy = \frac{Fp}{Fd} \quad \cdots\cdots\cdots\cdots\cdots\cdots\cdots\cdots\cdots\cdots\cdots\cdots\cdots\cdots\cdots \quad (1)$$

式中:

Cy——长江江豚容纳量,单位为头(ind.);

Fp——饵料鱼资源生产力,单位为千克每年(kg/年);

Fd——饵料鱼资源需求量,单位为千克每年每头[kg/(年·ind.)],取值为 1 825 kg/(年·ind.)。

5 种群建立与养护

5.1 奠基者群体的建立

奠基者群体的建立符合以下规定:

a) 奠基者宜来自自然栖息水域或其他迁地保护水域。

b) 奠基者不宜全部来自于同一迁地保护水域或自然栖息水域的同一区域。

c) 数量应不少于 4 头,宜 8 头～10 头,其中有孕产经历的个体宜 1 头～2 头,个体间应无近亲关系。

d) 宜选择亚成年和成年个体,雌雄比宜为 1∶1,亚成年和成年个体比例宜为 1∶1。

e) 迁移之前的第 3 天～第 5 天,应接受体检和进行个体标识,体检内容应符合 SC/T 9607—2018 附录 A 中表 A.1～表 A.5。体检和个体标识记录内容见附录 A 中表 A.1。遗传档案记录应符合 SC/T 9409—2012 的规定。

f) 运输应符合 SC/T 9608 中相关规程。

g) 释放后,应立即在释放点及附近水域连续目视观察不少于 30 min,目视观察人员宜 2 人～3 人。

h) 一旦发现动物行为异常,应实施捕捞和救护。

5.2 个体补充

个体补充应符合以下规定:

a) 种群数量达到长江江豚容纳量 50% 前,宜从其他迁地保护水域或自然栖息水域输入个体。

b) 输入个体应与现有个体无近亲关系。

c) 个体输入应按 5.1 中 d)～g)步骤执行。

5.3 种群普查和抽查

种群普查和抽查符合以下规定：

a) 每隔 5 年或在种群及环境发生较大风险时，应对种群进行普查或进行局部抽查。

b) 普查或抽查宜于 2 月～3 月开展。

c) 普查或抽查持续时间应不超过 7 d。

d) 普查或抽查中的体检内容应符合 SC/T 9607—2018 附录 A 中表 A.1～表 A.5 的规定。普查或抽查记录内容见附录 B 中表 B.1。遗传档案记录应符合 SC/T 9409—2012 的规定。

e) 普查或抽查结束后 7 d 内，应在水域范围内开展观察，及时发现长江江豚异常并采取相应措施予以解决。

5.4 个体输出

个体输出符合以下规定：

a) 种群数量达到长江江豚容纳量前，在不影响种群持续繁衍的前提下，应向其他迁地保护水域或自然栖息水域输出个体。

b) 新生、幼龄、妊娠、哺乳、受伤个体不宜输出。个体输出宜与种群普查或抽查同期进行。

c) 输出个体的体检内容应符合 SC/T 9607—2018 附录 A 中表 A.1～表 A.5。输出个体记录内容见附录 B 中表 B.1。遗传档案记录应符合 SC/T 9409—2012 的规定。

d) 运输应符合 SC/T 9608 中相关规程。

6 巡护及档案建立

6.1 巡护

巡护的时间和内容符合以下规定：

a) 每月应巡护观察 1 次～2 次，每次巡护应覆盖整个水域和近岸带区域。

b) 巡护观察时宜距岸 200 m 航行，速度宜 7 km/h～8 km/h。

c) 巡护观察人员应包括 2 名～3 名目视观察人员。巡护观察记录内容见附录 C 中表 C.1。

6.2 档案建立

档案建立应符合以下规定：

a) 环境和资源档案应包括水文及水质资料、鱼类及渔业资料、船舶及航运资料、水上和近岸带建设工程资料。

b) 种群档案应包括奠基者和输入个体体检及标识记录表、普查或抽查种群记录表、体检原始数据、遗传分析原始数据、照片和视频资料。

c) 巡护和观察档案应包括巡护和目视观察记录表、相关事件背景说明、相关事件调查和处置说明。

d) 科研和社会活动档案应包括申报和审批文件、科研和社会活动总结、科研成果和媒体报道、照片和影视资料、科研原始数据。

e) 记录档案应同时记录纸质文档和电子文档。

f) 记录档案保管期限应为永久保存，保管条件应符合 DA/T 42 的相关规范。

附　录　A
（规范性附录）
奠基者和输入个体体检及标识记录表

表 A.1 给出了奠基者和输入个体体检及标识记录表。

表 A.1　奠基者和输入个体体检及标识记录表

奠基者□　输入个体□			捕捞挑选□　救护康复□　繁育释放□　其他来源□			
个体编号		体检日期		体检时间		记录人	
体检人员				采样人员			
捕捞日期				捕捞时间			
捕捞水域				暂养水域			
性别,M/F		体长,cm		最大体围,cm		体重,kg	
身体外观							
个体类别	新生□　幼年□		亚成年□　成年□　老年□			妊娠□　哺乳□	
血样编号		粪样编号		乳汁样编号		鼻道样编号	
其他样1名称				其他样1编号			
其他样2名称				其他样2编号			
其他样3名称				其他样3编号			
标识类型				标识编码			
照片编号							
视频编号							
体检档案号							
遗传档案号[a]							
其他事项							
复核人				复核日期			
[a]　遗传档案记录应符合 SC/T 9409—2012 的规定。							

附 录 B
（规范性附录）
迁地保护水域种群记录表

表 B.1 给出了迁地保护水域种群记录表。

表 B.1 迁地保护水域种群记录表

个体编号		调查日期		调查时间		记录人	
调查类别	□普查		□抽样	调查水域			
体检人员				采样人员			
新增标识	□是		□否	新增个体		□是	□否
标识类型				标识编码			
性别,M/F		体长,cm		最大体围,cm		体重,kg	
身体外观							
个体类别	新生□ 幼年□ 亚成年□ 成年□ 老年□					妊娠□ 哺乳□	
血样编号		粪样编号		乳汁样编号		鼻道样编号	
其他样1名称				其他样1编号			
其他样2名称				其他样2编号			
其他样3名称				其他样3编号			
照片编号							
视频编号							
体检档案号							
遗传档案号ᵃ							
输出日期				输出地点			
其他事项							
复核人				复核日期			
ᵃ 遗传档案记录应符合 SC/T 9409—2012 的规定。							

附　录　C
（规范性附录）
迁地保护水域巡护观察记录表

表 C.1 给出了迁地保护水域巡护观察记录表。

表 C.1　迁地保护水域巡护观察记录表

记录编号		巡护日期		天气情况	
船舶名称		观察人员		记录人	
基本器材	望远镜☐　测距仪☐　测深仪☐　GPS仪☐　照相机☐　角度盘☐				
其他器材			附加说明		
记录时间[a]	事件代码[b]	GPS位点编号[c]	时钟方位[d]	离船直线距离[e],m	备注[f]
...					
复核人			复核日期		

[a]　记录时间：目击或观察到某一事件的时间。

[b]　事件代码及其说明：

　　[10]开始巡护：巡护观察开始；　　　　　　[20]长江江豚：目击到长江江豚,亦含受伤或死亡个体；

　　[30]船舶航行：目击到航行中的船舶；　　　[40]网具渔业：目击到网具作业的渔业活动；

　　[50]垂钓渔业：目击到垂钓渔业活动；　　　[60]洲滩围垦：目击到围垦洲滩的活动；

　　[70]涉水工程：目击到涉水工程活动；　　　[80]种植养殖：目击到种植或养殖活动；

　　[90]局部水华：观察到局部水华现象；　　　[A0]鱼类死亡：观察到鱼类批量死亡现象；

　　[B0]污水排入：观察到污水排入；　　　　　[C0]引水灌溉：观察到向外引水灌溉；

　　[D0]水面结冰：观察到水域结冰现象；　　　[E0]其他事件：需在"备注"栏详述；

　　[F0]结束巡护：巡护观察和记录结束。

[c]　GPS位点编号：在GPS仪上的连续编号。

[d]　时钟方位：12点为船头正前方,03点为船头右侧,06点为船尾正后方,09点为船头左侧。

[e]　离船直线距离：事件的位置距船头之间的直线距离（估计值）,单位为m。

[f]　备注：对目击事件作更详细的说明或补充描述,以及其他需要说明的事项。

附录

中华人民共和国农业农村部公告
第 281 号

　　《小麦孢囊线虫鉴定和监测技术规程》等 95 项标准业经专家审定通过,现批准发布为中华人民共和国农业行业标准,自 2020 年 7 月 1 日起实施。

　　特此公告。

　　附件:《小麦孢囊线虫鉴定和监测技术规程》等 95 项农业行业标准目录

农业农村部

2020 年 3 月 20 日

附件：

《小麦孢囊线虫鉴定和监测技术规程》等 95 项农业行业标准目录

序号	标准号	标准名称	代替标准号
1	NY/T 3533—2020	小麦孢囊线虫鉴定和监测技术规程	
2	NY/T 3534—2020	棉花抗旱性鉴定技术规程	
3	NY/T 3535—2020	棉花耐盐性鉴定技术规程	
4	NY/T 3536—2020	甘薯主要病虫害综合防控技术规程	
5	NY/T 3537—2020	甘薯脱毒种薯（苗）生产技术规程	
6	NY/T 3538—2020	老茶园改造技术规范	
7	NY/T 3539—2020	叶螨抗药性监测技术规程	
8	NY/T 3540—2020	油菜种子产地检疫规程	
9	NY/T 3541—2020	红火蚁专业化防控技术规程	
10	NY/T 3542.1—2020	释放赤眼蜂防治害虫技术规程　第 1 部分：水稻田	
11	NY/T 3543—2020	小麦田看麦娘属杂草抗药性监测技术规程	
12	NY/T 3544—2020	烟粉虱测报技术规范　露地蔬菜	
13	NY/T 3545—2020	棉蓟马测报技术规范	
14	NY/T 3546—2020	玉米大斑病测报技术规范	
15	NY/T 3547—2020	玉米田棉铃虫测报技术规范	
16	NY/T 3548—2020	水果中黄酮醇的测定　液相色谱-质谱联用法	
17	NY/T 3549—2020	柑橘大实蝇防控技术规程	
18	NY/T 3550—2020	浆果类水果良好农业规范	
19	NY/T 3551—2020	蝗虫孳生区数字化勘测技术规范	
20	NY/T 3552—2020	大量元素水溶肥料田间试验技术规范	
21	NY/T 3553—2020	华北平原冬小麦微喷带水肥一体化技术规程	
22	NY/T 3554—2020	春玉米滴灌水肥一体化技术规程	
23	NY/T 3555—2020	番茄溃疡病综合防控技术规程	
24	NY/T 3556—2020	粮谷中硒代半胱氨酸和硒代蛋氨酸的测定　液相色谱-电感耦合等离子体质谱法	
25	NY/T 3557—2020	畜禽中农药代谢试验准则	
26	NY/T 3558—2020	畜禽中农药残留试验准则	
27	NY/T 3559—2020	小麦孢囊线虫综合防控技术规程	
28	NY/T 3560—2020	茶树菇生产技术规程	
29	NY/T 3561—2020	东北春玉米秸秆深翻还田技术规程	
30	NY/T 523—2020	专用籽粒玉米和鲜食玉米	NY/T 524—2002、NY/T 521—2002、NY/T 597—2002、NY/T 523—2002、NY/T 520—2002、NY/T 522—2002、NY/T 690—2003

（续）

序号	标准号	标准名称	代替标准号
31	NY/T 3562—2020	藤茶生产技术规程	
32	NY/T 3563.1—2020	老果园改造技术规范　第1部分:苹果	
33	NY/T 3563.2—2020	老果园改造技术规范　第2部分:柑橘	
34	NY/T 3564—2020	水稻稻曲病菌毒素的测定　液相色谱-质谱法	
35	NY/T 3565—2020	植物源食品中有机锡残留量的检测方法　气相色谱-质谱法	
36	NY/T 3566—2020	粮食作物中脂肪酸含量的测定　气相色谱法	
37	NY/T 3567—2020	棉花耐渍涝性鉴定技术规程	
38	NY/T 3568—2020	小麦品种抗禾谷孢囊线虫鉴定技术规程	
39	NY/T 3569—2020	山药、芋头储藏保鲜技术规程	
40	NY/T 3570—2020	多年生蔬菜储藏保鲜技术规程	
41	NY/T 3263.2—2020	主要农作物蜜蜂授粉及病虫害综合防控技术规程　第2部分:大田果树(苹果、樱桃、梨、柑橘)	
42	NY/T 3263.3—2020	主要农作物蜜蜂授粉及病虫害综合防控技术规程　第3部分:油料作物(油菜、向日葵)	
43	NY/T 3571—2020	芦笋茎枯病抗性鉴定技术规程	
44	NY/T 3572—2020	右旋苯醚菊酯原药	
45	NY/T 3573—2020	棉隆原药	
46	NY/T 3574—2020	肟菌酯原药	
47	NY/T 3575—2020	肟菌酯悬浮剂	
48	NY/T 3576—2020	丙草胺原药	
49	NY/T 3577—2020	丙草胺乳油	
50	NY/T 3578—2020	除虫脲原药	
51	NY/T 3579—2020	除虫脲可湿性粉剂	
52	NY/T 3580—2020	砜嘧磺隆原药	
53	NY/T 3581—2020	砜嘧磺隆水分散粒剂	
54	NY/T 3582—2020	呋虫胺原药	
55	NY/T 3583—2020	呋虫胺悬浮剂	
56	NY/T 3584—2020	呋虫胺水分散粒剂	
57	NY/T 3585—2020	氟啶胺原药	
58	NY/T 3586—2020	氟啶胺悬浮剂	
59	NY/T 3587—2020	咯菌腈原药	
60	NY/T 3588—2020	咯菌腈种子处理悬浮剂	
61	NY/T 3589—2020	颗粒状药肥技术规范	
62	NY/T 3590—2020	棉隆颗粒剂	
63	NY/T 3591—2020	五氟磺草胺原药	
64	NY/T 3592—2020	五氟磺草胺可分散油悬浮剂	
65	NY/T 3593—2020	苄嘧磺隆·二氯喹啉酸可湿性粉剂	HG/T 3886—2006
66	NY/T 3594—2020	精喹禾灵原药	HG/T 3761—2004
67	NY/T 3595—2020	精喹禾灵乳油	HG/T 3762—2004

（续）

序号	标准号	标准名称	代替标准号
68	NY/T 3596—2020	硫磺悬浮剂	HG/T 2316—1992
69	NY/T 3597—2020	三乙膦酸铝原药	HG/T 3296—2001
70	NY/T 3598—2020	三乙膦酸铝可湿性粉剂	HG/T 3297—2001
71	NY/T 3599.1—2020	从养殖到屠宰全链条兽医卫生追溯监管体系建设技术规范　第1部分:代码规范	
72	NY/T 3599.2—2020	从养殖到屠宰全链条兽医卫生追溯监管体系建设技术规范　第2部分:数据字典	
73	NY/T 3599.3—2020	从养殖到屠宰全链条兽医卫生追溯监管体系建设技术规范　第3部分:数据集模型	
74	NY/T 3599.4—2020	从养殖到屠宰全链条兽医卫生追溯监管体系建设技术规范　第4部分:数据交换格式	
75	NY/T 3365—2020	畜禽屠宰加工设备　猪胴体输送轨道	NY/T 3365—2018 (SB/T 10495—2008)
76	NY/T 3600—2020	环氧化天然橡胶	
77	NY/T 3601—2020	火龙果等级规格	
78	NY/T 3602—2020	澳洲坚果质量控制技术规程	
79	NY/T 3603—2020	热带作物病虫害防治技术规程　咖啡黑枝小蠹	
80	NY/T 3604—2020	辣木叶粉	
81	NY/T 3605—2020	剑麻纤维制品　水溶酸和盐含量的测定	
82	NY/T 3606—2020	地理标志农产品品质鉴定与质量控制技术规范　谷物类	
83	NY/T 3607—2020	农产品中生氰糖苷的测定　液相色谱-串联质谱法	
84	NY/T 3608—2020	畜禽骨胶原蛋白含量测定方法　分光光度法	
85	NY/T 3609—2020	食用血粉	
86	NY/T 3610—2020	干红辣椒质量分级	
87	NY/T 3611—2020	甘薯全粉	
88	NY/T 3612—2020	序批式厌氧干发酵沼气工程设计规范	
89	NY/T 3613—2020	农业外来入侵物种监测评估中心建设规范	
90	NY/T 3614—2020	能源化利用秸秆收储站建设规范	
91	NY/T 3615—2020	种蜂场建设规范	
92	NY/T 3616—2020	水产养殖场建设规范	
93	NY/T 3617—2020	牧区牲畜暖棚建设规范	
94	NY/T 3618—2020	生物炭基有机肥料	
95	NY/T 3619—2020	设施蔬菜根结线虫病防治技术规程	

中华人民共和国农业农村部公告
第 282 号

　　《饲料中炔雌醇等 8 种雌激素类药物的测定　液相色谱-串联质谱法》等 2 项标准业经专家审定通过，现批准发布为中华人民共和国国家标准，自 2020 年 7 月 1 日起实施。

　　特此公告。

　　附件:《饲料中炔雌醇等 8 种雌激素类药物的测定　液相色谱-串联质谱法》等 2 项国家标准目录

农业农村部

2020 年 3 月 20 日

附件：

《饲料中炔雌醇等 8 种雌激素类药物的测定　液相色谱-串联质谱法》等 2 项国家标准目录

序号	标准号	标准名称	代替标准号
1	农业农村部公告第 282 号—1—2020	饲料中炔雌醇等 8 种雌激素类药物的测定　液相色谱-串联质谱法	
2	农业农村部公告第 282 号—2—2020	饲料中土霉素、四环素、金霉素、多西环素的测定	

中华人民共和国农业农村部公告

第 316 号

《饲料中甲丙氨酯的测定　液相色谱-串联质谱法》等 8 项标准业经专家审定通过,现批准发布为中华人民共和国国家标准,自 2020 年 11 月 1 日起实施。

特此公告。

附件:《饲料中甲丙氨酯的测定　液相色谱-串联质谱法》等 8 项国家标准目录

农业农村部

2020 年 7 月 17 日

附件：

《饲料中甲丙氨酯的测定　液相色谱-串联质谱法》等8项国家标准目录

序号	标准号	标准名称	代替标准号
1	农业农村部公告第316号—1—2020	饲料中甲丙氨酯的测定　液相色谱-串联质谱法	
2	农业农村部公告第316号—2—2020	饲料中盐酸氯苯胍的测定　高效液相色谱法	NY/T 910—2004
3	农业农村部公告第316号—3—2020	饲料中泰妙菌素的测定　高效液相色谱法	
4	农业农村部公告第316号—4—2020	饲料中克百威、杀虫脒和双甲脒的测定　液相色谱-串联质谱法	
5	农业农村部公告第316号—5—2020	饲料中17种头孢菌素类药物的测定　液相色谱-串联质谱法	
6	农业农村部公告第316号—6—2020	饲料中乙氧酰胺苯甲酯的测定　高效液相色谱法	
7	农业农村部公告第316号—7—2020	饲料中赛地卡霉素的测定　液相色谱-串联质谱法	
8	农业农村部公告第316号—8—2020	饲料中他唑巴坦的测定　液相色谱-串联质谱法	

中华人民共和国农业农村部公告
第 319 号

《绿色食品　农药使用准则》等 75 项标准业经专家审定通过,现批准发布为中华人民共和国农业行业标准,自 2020 年 11 月 1 日起实施。

特此公告。

附件:《绿色食品　农药使用准则》等 75 项农业行业标准目录

农业农村部
2020 年 7 月 27 日

附　录

附件：

《绿色食品　农药使用准则》等75项农业行业标准目录

序号	标准号	标准名称	代替标准号
1	NY/T 393—2020	绿色食品　农药使用准则	NY/T 393—2013
2	NY/T 3620—2020	农业用硫酸钾镁及使用规程	
3	NY/T 3621—2020	油菜根肿病抗性鉴定技术规程	
4	NY/T 3622—2020	马铃薯抗马铃薯 Y 病毒病鉴定技术规程	
5	NY/T 3623—2020	马铃薯抗南方根结线虫病鉴定技术规程	
6	NY/T 3624—2020	水稻穗腐病抗性鉴定技术规程	
7	NY/T 3625—2020	稻曲病抗性鉴定技术规程	
8	NY/T 3626—2020	西瓜抗枯萎病鉴定技术规程	
9	NY/T 3627—2020	香菇菌棒集约化生产技术规程	
10	NY/T 3628—2020	设施葡萄栽培技术规程	
11	NY/T 3629—2020	马铃薯黑胫病和软腐病菌 PCR 检测方法	
12	NY/T 3630.1—2020	农药利用率田间测定方法　第 1 部分:大田作物茎叶喷雾的农药沉积利用率测定方法　诱惑红指示剂法	
13	NY/T 3631—2020	茶叶中可可碱和茶碱含量的测定　高效液相色谱法	
14	NY/T 3632—2020	油菜农机农艺结合生产技术规程	
15	NY/T 3633—2020	双低油菜轻简化高效生产技术规程	
16	NY/T 3634—2020	春播玉米机收籽粒生产技术规程	
17	NY/T 2268—2020	农业用改性硝酸铵及使用规程	NY 2268—2012
18	NY/T 2269—2020	农业用硝酸铵钙及使用规程	NY 2269—2012
19	NY/T 2670—2020	尿素硝酸铵溶液及使用规程	NY 2670—2015
20	NY/T 1202—2020	豆类蔬菜储藏保鲜技术规程	NY/T 1202—2006
21	NY/T 1203—2020	茄果类蔬菜储藏保鲜技术规程	NY/T 1203—2006
22	NY/T 1107—2020	大量元素水溶肥料	NY 1107—2010
23	NY/T 3635—2020	释放捕食螨防治害虫(螨)技术规程　设施蔬菜	
24	NY/T 3636—2020	腐烂茎线虫疫情监测与防控技术规程	
25	NY/T 3637—2020	蔬菜蓟马类害虫综合防治技术规程	
26	NY/T 3638—2020	直播油菜生产技术规程	
27	NY/T 3639—2020	中华猕猴桃品种鉴定　SSR 分子标记法	
28	NY/T 3640—2020	葡萄品种鉴定　SSR 分子标记法	
29	NY/T 3641—2020	欧洲甜樱桃品种鉴定　SSR 分子标记法	
30	NY/T 3642—2020	桃品种鉴定　SSR 分子标记法	
31	NY/T 3643—2020	晋汾白猪	
32	NY/T 3644—2020	苏淮猪	
33	NY/T 3645—2020	黄羽肉鸡营养需要量	
34	NY/T 3646—2020	奶牛性控冻精人工授精技术规范	
35	NY/T 3647—2020	草食家畜羊单位换算	
36	NY/T 3648—2020	草地植被健康监测评价方法	

（续）

序号	标准号	标准名称	代替标准号
37	NY/T 823—2020	家禽生产性能名词术语和度量计算方法	NY/T 823—2004
38	NY/T 1170—2020	苜蓿干草捆	NY/T 1170—2006
39	NY/T 3649—2020	莆田黑鸭	
40	NY/T 3650—2020	苏尼特羊	
41	NY/T 3651—2020	肉鸽生产性能测定技术规范	
42	NY/T 3652—2020	种猪个体记录	NY/T 2—1982
43	NY/T 3653—2020	通城猪	
44	NY/T 3654—2020	鲟鱼配合饲料	
45	NY/T 3655—2020	饲料中 N-羟甲基蛋氨酸钙的测定	
46	NY/T 3656—2020	饲料原料　葡萄糖胺盐酸盐	
47	SC/T 1149　2020	大水面增养殖容量计算方法	
48	SC/T 6103—2020	渔业船舶船载天通卫星终端技术规范	
49	SC/T 2031—2020	大菱鲆配合饲料	SC/T 2031—2004
50	NY/T 1144—2020	畜禽粪便干燥机　质量评价技术规范	NY/T 1144—2006
51	NY/T 1004—2020	秸秆粉碎还田机　质量评价技术规范	NY/T 1004—2006
52	NY/T 1875—2020	联合收获机报废技术条件	NY/T 1875—2010
53	NY/T 363—2020	种子除芒机　质量评价技术规范	NY/T 363—1999
54	NY/T 366—2020	种子分级机　质量评价技术规范	NY/T 366—1999
55	NY/T 375—2020	种子包衣机　质量评价技术规范	NY/T 375—1999
56	NY/T 989—2020	水稻栽植机械　作业质量	NY/T 989—2006
57	NY/T 738—2020	大豆联合收割机　作业质量	NY/T 738—2003
58	NY/T 991—2020	牧草收获机械　作业质量	NY/T 991—2006
59	NY/T 507—2020	耙浆平地机　质量评价技术规范	NY/T 507—2002
60	NY/T 3657—2020	温室植物补光灯　质量评价技术规范	
61	NY/T 3658—2020	水稻全程机械化生产技术规范	
62	NY/T 3659—2020	黄河流域棉区棉花全程机械化生产技术规范	
63	NY/T 3660—2020	花生播种机　作业质量	
64	NY/T 3661—2020	花生全程机械化生产技术规范	
65	NY/T 3662—2020	大豆全程机械化生产技术规范	
66	NY/T 3663—2020	水稻种子催芽机　质量评价技术规范	
67	NY/T 3664—2020	手扶式茎叶类蔬菜收获机　质量评价技术规范	
68	NY/T 3665—2020	农业环境损害鉴定调查技术规范	
69	NY/T 3666—2020	农业化学品包装物田间收集池建设技术规范	
70	NY/T 3667—2020	生态农场评价技术规范	
71	NY/T 3668—2020	替代控制外来入侵植物技术规范	
72	NY/T 3669—2020	外来草本植物安全性评估技术规范	
73	NY/T 3670—2020	密集养殖区畜禽粪便收集站建设技术规范	
74	NY/T 3671—2020	设施菜地敞棚休闲期硝酸盐污染防控技术规范	
75	NY/T 3672—2020	生物炭检测方法通则	

中华人民共和国农业农村部公告
第 323 号

　　《转基因植物及其产品成分检测　番木瓜内标准基因定性 PCR 方法》等 29 项标准业经专家审定通过,现批准发布为中华人民共和国国家标准,自 2020 年 11 月 1 日起实施。
　　特此公告。

　　附件:《转基因植物及其产品成分检测　番木瓜内标准基因定性 PCR 方法》等 29 项国家标准目录

农业农村部

2020 年 8 月 4 日

附件：

《转基因植物及其产品成分检测　番木瓜内标准基因定性 PCR 方法》等 29 项国家标准目录

序号	标准号	标准名称	代替标准号
1	农业农村部公告第 323 号—1—2020	转基因植物及其产品成分检测　番木瓜内标准基因定性 PCR 方法	
2	农业农村部公告第 323 号—2—2020	转基因植物及其产品成分检测　耐除草剂油菜MS8×RF3 及其衍生品种定性 PCR 方法	农业部 869 号公告—5—2007
3	农业农村部公告第 323 号—3—2020	转基因植物及其产品成分检测　耐除草剂玉米 CC-2 及其衍生品种定性 PCR 方法	
4	农业农村部公告第 323 号—4—2020	转基因植物及其产品成分检测　耐除草剂棉花 MON88701 及其衍生品种定性 PCR 方法	
5	农业农村部公告第 323 号—5—2020	转基因植物及其产品成分检测　抗虫大豆 MON87751 及其衍生品种定性 PCR 方法	
6	农业农村部公告第 323 号—6—2020	转基因植物及其产品成分检测　油菜标准物质原材料繁殖与鉴定技术规范	
7	农业农村部公告第 323 号—7—2020	转基因植物及其产品成分检测　大豆标准物质原材料繁殖与鉴定技术规范	
8	农业农村部公告第 323 号—8—2020	转基因植物及其产品成分检测　质粒 DNA 标准物质制备技术规范	
9	农业农村部公告第 323 号—9—2020	转基因植物及其产品成分检测　环介导等温扩增方法制定指南	
10	农业农村部公告第 323 号—10—2020	转基因植物及其产品成分检测　耐除草剂大豆 GTS40-3-2 及其衍生品种定量 PCR 方法	
11	农业农村部公告第 323 号—11—2020	转基因植物及其产品成分检测　品质改良苜蓿 KK179 及其衍生品种定性 PCR 方法	
12	农业农村部公告第 323 号—12—2020	转基因植物及其产品成分检测　耐除草剂玉米 G1105E-823C 及其衍生品种定性 PCR 方法	
13	农业农村部公告第 323 号—13—2020	转基因植物及其产品成分检测　cry1A 基因定性 PCR 方法	
14	农业农村部公告第 323 号—14—2020	转基因植物及其产品成分检测　耐除草剂玉米 C0010.1.3 及其衍生品种定性 PCR 方法	
15	农业农村部公告第 323 号—15—2020	转基因植物及其产品成分检测　耐除草剂玉米 C0010.3.1 及其衍生品种定性 PCR 方法	
16	农业农村部公告第 323 号—16—2020	转基因植物及其产品成分检测　抗虫耐除草剂玉米 GH5112E-117C 及其衍生品种定性 PCR 方法	
17	农业农村部公告第 323 号—17—2020	转基因植物及其产品成分检测　抗虫耐除草剂玉米 C0030.2.4 及其衍生品种定性 PCR 方法	
18	农业农村部公告第 323 号—18—2020	转基因植物及其产品成分检测　抗虫耐除草剂玉米 C0030.2.5 及其衍生品种定性 PCR 方法	
19	农业农村部公告第 323 号—19—2020	转基因植物及其产品成分检测　抗环斑病毒番木瓜 YK16-0-1 及其衍生品种定性 PCR 方法	
20	农业农村部公告第 323 号—20—2020	转基因植物及其产品成分检测　耐除草剂大豆 ZH10-6 及其衍生品种定性 PCR 方法	
21	农业农村部公告第 323 号—21—2020	转基因植物及其产品成分检测　数字 PCR 方法制定指南	
22	农业农村部公告第 323 号—22—2020	转基因植物及其产品成分检测　水稻标准物质原材料繁殖与鉴定技术规范	
23	农业农村部公告第 323 号—23—2020	转基因动物试验安全控制措施　第 1 部分：畜禽	

（续）

序号	标准号	标准名称	代替标准号
24	农业农村部公告第 323 号—24—2020	转基因生物良好实验室操作规范 第 3 部分:食用安全检测	
25	农业农村部公告第 323 号—25—2020	转基因植物及其产品环境安全检测 耐除草剂苜蓿 第 1 部分:除草剂耐受性	
26	农业农村部公告第 323 号—26—2020	转基因生物及其产品食用安全检测 外源蛋白质大鼠 28 d 经口毒性试验	
27	农业农村部公告第 323 号—27—2020	转基因植物及其产品食用安全检测 大鼠 90 d 喂养试验	NY/T 1102—2006
28	农业农村部公告第 323 号—28—2020	转基因生物及其产品食用安全检测 抗营养因子 马铃薯中龙葵碱检测方法 液相色谱质谱法	
29	农业农村部公告第 323 号—29—2020	转基因生物及其产品食用安全检测 抗营养因子 番木瓜中异硫氰酸苄酯和草酸的测定	

中华人民共和国农业农村部公告
第 329 号

《植物油料中角鲨烯含量的测定》等 142 项标准业经专家审定通过,现批准发布为中华人民共和国农业行业标准,自 2021 年 1 月 1 日起实施。

特此公告。

农业农村部

2020 年 8 月 26 日

附件：

《植物油料中角鲨烯含量的测定》等 142 项农业行业标准目录

序号	标准号	标准名称	代替标准号
1	NY/T 3673—2020	植物油料中角鲨烯含量的测定	
2	NY/T 3674—2020	油菜薹中莱菔硫烷含量的测定　液相色谱串联质谱法	
3	NY/T 3675—2020	红茶中茶红素和茶褐素含量的测定　分光光度法	
4	NY/T 3676—2020	灵芝中总三萜含量的测定　分光光度法	
5	NY/T 3677—2020	家蚕微孢子虫荧光定量 PCR 检测方法	
6	NY/T 3678—2020	土壤田间持水量的测定　围框淹灌仪器法	
7	NY/T 1732—2020	桑蚕品种鉴定方法	NY/T 1732—2009
8	NY/T 3679—2020	高油酸花生筛查技术规程　近红外法	
9	NY/T 3680—2020	西花蓟马抗药性监测技术规程　叶管药膜法	
10	NY/T 3681—2020	大豆麦茬免耕覆秸精量播种技术规程	
11	NY/T 3682—2020	棉花脱叶催熟剂喷施作业技术规程	
12	NY/T 3683—2020	半匍匐型花生栽培技术规程	
13	NY/T 3684—2020	矮砧苹果栽培技术规程	
14	NY/T 3685—2020	水稻稻瘟病抗性田间监测技术规程	
15	NY/T 3686—2020	昆虫性信息素防治技术规程　水稻鳞翅目害虫	
16	NY/T 3687—2020	藜麦栽培技术规程	
17	NY/T 3688—2020	小麦田阔叶杂草抗药性监测技术规程	
18	NY/T 3689—2020	苹果主要叶部病害综合防控技术规程　褐斑病	
19	NY/T 3690—2020	棉花黄萎病防治技术规程	
20	NY/T 3691—2020	粮油作物产品中黄曲霉鉴定技术规程	
21	NY/T 3692—2020	水稻耐盐性鉴定技术规程	
22	NY/T 3693—2020	百合枯萎病抗性鉴定技术规程	
23	NY/T 3694—2020	东北黑土区旱地肥沃耕层构建技术规程	
24	NY/T 3695—2020	长江流域棉花麦（油）后直播种植技术规程	
25	NY/T 3696—2020	设施蔬菜水肥一体化技术规范	
26	NY/T 3697—2020	农用诱虫灯应用技术规范	
27	NY/T 3698—2020	农作物病虫测报观测场建设规范	
28	NY/T 3699—2020	玉米蚜虫测报技术规范	
29	NY/T 3700—2020	棉花黄萎病测报技术规范	
30	NY/T 3701—2020	耕地质量长期定位监测点布设规范	
31	NY/T 3702—2020	耕地质量信息分类与编码	
32	NY/T 3703—2020	柑橘无病毒容器育苗设施建设规范	
33	NY/T 3704—2020	果园有机肥施用技术指南	
34	NY/T 3705—2020	鲜食大豆品种品质	
35	NY/T 3706—2020	百合切花等级规格	
36	NY/T 3707—2020	非洲菊切花等级规格	
37	NY/T 321—2020	月季切花等级规格	NY/T 321—1997
38	NY/T 322—2020	唐菖蒲切花等级规格	NY/T 322—1997
39	NY/T 323—2020	菊花切花等级规格	NY/T 323—1997
40	NY/T 324—2020	满天星切花等级规格	NY/T 324—1997

（续）

序号	标准号	标准名称	代替标准号
41	NY/T 325—2020	香石竹切花等级规格	NY/T 325—1997
42	NY/T 3708—2020	植物品种特异性（可区别性）、一致性和稳定性测试指南 球根鸢尾	
43	NY/T 3709—2020	植物品种特异性（可区别性）、一致性和稳定性测试指南 无髯鸢尾	
44	NY/T 3710—2020	植物品种特异性（可区别性）、一致性和稳定性测试指南 天竺葵属	
45	NY/T 3711—2020	植物品种特异性（可区别性）、一致性和稳定性测试指南 六出花	
46	NY/T 3712—2020	植物品种特异性（可区别性）、一致性和稳定性测试指南 香雪兰属	
47	NY/T 3713—2020	植物品种特异性（可区别性）、一致性和稳定性测试指南 真姬菇	
48	NY/T 3714—2020	植物品种特异性（可区别性）、一致性和稳定性测试指南 蛹虫草	
49	NY/T 3715—2020	植物品种特异性（可区别性）、一致性和稳定性测试指南 长根菇	
50	NY/T 3716—2020	植物品种特异性（可区别性）、一致性和稳定性测试指南 金针菇	
51	NY/T 3717—2020	植物品种特异性（可区别性）、一致性和稳定性测试指南 猴头菌	
52	NY/T 3718—2020	植物品种特异性（可区别性）、一致性和稳定性测试指南 糙皮侧耳	
53	NY/T 3719—2020	植物品种特异性（可区别性）、一致性和稳定性测试指南 果梅	
54	NY/T 3720—2020	植物品种特异性（可区别性）、一致性和稳定性测试指南 牛大力	
55	NY/T 3721—2020	植物品种特异性（可区别性）、一致性和稳定性测试指南 地涌金莲属	
56	NY/T 3722—2020	植物品种特异性（可区别性）、一致性和稳定性测试指南 假俭草	
57	NY/T 3723—2020	植物品种特异性（可区别性）、一致性和稳定性测试指南 姜花属	
58	NY/T 3724—2020	植物品种特异性（可区别性）、一致性和稳定性测试指南 栝楼（瓜蒌）	
59	NY/T 3725—2020	植物品种特异性（可区别性）、一致性和稳定性测试指南 砂仁	
60	NY/T 3726—2020	植物品种特异性（可区别性）、一致性和稳定性测试指南 松果菊属	
61	NY/T 3727—2020	植物品种特异性（可区别性）、一致性和稳定性测试指南 线纹香茶菜	
62	NY/T 3728—2020	植物品种特异性（可区别性）、一致性和稳定性测试指南 淫羊藿属	
63	NY/T 3729—2020	植物品种特异性（可区别性）、一致性和稳定性测试指南 毛木耳	
64	NY/T 3730—2020	植物品种特异性（可区别性）、一致性和稳定性测试指南 莲瓣兰	
65	NY/T 3731—2020	植物品种特异性（可区别性）、一致性和稳定性测试指南 长寿花	
66	NY/T 3732—2020	植物品种特异性（可区别性）、一致性和稳定性测试指南 白鹤芋	

附　录

（续）

序号	标准号	标准名称	代替标准号
67	NY/T 3733—2020	植物品种特异性（可区别性）、一致性和稳定性测试指南　香草兰	
68	NY/T 3734—2020	植物品种特异性（可区别性）、一致性和稳定性测试指南　有髯鸢尾	
69	NY/T 3735—2020	植物品种特异性（可区别性）、一致性和稳定性测试指南　芡实	
70	NY/T 3736—2020	植物品种特异性（可区别性）、一致性和稳定性测试指南　美味扇菇	
71	NY/T 3737—2020	植物品种特异性（可区别性）、一致性和稳定性测试指南　榆耳	
72	NY/T 3738—2020	植物品种特异性（可区别性）、一致性和稳定性测试指南　黄麻	
73	NY/T 3739—2020	植物品种特异性（可区别性）、一致性和稳定性测试指南　咖啡	
74	NY/T 3740—2020	植物品种特异性（可区别性）、一致性和稳定性测试指南　喜林芋属	
75	NY/T 3741—2020	畜禽屠宰操作规程　鸭	
76	NY/T 3742—2020	畜禽屠宰操作规程　鹅	
77	NY/T 3743—2020	畜禽屠宰操作规程　驴	
78	NY/T 3383—2020	畜禽产品包装与标识	NY/T 3383—2018
79	NY/T 654—2020	绿色食品　白菜类蔬菜	NY/T 654—2012
80	NY/T 655—2020	绿色食品　茄果类蔬菜	NY/T 655—2012
81	NY/T 743—2020	绿色食品　绿叶类蔬菜	NY/T 743—2012
82	NY/T 744—2020	绿色食品　葱蒜类蔬菜	NY/T 744—2012
83	NY/T 745—2020	绿色食品　根菜类蔬菜	NY/T 745—2012
84	NY/T 746—2020	绿色食品　甘蓝类蔬菜	NY/T 746—2012
85	NY/T 747—2020	绿色食品　瓜类蔬菜	NY/T 747—2012
86	NY/T 748—2020	绿色食品　豆类蔬菜	NY/T 748—2012
87	NY/T 750—2020	绿色食品　热带、亚热带水果	NY/T 750—2011
88	NY/T 752—2020	绿色食品　蜂产品	NY/T 752—2012
89	NY/T 840—2020	绿色食品　虾	NY/T 840—2012
90	NY/T 1044—2020	绿色食品　藕及其制品	NY/T 1044—2007
91	NY/T 1514—2020	绿色食品　海参及制品	NY/T 1514—2007
92	NY/T 1515—2020	绿色食品　海蜇制品	NY/T 1515—2007
93	NY/T 1516—2020	绿色食品　蛙类及制品	NY/T 1516—2007
94	NY/T 1710—2020	绿色食品　水产调味品	NY/T 1710—2009
95	NY/T 1711—2020	绿色食品　辣椒制品	NY/T 1711—2009
96	SC/T 1135.4—2020	稻渔综合种养技术规范　第4部分：稻虾（克氏原螯虾）	
97	SC/T 1135.5—2020	稻渔综合种养技术规范　第5部分：稻鳖	
98	SC/T 1135.6—2020	稻渔综合种养技术规范　第6部分：稻鳅	
99	SC/T 1138—2020	水产新品种生长性能测试　虾类	
100	SC/T 1144—2020	克氏原螯虾	

（续）

序号	标准号	标准名称	代替标准号
101	SC/T 1145—2020	赤眼鳟	
102	SC/T 1146—2020	江鳕	
103	SC/T 1147—2020	大鲵　亲本和苗种	
104	SC/T 1148—2020	哲罗鱼　亲本和苗种	
105	SC/T 1150—2020	陆基推水集装箱式水产养殖技术规范　通则	
106	SC/T 2085—2020	海蜇	
107	SC/T 2090—2020	棘头梅童鱼	
108	SC/T 2091—2020	棘头梅童鱼　亲鱼和苗种	
109	SC/T 2094—2020	中间球海胆	
110	SC/T 2100—2020	菊黄东方鲀	
111	SC/T 2101—2020	曼氏无针乌贼	
112	SC/T 3054—2020	冷冻水产品冰衣限量	
113	SC/T 3312—2020	调味鱿鱼制品	
114	SC/T 3506—2020	磷虾油	
115	SC/T 3902—2020	海胆制品	SC/T 3902—2001
116	SC/T 4017—2020	塑胶渔排通用技术要求	
117	SC/T 4048.2—2020	深水网箱通用技术要求　第2部分:网衣	
118	SC/T 4048.3—2020	深水网箱通用技术要求　第3部分:纲索	
119	SC/T 6101—2020	淡水池塘养殖小区建设通用要求	
120	SC/T 6102—2020	淡水池塘养殖清洁生产技术规范	
121	SC/T 7021—2020	鱼类免疫接种技术规程	
122	SC/T 7022—2020	对虾体内的病毒扩增和保存方法	
123	SC/T 7204.5—2020	对虾桃拉综合征诊断规程　第5部分:逆转录环介导核酸等温扩增检测法	
124	SC/T 7232—2020	虾肝肠胞虫病诊断规程	
125	SC/T 7233—2020	急性肝胰腺坏死病诊断规程	
126	SC/T 7234—2020	白斑综合征病毒(WSSV)环介导等温扩增检测方法	
127	SC/T 7235—2020	罗非鱼链球菌病诊断规程	
128	SC/T 7236—2020	对虾黄头病诊断规程	
129	SC/T 7237—2020	虾虹彩病毒病诊断规程	
130	SC/T 7238—2020	对虾偷死野田村病毒(CMNV)检测方法	
131	SC/T 7239—2020	三疣梭子蟹肌孢虫病诊断规程	
132	SC/T 7240—2020	牡蛎疱疹病毒1型感染诊断规程	
133	SC/T 7241—2020	鲍脓疱病诊断规程	
134	SC/T 9436—2020	水产养殖环境(水体、底泥)中磺胺类药物的测定　液相色谱-串联质谱法	
135	SC/T 9437—2020	水生生物增殖放流技术规范　名词术语	
136	SC/T 9438—2020	淡水鱼类增殖放流效果评估技术规范	
137	SC/T 9439—2020	水生生物增殖放流技术规范　兰州鲇	

附　录

序号	标准号	标准名称	代替标准号
138	SC/T 9609—2020	长江江豚迁地保护技术规范	
139	NY/T 3744—2020	日光温室全产业链管理技术规范　番茄	
140	NY/T 3745—2020	日光温室全产业链管理技术规范　黄瓜	
141	NY/T 3746—2020	农村土地承包经营权信息应用平台接入技术规范	
142	NY/T 3747—2020	县级农村土地承包经营权信息系统建设技术指南	

附　录

（续）

中华人民共和国农业农村部公告
第 357 号

　　《水稻品种纯度鉴定　SSR 分子标记法》等 107 项标准业经专家审定通过,现批准发布为中华人民共和国农业行业标准,自 2021 年 4 月 1 日起实施。

　　特此公告。

　　附件:《水稻品种纯度鉴定　SSR 分子标记法》等 107 项农业行业标准目录

农业农村部

2020 年 11 月 12 日

附件：

《水稻品种纯度鉴定　SSR 分子标记法》等 107 项农业行业标准目录

序号	标准号	标准名称	代替标准号
1	NY/T 3748—2020	水稻品种纯度鉴定　SSR 分子标记法	
2	NY/T 3749—2020	普通小麦品种纯度鉴定　SSR 分子标记法	
3	NY/T 3750—2020	玉米品种纯度鉴定　SSR 分子标记法	
4	NY/T 3751—2020	高粱品种纯度鉴定　SSR 分子标记法	
5	NY/T 3752—2020	向日葵品种真实性鉴定　SSR 分子标记法	
6	NY/T 3753—2020	甘薯品种真实性鉴定　SSR 分子标记法	
7	NY/T 3754—2020	甘蔗品种真实性鉴定　SSR 分子标记法	
8	NY/T 3755—2020	豌豆品种真实性鉴定　SSR 分子标记法	
9	NY/T 3756—2020	蚕豆品种真实性鉴定　SSR 分子标记法	
10	NY/T 3757—2020	农作物种质资源调查收集技术规范	
11	NY/T 3758—2020	花生种质资源保存和鉴定技术规程	
12	NY/T 3759—2020	农作物优异种质资源评价规范　亚麻	
13	NY/T 1209—2020	农作物品种试验与信息化技术规程　玉米	NY/T 1209—2006
14	NY/T 3760—2020	棉花品种纯度田间小区种植鉴定技术规程	
15	NY/T 3761—2020	马铃薯组培苗	
16	NY/T 3762—2020	猕猴桃苗木繁育技术规程	
17	NY/T 3763—2020	桃苗木生产技术规程	
18	NY/T 3764—2020	甜樱桃大苗繁育技术规程	
19	NY/T 3765—2020	芝麻种子生产技术规程	
20	NY/T 3766—2020	玉米种子活力测定　冷浸发芽法	
21	NY/T 3767—2020	杂交水稻机械化制种技术规程	
22	NY/T 3768—2020	杂交水稻种子机械干燥技术规程	
23	NY/T 3769—2020	氰霜唑原药	
24	NY/T 3770—2020	吡氟酰草胺水分散粒剂	
25	NY/T 3771—2020	吡氟酰草胺悬浮剂	
26	NY/T 3772—2020	吡氟酰草胺原药	
27	NY/T 3773—2020	甲氨基阿维菌素苯甲酸盐微乳剂	
28	NY/T 3774—2020	氟硅唑原药	
29	NY/T 3775—2020	硫双威可湿性粉剂	
30	NY/T 3776—2020	硫双威原药	
31	NY/T 3777—2020	嘧啶肟草醚乳油	
32	NY/T 3778—2020	嘧啶肟草醚原药	
33	NY/T 3779—2020	烯酰吗啉可湿性粉剂	
34	NY/T 3780—2020	烯酰吗啉原药	
35	NY/T 3781—2020	唑嘧磺草胺水分散粒剂	
36	NY/T 3782—2020	唑嘧磺草胺悬浮剂	
37	NY/T 3783—2020	唑嘧磺草胺原药	
38	NY/T 3784—2020	农药热安全性检测方法　绝热量热法	
39	NY/T 3785—2020	葡萄扇叶病毒的定性检测　实时荧光 PCR 法	
40	NY/T 3786—2020	高油酸油菜籽	

（续）

序号	标准号	标准名称	代替标准号
41	NY/T 3787—2020	土壤中四环素类、氟喹诺酮类、磺胺类、大环内酯类和氯霉素类抗生素含量同步检测方法　高效液相色谱法	
42	NY/T 3788—2020	农田土壤中汞的测定　催化热解-原子荧光法	
43	NY/T 3789—2020	农田灌溉水中汞的测定　催化热解-原子荧光法	
44	NY/T 3790—2020	塞内卡病毒感染诊断技术	
45	NY/T 556—2020	鸡传染性喉气管炎诊断技术	NY/T 556—2002
46	NY/T 3791—2020	鸡心包积液综合征诊断技术	
47	NY/T 3792—2020	九龙牦牛	
48	NY/T 3793—2020	中国环颈雉	
49	NY/T 3794—2020	安庆六白猪	
50	NY/T 3795—2020	撒坝猪	
51	NY/T 3796—2020	马和驴冷冻精液	
52	NY/T 3797—2020	牦牛人工授精技术规程	
53	NY/T 3798—2020	荷斯坦牛公犊育肥技术规程	
54	NY/T 3799—2020	生乳及其制品中碱性磷酸酶活性的测定　发光法	
55	NY/T 3800—2020	草种质资源数码图像采集技术规范	
56	NY/T 3801—2020	饲料原料中酸溶蛋白的测定	
57	NY/T 3802—2020	饲料添加剂　氨基酸锌及蛋白锌　络(螯)合强度的测定	
58	NY/T 911—2020	饲料添加剂　β-葡聚糖酶活力的测定　分光光度法	NY/T 911—2004
59	NY/T 912—2020	饲料添加剂　纤维素酶活力的测定　分光光度法	NY/T 912—2004
60	NY/T 919—2020	饲料中苯并(a)芘的测定	NY/T 919—2004
61	NY/T 3803—2020	饲料中37种霉菌毒素的测定　液相色谱-串联质谱法	
62	NY/T 3804—2020	油脂类饲料原料中不皂化物的测定　正己烷提取法	
63	NY/T 453—2020	红江橙	NY/T 453—2001
64	NY/T 604—2020	生咖啡	NY/T 604—2006
65	NY/T 692—2020	黄皮	NY/T 692—2003
66	NY/T 693—2020	澳洲坚果　果仁	NY/T 693—2003
67	NY/T 234—2020	生咖啡和带种皮咖啡豆取样器	NY/T 234—1994
68	NY/T 246—2020	剑麻纱线　线密度的测定	NY/T 246—1995
69	NY/T 249—2020	剑麻织物　物理性能试样的选取和裁剪	NY/T 249—1995
70	NY/T 880—2020	芒果栽培技术规程	NY/T 880—2004
71	NY/T 1088—2020	橡胶树割胶技术规程	NY/T 1088—2006
72	NY/T 3805—2020	香草兰扦插苗繁育技术规程	
73	NY/T 3806—2020	天然生胶、浓缩天然胶乳及其制品中镁含量的测定　原子吸收光谱法	
74	NY/T 1404—2020	天然橡胶初加工企业安全技术规范	NY/T 1404—2007
75	NY/T 263—2020	天然橡胶初加工机械　锤磨机	NY/T 263—2003
76	NY/T 1558—2020	天然橡胶初加工机械　干燥设备	NY/T 1558—2007
77	NY/T 3807—2020	香蕉茎秆破片机　质量评价技术规范	

（续）

序号	标准号	标准名称	代替标准号
78	NY/T 3808—2020	牛大力　种苗	
79	NY/T 2667.14—2020	热带作物品种审定规范　第14部分:剑麻	
80	NY/T 2667.15—2020	热带作物品种审定规范　第15部分:槟榔	
81	NY/T 2667.16—2020	热带作物品种审定规范　第16部分:橄榄	
82	NY/T 2667.17—2020	热带作物品种审定规范　第17部分:毛叶枣	
83	NY/T 2668.15—2020	热带作物品种试验技术规程　第15部分:槟榔	
84	NY/T 2668.16—2020	热带作物品种试验技术规程　第16部分:橄榄	
85	NY/T 2668.17—2020	热带作物品种试验技术规程　第17部分:毛叶枣	
86	NY/T 3809—2020	热带作物种质资源描述规范　番木瓜	
87	NY/T 3810—2020	热带作物种质资源描述规范　莲雾	
88	NY/T 3811—2020	热带作物种质资源描述规范　杨桃	
89	NY/T 3812—2020	热带作物种质资源描述规范　番石榴	
90	NY/T 3813—2020	橡胶树种质资源收集、整理与保存技术规程	
91	NY/T 3814—2020	热带作物主要病虫害防治技术规程　毛叶枣	
92	NY/T 3815—2020	热带作物病虫害监测技术规程　槟榔黄化病	
93	NY/T 3816—2020	热带作物病虫害监测技术规程　胡椒瘟病	
94	NY/T 3817—2020	农产品质量安全追溯操作规程　蛋与蛋制品	
95	NY/T 3818—2020	农产品质量安全追溯操作规程　乳与乳制品	
96	NY/T 3819—2020	农产品质量安全追溯操作规程　食用菌	
97	NY/T 3820—2020	全国12316数据资源建设规范	
98	NY/T 3821.1—2020	农业面源污染综合防控技术规范　第1部分:平原水网区	
99	NY/T 3821.2—2020	农业面源污染综合防控技术规范　第2部分:丘陵山区	
100	NY/T 3821.3—2020	农业面源污染综合防控技术规范　第3部分:云贵高原	
101	NY/T 3822—2020	稻田面源污染防控技术规范　稻蟹共生	
102	NY/T 3823—2020	田沟塘协同防控农田面源污染技术规范	
103	NY/T 3824—2020	流域农业面源污染监测技术规范	
104	NY/T 3825—2020	生态稻田建设技术规范	
105	NY/T 3826—2020	农田径流排水生态净化技术规范	
106	NY/T 3827—2020	坡耕地径流拦蓄与再利用技术规范	
107	NY/T 3828—2020	畜禽粪便食用菌基质化利用技术规范	

中华人民共和国农业农村部公告
第 358 号

《饲料中氨苯砜的测定　液相色谱-串联质谱法》等 4 项标准业经专家审定通过，现批准发布为中华人民共和国国家标准，自 2021 年 3 月 1 日起实施。

特此公告。

附件：《饲料中氨苯砜的测定　液相色谱-串联质谱法》等 4 项国家标准目录

农业农村部

2020 年 11 月 12 日

附件：

《饲料中氨苯砜的测定　液相色谱-串联质谱法》等 4 项国家标准目录

序号	标准号	标准名称	代替标准号
1	农业农村部公告第 358 号—1—2020	饲料中氨苯砜的测定　液相色谱-串联质谱法	
2	农业农村部公告第 358 号—2—2020	饲料中苯硫脲和硫菌灵的测定　液相色谱-串联质谱法	
3	农业农村部公告第 358 号—3—2020	饲料中 7 种青霉素类药物含量的测定	
4	农业农村部公告第 358 号—4—2020	饲料中交沙霉素和麦迪霉素的测定　液相色谱-串联质谱法	